益川敏英監修／
植松恒夫，青山秀明編集

基幹講座　物理学
力　　学

篠本　滋，坂口英継 著

東京図書

R〈日本複製権センター委託出版物〉
本書を無断で複写複製（コピー）することは，著作権法上の例外を除き，禁じられています．本書をコピーされる場合は，事前に日本複製権センター（電話 03-3401-2382）の許諾を受けてください．

シリーズ刊行にあたって

　現代社会の科学・技術の基盤であり，文明発達の原動力になっているのは物理学である．

　本講座は，根源的，かつ科学の全ての分野にとって重要な基礎理論を軸としながらも，最新の応用トピックとしてどのような方面に研究が進んでいるか，という話題も扱っている．基礎と応用の両面をバランスよく理解できるように，という配慮をすることで未来を拓く新しい物理学を浮き彫りにする．

　現代社会の中で物理学が果たす本質的な役割や，表層的ではない真の物理学の姿を知って欲しいという観点から，「ただ使えればいい」「ただ易しければいい」という他書の姿勢とは一線を画し，難しい話題であっても全てのステップを一つひとつじっくり解説し，「各ステップを読み解くことで完全な理解が得られる」という基本姿勢を貫いている．

　しっかりとした読解の先に，物理学の極みが待っている．

2013年4月

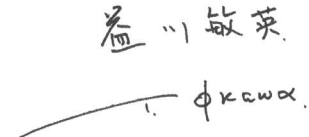

益川敏英

T. Ôkawa

監修者，編集者によるまえがき

植松恒夫（以下，植松） なぜ"力学"を物理学の体系の中で一番最初に学ぶのでしょうか？

益川敏英（以下，益川） そこには，基本概念や数学的方法を基盤に，物理学におけるものの見方，考え方を習得するという大きな意味があります．

青山秀明（以下，青山） このような基礎事項が，これから学ぶ物理学のあらゆる分野を理解していく上での基盤になることは言うまでもないことですね．

植松 力学での数学的方法を少し詳しく見ていけば，そこには微積分，微分方程式，ベクトルがあります．益川さんは名古屋大学の学生時代，大学院進学の際，最後まで数学専攻に進学するか，物理学専攻に進学するか迷ったというほど数学に対しての思い入れと，その思い入れに比例するだけの数学の学びがあったと思います．どのように数学と物理が連動するのでしょうか？

益川 僕が学部学生として学んだ時代は，物理学自体の発展も現代のところまで到達していない過渡期でしたから，物理の真の面白さは大学院に入学してから体験するものでした．一方，数学はブルバキズム（これまであったものを厳密に公理化して再整理する）に浸っていて，物理にある生々しさは感じとれませんでした．それで物理学の路を目指しました．

青山 つまり新しい概念の発見に強い興味があった，ということですか？ 実際に物理学は表現の公理的な整理ということではなく，自然現象の探究がテーマですからね．

植松 物理を解き明かしたい，という動機から新しい数学的テーマを見つけて，数学が発展したという歴史がありますね．ここでの話題である古典物理学（力学）なら，それは微積分ですね．ちなみに電磁気学ならベクトル解析，量子力学なら関数解析となるでしょうか．

青山　物理学で登場する数学は多岐にわたりますね．リチャード・ファインマンなどは全く別次元で数学を操ったように思えます．たとえば，経路積分などがあります．

益川　結局，物理学の学びにおいては，新しい物事の探究が難しく楽しいわけで，そこに尽きます．そこまで到達するために，基礎になる古典物理学（力学）はしっかり学んでおかねばなりません．教える側も同じで，古典物理学（力学）をおろそかにしてはいけません．つまり物理学と数学の表裏一体の関係が古典物理学（力学）から，よく読み解けるわけです．一方，ファインマンの話題は枚挙にいとまがありませんね．彼は天才だと思います．

『力学』のまえがき

力学とは何か

　物体の動きをもたらす作用を「力」とよぶ．物体が静止し続けるための条件を求め，さらにその条件が破られた場合に物体に生じる運動を論じる体系が「力学」である．ニュートンの運動法則に基づいて，物体の運動を定量的に把握し，さらにその予測を行う学問体系は「ニュートン力学」あるいは「古典力学」とよばれて，物理学の根幹に位置し，その後に発展した相対論や量子力学の基礎となっている．本書ではこの古典力学を論じる．

本書から何を学ぶか

　科学技術分野に進む学生は，微分，積分，微分方程式，偏微分，多重積分，ベクトル，ベクトル積，行列，などの数学を習得していく必要がある．これら数学の多くは力学を論じる過程で生まれ発展してきたものであるから，力学の教程で数学を学べばその意味も理解しやすいし，実践的応用も習得できる．本書は大学1年の理系の学生を読者に想定して，大学の数学の知識を前提とせず，力学を学ぶ過程で数学をも習得できるように構成した．

本書の構成

　本書前半は質点の力学，後半は剛体の力学を中心に論じているが，前半は「力学を通した数学入門」の側面を強調し，後半は「現実の多様な力学現象の理解」を強調している．前半では，基礎的な数学を学ぶことによって，ガリレオ・ガリレイによる落体の運動法則とヨハネス・ケプラーによる惑星運動の法則から，アイザック・ニュートンによる物体の運動法則と万有引力の法則に達する知的発見を追体験することができる．後半では，身近な力学現象を通じて質点系や剛体の力学を学習する．物理学では数式が多数出てきてそれらを追うだけで大変だが，幸い力学では見たり手に取ったりできる身近な現象を扱うこ

とが多い．これらの力学現象を通じて物理学の概念を頭だけでなく感覚的に理解できるようにしたい．本文の理解を深めるために要所に数学のまとめのコラムと現象例や話題のコラムを入れている．

謝辞

　執筆を勧めていただいた植松恒夫先生，青山秀明先生，益川敏英先生に感謝したい．「力学」はすでに植松先生，青山先生ともに良書を出されているので新たに執筆することにはためらいもあったが，いざ執筆が決まった後はむしろ積極的に手本とさせていただくことにした．編集においては東京図書の松永智仁さんにお世話になった．

　篠本は，質点の力学を中心に，主に第 4 章 15 節までを担当した．京都大学で行っている講義でティーチングアシスタントの根本文也君がとってくれた講義ノートが執筆の助けになった．執筆の中盤には，むかし大学院で教わった高木伸先生に草稿をお見せしたところ，論理の不正確な部分を綿密に修正していただいた．さらに，理系の大学院と大学で学んでいる長男の篠本快と長女の篠本凜にも文章や式のチェックをしてもらった．

　坂口は，非慣性系，質点系，剛体の運動にわたって，主に第 4 章 16 節以降を担当した．九州大学で行っている講義ノートをもとに執筆した．研究室の三木弘史君からは草稿を読んで有益なコメントをいただいた．長男の坂口将史には図の作成を手伝ってもらった．

　執筆の終盤では 2 人の執筆者の間で構成について繰り返し議論した．2 人は研究上長いつきあいがあるが，本書執筆を通して改めて互いの個性の違いを発見し，それを楽しむことができた．力学という学問を二つの視点から見たときの立体感のような感覚を，読者が共有して頂ければと願っている．

　2013 年 9 月

篠本滋，坂口英継

『力学』のまえがき

本書の読み方

　本書は大学1年の教科書を想定して執筆した．力学の教科書として教えるべき内容はほぼ網羅したと考えているが，学習の目的に応じて内容を選んで使ってもらえばよい．ここでは以下の3通りの読者に応じて読んでいただきたい範囲の目安を示す．

* ＊ 　　：大学生の基礎教養としての物理学・数学入門．
* ＊＊ 　：理工系学部に進む学生の物理の基礎として上記「＊」に加えて履修することが望ましい．
* ＊＊＊：物理学や数理工学などに進む学生を想定した発展的内容．やや難度が高いので初学者はとばしても構わない．

　本書では力学を学ぶ過程で必要な数学も学べるように構成している．以下のリストには，どの節でどういう数学を学ぶかについても記している．

1. 運動学

＊	1次元空間（直線）上の運動学
	【数学】微分，積分，微分方程式，指数関数と対数関数
＊	2，3次元空間内の位置
	【数学】逆関数，ベクトル
＊	2，3次元空間での速度・加速度
＊	2次元運動の平面極座標成分
	【数学】関数の積の微分
＊＊	ケプラーの法則の運動学的解釈
	【数学】合成関数の微分
＊＊＊	もう一つの楕円軌道
＊＊	運動軌跡の接線，法線，曲率半径

2. 運動法則

*	静力学と動力学
*	ニュートンの運動法則
*	慣性系とガリレイ変換
*	単位系

3. 保存則

*	エネルギー
	【数学】ベクトル内積，線積分，偏微分，周回積分，ナブラ
*	角運動量
	【数学】ベクトル外積
*	運動量
***	断熱不変量
	【数学】テイラー展開

4. 質点の運動

*	重力による加速
*	摩擦による減速
*	粘性抵抗と慣性抵抗による減速
	【数学】双曲線関数
*	フックの法則と単振動，調和振動
	【数学】線形2階微分方程式
**	減衰振動
	【数学】複素変数の指数関数
**	強制振動
***	パラメトリック振動
	【数学】行列の指数関数
***	自励振動
*	一様重力場中の2次元放物運動
*	3次元調和振動子
**	万有引力のもとでの惑星の運動

『力学』のまえがき

**	クーロン力による粒子散乱
**	散乱断面積
***	3次元調和振動子の別解法
	【数学】非線形2階微分方程式
***	最急降下線
	【数学】変分法
***	拘束系の運動
	【数学】ラグランジュ形式，楕円関数，楕円積分

5. 非慣性系の運動

*	相対運動と慣性力
*	遠心力とコリオリ力
**	回転座標系での運動方程式
**	潮汐力

6. 質点系の運動

*	2個の質点の運動
*	多数の質点の運動
***	ビリアル定理
*	衝突と分裂
**	連成振動
	【数学】行列の固有値と固有ベクトル
***	相互同期
**	伸縮前進運動
**	カオス

7. 剛体の運動

∗	剛体のつり合い
∗	固定軸のまわりの回転と慣性モーメント
	【数学】多重積分
∗	固定軸まわりの剛体の回転運動
∗	転がり運動
∗∗	歳差運動
∗∗∗	固定点のまわりの回転と慣性テンソル
	【数学】ベクトルとテンソル，対称行列とその対角化
∗∗∗	オイラー方程式と剛体の自由回転
∗∗∗	コマの運動

本書全体の内容量としては通年1コマの講義に相当する．半期あるいはセメスターで区切る場合には，前期で1–4章「質点の力学」，後期で5–7章「非慣性系，剛体の力学」に分けるのがよい．1コマの講義では【発展】と記した節に立ち入る時間はないと思われるので上記の「∗」と「∗∗」を中心に講義を行って「∗∗∗」は学生の自習に任せることになろう．理工系で剛体系の力学を要しない学問分野でも，1セメスターをかけて1–4章「質点の力学」を履修することは，物理的考え方と数学の基礎を学ぶ場として必要だと思われる．

『力学』の目次

『力学』のまえがき

第1章 運動学 1
  1.1 1次元空間内（直線上）の運動学   1
  1.2 2, 3次元空間内の位置   13
  1.3 2, 3次元空間での速度・加速度   22
  1.4 2次元運動の平面極座標成分   22
  1.5 ケプラーの法則の運動学的解釈   29
  1.6 【発展】もう一つの楕円軌道   36
  1.7 運動軌跡の接線, 法線, 曲率半径   39

第2章 運動法則 45
  2.1 静力学と動力学   45
  2.2 ニュートンの運動法則   45
  2.3 慣性系とガリレイ変換   50
  2.4 単位系   54

第3章 保存則 59
  3.1 エネルギー   59
  3.2 角運動量   81
  3.3 運動量   87
  3.4 【発展】断熱不変量   88

第4章 質点の運動 105
  4.1 重力による加速   105
  4.2 摩擦による減速   106
  4.3 粘性抵抗と慣性抵抗による減速   110
  4.4 フックの法則と単振動, 調和振動   115

『力学』の目次

- 4.5 減衰振動 ... 122
- 4.6 強制振動 ... 127
- 4.7 【発展】パラメトリック振動 ... 131
- 4.8 【発展】自励振動 ... 135
- 4.9 一様重力場中の2次元放物運動 ... 138
- 4.10 3次元調和振動子 ... 140
- 4.11 万有引力のもとでの惑星の運動 ... 143
- 4.12 クーロン力による粒子散乱 ... 150
- 4.13 散乱断面積 ... 154
- 4.14 【発展】3次元調和振動子の別解法 ... 156
- 4.15 【発展】最急降下線 ... 158
- 4.16 【発展】拘束系の運動 ... 162

第5章 非慣性系の運動 ... 173
- 5.1 相対運動と慣性力 ... 173
- 5.2 遠心力とコリオリ力 ... 177
- 5.3 回転座標系での運動方程式 ... 182
- 5.4 潮汐力 ... 184

第6章 質点系の運動 ... 191
- 6.1 2個の質点の運動 ... 191
- 6.2 多数の質点の運動 ... 195
- 6.3 【発展】ビリアル定理 ... 199
- 6.4 衝突と分裂 ... 202
- 6.5 連成振動 ... 211
- 6.6 【発展】相互同期 ... 220
- 6.7 伸縮前進運動 ... 223
- 6.8 カオス ... 225

第7章 剛体の運動 ... 233
- 7.1 剛体のつり合い ... 233
- 7.2 固定軸のまわりの回転と慣性モーメント ... 241
- 7.3 固定軸まわりの剛体の回転運動 ... 249

『力学』の目次

- 7.4 転がり運動 … 255
- 7.5 歳差運動 … 267
- 7.6 【発展】固定点のまわりの回転と慣性テンソル … 274
- 7.7 【発展】オイラー方程式と剛体の自由回転 … 278
- 7.8 【発展】コマの運動 … 284

付録A 数学補足 … 299
- A.1 線形同次微分方程式の解 … 299
- A.2 変分法 … 300
- A.3 楕円積分と楕円関数 … 304
- A.4 ベクトルとテンソル … 305
- A.5 数値計算法 … 308

付録B 章末問題略解 … 311
- B.1 第1章章末問題 … 311
- B.2 第2章章末問題 … 313
- B.3 第3章章末問題 … 313
- B.4 第4章章末問題 … 317
- B.5 第5章章末問題 … 321
- B.6 第6章章末問題 … 322
- B.7 第7章章末問題 … 325

索 引 … 330

◆装幀　戸田ツトム

ギリシャ文字とその読み方

大文字	小文字	英語綴り	読み方
A	α	alpha	アルファ
B	β	beta	ベータ（ビータ）
Γ	γ	gamma	ガンマ
Δ	δ	delta	デルタ
E	ϵ, ε	epsilon	エプシロン（イプシロン）
Z	ζ	zeta	ゼータ，ジータ
H	η	eta	エータ，イータ
Θ	θ, ϑ	theta	テータ，シータ
I	ι	iota	イオタ
K	$\kappa, \varkappa$	kappa	カッパ
Λ	λ	lambda	ラムダ
M	μ	mu	ミュー
N	ν	nu	ニュー
Ξ	ξ	xi	クシー，グザイ
O	o	omicron	オミクロン
Π	π, ϖ	pi	パイ（ピー）
P	ρ, ϱ	rho	ロー
Σ	σ, ς	sigma	シグマ
T	τ	tau	タウ（トー）
Υ	υ	upsilon	ユプシロン
Φ	ϕ, φ	phi	ファイ（フィー）
X	χ	chi	カイ（キー）
Ψ	ψ	psi	プシー，プサイ
Ω	ω	omega	オメガ

第1章　運動学

物体が動く様子を記述する一般的枠組みを「運動学 (kinematics)」とよぶ．運動学では物体運動の原因を問うのではなく，運動の幾何学的記述に専念する．ここでは時間は空間とは独立に一様に流れるものとする．本章では，大きさの無視できる点，あるいは点粒子 (point particle)，が空間内を移動する様子を粒子位置の時間変化として記述する．ここでは力 (force) という概念には立ち入らず，ガリレオ・ガリレイによる物体の斜面上の運動の観察から地上の物体にかかる加速度の法則性を読み解き，ヨハネス・ケプラーによる惑星運動に関する3法則から惑星にかかる加速度についての法則性を読み解く．

§1.1　1次元空間内（直線上）の運動学

物体が鉛直方向に上昇・落下する運動や，水平面内を直線的に移動するような状況を想定して，最初に点粒子の1次元運動を考える．1次元空間内（直線上）の点の位置を x として，それが時間 t とともに変化する有様を時間の関数として $x(t)$ と表す（図1.1）．

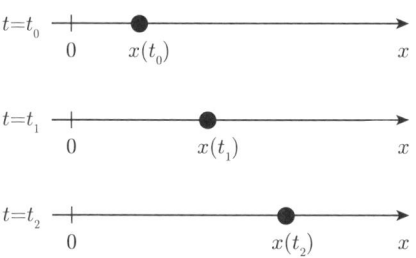

図 1.1　時間とともに変化する位置 $x(t)$．

1.1.1　速度

時刻 t から $t+\Delta t$ の間における点の動きの平均速度 (average velocity, mean velocity) は，位置の変化 $x(t+\Delta t)-x(t)$ を時間 Δt で割った量，

$$\frac{x(t+\Delta t)-x(t)}{\Delta t} \tag{1.1}$$

で与えられる．時刻 t を決めても平均速度は時間間隔 Δt の取り方によって値が変わる（図 1.2）．Δt 無限小の極限をとった，時刻 t における瞬間速度 (instantaneous velocity) は位置の時間による微分 (differentiation)

$$v \equiv \frac{dx}{dt} \tag{1.2}$$

で与えられる．

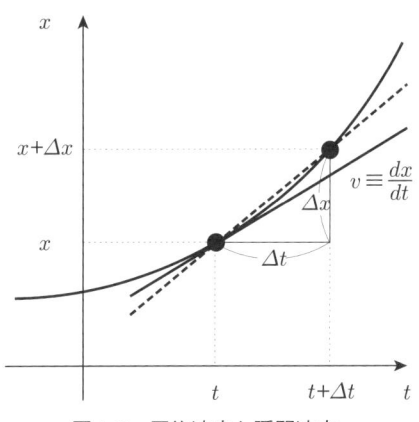

図 1.2　平均速度と瞬間速度．

> **微分**
>
> $x(t)$ の時間微分を時間間隔無限小の極限操作により定義する：
>
> $$\frac{dx}{dt} \equiv \lim_{\Delta t \to 0} \frac{x(t + \Delta t) - x(t)}{\Delta t}. \tag{1.3}$$
>
> ここで「$A \equiv B$」の記号は「A は B によって定義される」という意味で用いる．ギリシャ文字のデルタ (delta)「Δ」は小さいということを含意することが多く，本書でも Δt は短い時間とみなす．
>
> 時間と位置を横軸と縦軸にとった平面内で位置 $x(t)$ を時間 t の関数として描くと，$\frac{dx}{dt}$ あるいは dx/dt は曲線 $x(t)$ の t における勾配 (gradient) を意味し導関数 (derivative)，1 階微分，1 階導関数 (first order derivative) とよばれる．
>
> 物理学ではニュートンが用いた記法に由来して，時間に関する微分をドット「・」で表現する慣習がある．本書ではこの

§1.1 1次元空間内（直線上）の運動学

$$v = \dot{x} \equiv \frac{dx}{dt} \tag{1.4}$$

という表記も多用する．

以後「速度 (velocity)」とは瞬間速度のことを指す．1次元の速度は大きさと符号をもち，後述するように2次元以上の空間における速度は大きさと方向をもつ．速度の大きさ $|v|$ のことを「速さ (speed)」とよぶ．

1.1.2 加速度

一般に速度 v も時刻 t とともに変化するので，時間の関数として $v(t)$ と表す．速度が変化することを加速 (acceleration) という．1次元的な運動では，速度が上がる／下がるという意味で，加速／減速とよび分けることもある．自動車ではアクセル／ブレーキを踏むことによって加速／減速を実現させる．加速や減速の度合いを表す量が加速度である．平均加速度 (average acceleration, mean acceleration) は時間 Δt の間に生じた速度変化から

$$\frac{v(t+\Delta t) - v(t)}{\Delta t} \tag{1.5}$$

で与えられる．

瞬間加速度 (instantaneous acceleration) は，時間無限小の極限をとって速度 v の時間微分 dv/dt として

$$a \equiv \frac{dv}{dt} \equiv \lim_{\Delta t \to 0} \frac{v(t+\Delta t) - v(t)}{\Delta t} \tag{1.6}$$

と定義する．以後「加速度 (acceleration)」とは瞬間加速度のことを指す．

2階微分，高階微分

速度は位置の時間に関する1階微分 (first order derivative) であり，加速度は位置の時間微分をもう一度微分した「2階微分，2階導関数 (second order derivative)」で

$$a \equiv \frac{dv}{dt} = \frac{d^2x}{dt^2} \equiv \frac{d}{dt}\frac{dx}{dt} \tag{1.7}$$

とも表現する．位置が時間とともに変化する有様，つまり $x(t)$ がわかれば，そ

3

の時間微分を行うことにより速度が求まり，さらに速度の時間微分を行うことで加速度が求まる．一般の運動では加速度も時間とともに変化するので時間の関数 $a(t)$ となる．加速度一定の運動を等加速度運動とよぶ．

時間と位置を軸とする平面内で位置 $x(t)$ を時刻 t の関数として描いたときに 1 階微分 dx/dt は $x(t)$ の勾配を意味したが，2 階微分 d^2x/dt^2 は勾配の時間変化を表していて，加速 $d^2x/dt^2 > 0$ は勾配が増大していく様子を表しており，この場合，関数は「下に凸」であると表現する．英語の "convex" は「凸」，"concave" は「凹」と訳されることが多いが，数学や物理学で "convex" は「下に凸」の状況を指す．念を入れて指定したい場合は "convex downward" という．逆の場合，つまり減速 $d^2x/dt^2 < 0$ は勾配が減少する様子を表しており「上に凸」と表現される．

物理学では時間に関する 1 階微分をドット「˙」で表現したことに対応して時間の 2 階微分を

$$a = \ddot{x} \equiv \frac{d^2x}{dt^2} = \dot{v} \equiv \frac{dv}{dt} \tag{1.8}$$

で表すこともあり，本書でもこの表記を多用する．

2 階導関数 d^2x/dt^2 をさらに微分したものは，高階導関数 (higher order derivative) である．n 階の微分を n 次導関数とよび，$\frac{d^n x}{dt^n}$ あるいは $d^n x/dt^n$ と表記する．

1.1.3 等加速度運動

16 世紀，ガリレオ・ガリレイは，斜めにおいたレールを用いて初速度 0 で球を転がす実験を行い，球のレール上の移動距離が時間の 2 乗に比例することを見いだした（図 1.3）．初期位置 $x(0) = 0$，初速度 $v(0) = 0$ の条件で，時刻 t における球の位置 $x(t)$ が α を定数として

$$x(t) = \alpha \frac{t^2}{2} \tag{1.9}$$

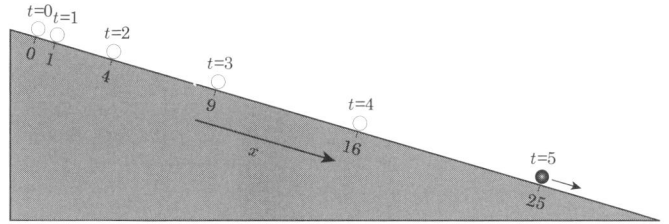

図 1.3 斜面を転がる球．

となったということを意味する．この知見から，球の速度を求めると

$$v(t) \equiv \frac{dx}{dt} = \alpha t, \tag{1.10}$$

そして加速度は

$$a(t) \equiv \frac{dv}{dt} = \alpha \tag{1.11}$$

となり，加速度は時間に依らない．これは球が等加速度運動を行っていることを示している（図 1.4）．

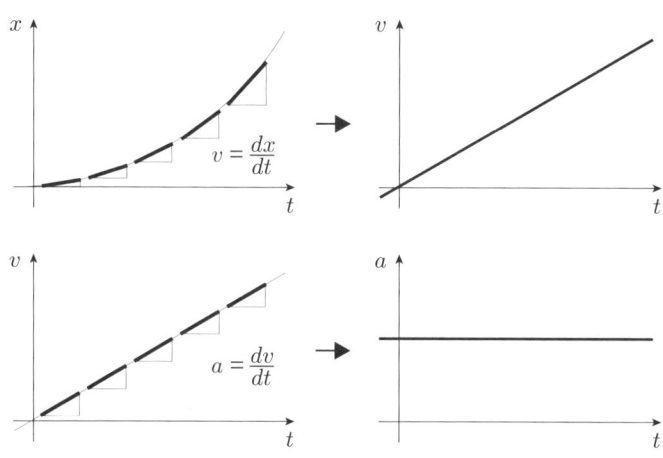

図 1.4　位置，速度，加速度の変化．等加速度運動の例．

1.1.4　位置

時刻 0 での位置 $x(0)$ と速度 $v(0)$ がわかっていれば，短い時間 Δt が経過したのちの位置 $x(\Delta t)$ は

$$x(\Delta t) \approx x(0) + v(0)\Delta t \tag{1.12}$$

となる．ここで「$A \approx B$」は「A と B は数値的に近い (A is approximately equal to B)」ということを意味する．上の関係は平均速度を $v(0)$ でおき換えて導かれるので Δt が小さい極限で正確に成り立つ．時刻 $2\Delta t$ の位置 $x(2\Delta t)$ は $x(\Delta t)$ を起点にすると

$$x(2\Delta t) \approx x(\Delta t) + v(\Delta t)\Delta t \tag{1.13}$$

となる．上の2式を組み合わせると

$$x(2\Delta t) \approx x(0) + (v(0) + v(\Delta t))\Delta t. \tag{1.14}$$

これを n 回繰り返すと

$$x(n\Delta t) \approx x(0) + \sum_{i=0}^{n-1} v(i\Delta t)\Delta t \tag{1.15}$$

となる．ここで $\sum_{i=0}^{n-1}$ は和を表す記号で

$$\sum_{i=0}^{n-1} A_i \equiv A_0 + A_1 + \cdots + A_{n-1} \tag{1.16}$$

の操作で定義される．

このように，時刻 t での位置 $x(t)$ は初期位置 $x(0)$ に過去の速度を加えていくことによって知ることができるが，分割区間無限小 $\Delta t \to 0$ および分割数無限 $n \to \infty$ の極限で定義される積分 (integration) によって正確に与えられる：

$$x(t) = x(0) + \int_0^t v(t')dt'. \tag{1.17}$$

積分

微分積分学は力学を論ずる中で生まれた．時間 t を n 等分して $\Delta t = t/n$ とし，分割数無限 $n \to \infty$ の極限をとったものが積分であり

$$\int_0^t v(t')dt' \equiv \lim_{n\to\infty} \sum_{i=0}^{n-1} v\left(\frac{i}{n}t\right) \frac{t}{n} \tag{1.18}$$

によって定義される．

速度 $v(t)$ が

$$v(t) = at$$

で与えられる場合について求めると，

$$\sum_{i=0}^{n-1} i = 0 + 1 + 2 + \cdots + (n-1) = \frac{n(n-1)}{2}$$

により，

§1.1　1次元空間内（直線上）の運動学

$$\lim_{n\to\infty}\sum_{i=0}^{n-1}v\left(\frac{i}{n}t\right)\frac{t}{n} = \lim_{n\to\infty}\frac{at^2n(n-1)}{2n^2} = \frac{at^2}{2}$$

となる（図1.5）．

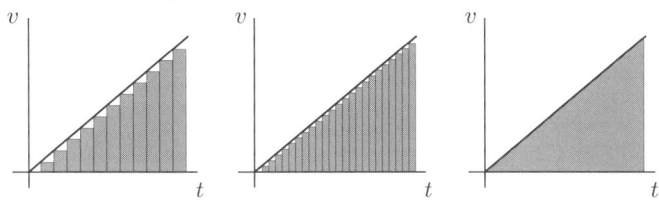

図1.5　速度の積分．分割数を無限にとると収束する．

時刻が0からtの間に速度がどのように変化するかがわかっていれば，速度$v(t)$が位置の時間変化を表現していることから，時刻tでの位置$x(t)$は速度の時間積分で与えられる．$v(t') = dx(t')/dt'$であることから，式(1.17)は

$$\int_0^t v(t')dt' = \int_0^t \frac{dx}{dt'}dt' = \int_{x(0)}^{x(t)} dx = x(t) - x(0) \tag{1.19}$$

というように導くこともできる[1]．

位置の場合と同様に，時刻0での速度$v(0)$と時刻0からtまでの加速度$a(t)$がわかっていれば，時刻tでの速度$v(t)$は

$$v(t) = v(0) + \int_0^t a(t')dt' \tag{1.20}$$

と表せる．式(1.17)に式(1.20)を代入することによって，時刻tでの位置は

$$x(t) - x(0) = \int_0^t v(t')dt' = \int_0^t \left\{ v(0) + \int_0^{t'} a(t'')dt'' \right\} dt' \tag{1.21}$$

と与えることができる．これを書き換えると

$$x(t) = x(0) + v(0)t + \int_0^t \left\{ \int_0^{t'} a(t'')dt'' \right\} dt'. \tag{1.22}$$

---

[1] 右辺の積分$\int_{x(0)}^{x(t)} dx$の下端，上端$x(0)$, $x(t)$は「時間（時刻）$t' = 0$および$t' = t$における粒子の位置を表す数値」という意味で用いており，この段階では「時間の関数」という意味はない．たとえばx_0, x_tのような別の表記を用いて区別することもできるが表記の種類を節約する目的で$x(0)$, $x(t)$とした．ただし時間tを変数として考えれば位置xは時間に応じて変化するので，位置を時間の関数とみなすこともできる．

右辺第一項は初期位置，第二項は初期速度（以後「初速度」とよぶ）$v(0)$ で進んだ場合の移動距離，第三項は加速度が引き起こした移動距離の修正と解釈することができる．加速度が一定の場合，$a(t) = \alpha$ とおくと

$$x(t) = x(0) + v(0)t + \alpha \int_0^t t' dt' = x(0) + v(0)t + \frac{\alpha}{2}t^2$$

となり，ガリレオの得た結果を再現している．

1.1.5 減速運動

後の章でも議論するが，物体が流体によって速度 v に比例する減速を受ける（$-v$ に比例する加速を受ける）場合がある．その運動方程式は

$$\frac{dv}{dt} = -\eta v \tag{1.23}$$

で与えられる．このように物体運動についての知見が，速度や加速度といった導関数の関係式として与えられる式は微分方程式 (differential equation) の例となっている．上式の場合は1階導関数 dv/dt だけを含む1階微分方程式 (first order differential equation) となっており，この場合は変数分離法 (separation of variables) で解くことができる．

微分方程式と変数分離法

関数とその導関数の関係を表した方程式を微分方程式という．一般に，1階導関数 dx/dt だけを含む1階微分方程式が

$$\frac{dx}{dt} = f(x)g(t) \tag{1.24}$$

のように変数 x のみの関数 $f(x)$ と変数 t のみの関数 $g(t)$ の積になっている場合は，以下の方法で微分方程式を解く（積分する）ことができる．両辺を x のみの関数 $f(x)$ で割ると

$$\frac{1}{f(x)}\frac{dx}{dt} = g(t) \tag{1.25}$$

となる．これを t によって t_0 から t_1 まで積分すると，

$$\int_{t_0}^{t_1} \frac{1}{f(x)}\frac{dx}{dt} dt = \int_{t_0}^{t_1} g(t) dt. \tag{1.26}$$

§1.1 １次元空間内（直線上）の運動学

左辺を $x = x(t)$ により，t から x に変数変換すると

$$dx = \frac{dx}{dt}dt \tag{1.27}$$

によって

$$\int_{x(t_0)}^{x(t_1)} \frac{dx}{f(x)} = \int_{t_0}^{t_1} g(t)dt \tag{1.28}$$

となる．これは式 (1.25) の dx/dt の dt を形式的に右辺に移項したもの，

$$\frac{dx}{f(x)} = g(t)dt \tag{1.29}$$

の積分形と同じ形になる．このように，変数と微分記号を右辺と左辺に分離して積分を行い微分方程式の解を求める方法を変数分離法とよぶ．

減速の微分方程式 (1.23) は変数分離により，

$$\frac{dv}{v} = -\eta dt. \tag{1.30}$$

これを積分すると

$$\int_{v(0)}^{v(t)} \frac{dv}{v} = -\int_0^t \eta dt. \tag{1.31}$$

この解は

$$\log v(t) - \log v(0) = -\eta t. \tag{1.32}$$

ここで log はネイピア数 e (≈ 2.71828) を底 (base) とする自然対数 (natural logarithm) である（コラム参照）．この解を e の肩にのせれば

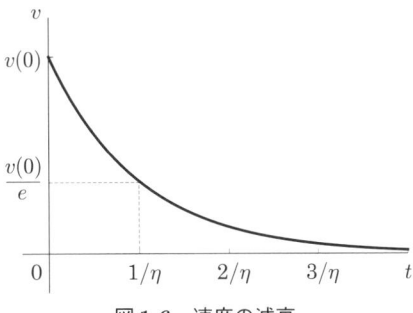

図 **1.6** 速度の減衰．

$$v(t) = e^{\log v(t)} = e^{\log v(0) - \eta t} = v(0) e^{-\eta t} \tag{1.33}$$

となって，速度が徐々に遅くなっていき十分時間が経つと速度が0になる様子を表している（図1.6）．速度が減少して$v(0)$の$1/e$倍になるまでの時間を緩和時間(relaxation time)とよぶ．この例では緩和時間は$1/\eta$で与えられる．

指数関数，ネイピア数，対数関数

指数関数(exponential function) $\exp(x)$ あるいは e^x を無限級数

$$\exp(x) = e^x \equiv \sum_{n=0}^{\infty} \frac{1}{n!} x^n \tag{1.34}$$

$$= 1 + x + \frac{x^2}{2!} + \frac{x^3}{3!} + \cdots + \frac{x^n}{n!} + \cdots \tag{1.35}$$

により定義する．ここで

$$n! \equiv \begin{cases} 1 & , \text{if } n = 0 \\ 1 \cdot 2 \cdot 3 \cdots (n-1) \cdot n & , \text{otherwise.} \end{cases} \tag{1.36}$$

そして

$$e = e^1 = 1 + 1 + \frac{1}{2!} + \frac{1}{3!} + \cdots + \frac{1}{n!} + \cdots \approx 2.71828 \tag{1.37}$$

はネイピア数(Napier's constant)とよばれる超越数である（オイラー数(Euler's number)とよばれることもある）．

指数関数の微分を考える．定義式(1.35)の各項に対して

$$\frac{d}{dx}\left(\frac{x^n}{n!}\right) = \frac{n x^{n-1}}{n!} = \frac{x^{n-1}}{(n-1)!} \tag{1.38}$$

が成り立つので，指数関数の微分は

$$\frac{de^x}{dx} = 1 + x + \frac{x^2}{2!} + \frac{x^3}{3!} + \cdots + \frac{x^{n-1}}{(n-1)!} + \frac{x^n}{n!} + \cdots = e^x \tag{1.39}$$

を満たす．つまり $y = e^x$ に対して

$$\frac{dy}{dx} = y \tag{1.40}$$

が成り立つ．

§1.1 1次元空間内（直線上）の運動学

与えられた変数 x に対して y を決める関数関係を満たしつつ，与えられた y に対して x を決める関係のことを「逆関数 (inverse function)」とよぶ（この次のコラムを参照のこと）．指数関数 $y = e^x$ に対する逆関数を自然対数とよび

$$x = \log y \tag{1.41}$$

と表す．したがって

$$y = e^x = e^{\log y} = y \tag{1.42}$$

が成り立つ．

式 (1.40) の逆数をとると

$$\frac{1}{\frac{dy}{dx}} = \frac{dx}{dy} = \frac{1}{y} \tag{1.43}$$

となる．この x に式 (1.41) の逆関数の表記 $\log y$ を代入すると $d\log y/dy = 1/y$ となるが，表記において y と x を交換すれば

$$\frac{dy}{dx} = \frac{d\log x}{dx} = \frac{1}{x} \tag{1.44}$$

が成り立つ．これを x で積分すれば

$$\int_1^x \frac{d\log x'}{dx'} dx' = \log x - \log 1 = \int_1^x \frac{1}{x'} dx', \tag{1.45}$$

ここで $e^0 = 1$ より $\log 1 = 0$. これにより積分公式

$$\int_1^x \frac{1}{x'} dx' = \log x \tag{1.46}$$

が得られる．

自然対数は底 e を明記して $\log_e x$ と表されることもある．文献によってはしばしば $\ln x$ という表記が用いられる．本書では自然対数を一貫して簡単に $\log$ と表記する．

ここで

$$y_1 = e^{x_1}, \tag{1.47}$$
$$y_2 = e^{x_2}, \tag{1.48}$$

という関係を満たす y_1, y_2 に対して

$$y_1 y_2 = e^{x_1+x_2} \tag{1.49}$$

が成り立つため，積の対数は対数の和で与えられる：

$$\log(y_1 y_2) = \log y_1 + \log y_2. \tag{1.50}$$

一般に，b のべき乗

$$y = b^x \tag{1.51}$$

の逆関数は「b を底とする対数 (logarithm with base b)」とよんで

$$x = \log_b y \tag{1.52}$$

と表す．式 (1.51) の自然対数をとって

$$\log y = \log b^x = x \log b \tag{1.53}$$

となり，これに式 (1.52) を代入すると

$$\log_b y = \frac{\log y}{\log b} \tag{1.54}$$

が導かれる．

$b = 10$ を底とする対数 (logarithm with base 10)：

$$x = \log_{10} y \tag{1.55}$$

は「常用対数 (common logarithm)」ともよばれる．たとえば 10 のべき乗は $10^1 = 10$, $10^2 = 100$, $10^3 = 1000$ となり，常用対数は $\log_{10} 10 = 1$, $\log_{10} 100 = 2$, $\log_{10} 1000 = 3$ を与える．

これ以外にも，情報科学においては $b = 2$ を底とする対数 (logarithm with base 2) あるいは「2進対数 (binary logarithm)」：

$$x = \log_2 y \tag{1.56}$$

も多用される．2 のべき乗は $2^1 = 2$, $2^8 = 256$ となり，2 を底とする対数は $\log_2 2 = 1$, $\log_2 256 = 8$ を与える．情報量はビット (bit, binary digit) を単位として論じられ，8 ビットのことは 1 バイト (Byte) と表現する．

§1.2 2, 3次元空間内の位置

ここで得られた速度 $v(t) = v(0)e^{-\eta t}$ のもとで位置 $x(t)$ を求めるには

$$\frac{dx}{dt} = v(t) \tag{1.57}$$

を積分すればよく，

$$x(t) - x(0) = \int_0^t v(0)e^{-\eta t'} dt' = \frac{v(0)}{\eta}(1 - e^{-\eta t}) \tag{1.58}$$

が得られる．

§1.2 2, 3次元空間内の位置

1.2.1 2次元座標系

2次元空間，つまり平面の座標系には代表的なものとして

- 直交座標 (rectangular coordinate): (x, y)
- 平面極座標 (two-dimensional polar coordinate): (r, θ)

がある（図1.7）．直交座標はその導入によってユークリッド幾何学と代数を結びつけたルネ・デカルト (René Descartes) の名をとってデカルト座標 (Cartesian coordinate) ともよばれる．2次元デカルト座標では x 軸，y 軸が互いに垂直になるように選ぶ．

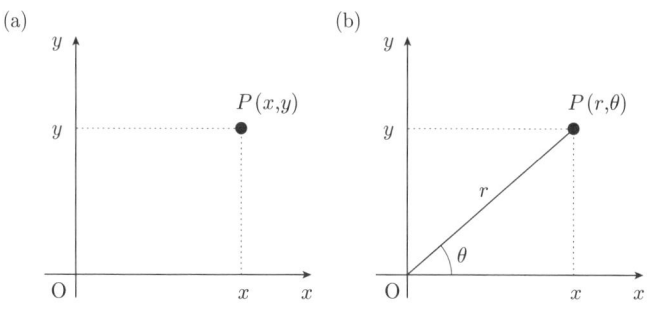

図1.7 2次元（平面）座標系．(a) 直交座標．(b) 平面極座標．

直交座標の成分 (x, y) は平面極座標の成分 (r, θ) を用いて

$$x = r\cos\theta, \tag{1.59}$$

$$y = r\sin\theta, \tag{1.60}$$

と表すことができる.

r はピュタゴラスの定理,

$$r^2 = x^2 + y^2 \tag{1.61}$$

が成り立つから

$$r = \sqrt{x^2 + y^2}. \tag{1.62}$$

角度 θ は

$$\tan\theta = \frac{y}{x} \tag{1.63}$$

を満たす.よって

$$\theta = \arctan\left(\frac{y}{x}\right). \tag{1.64}$$

ここで $\arctan A$ は $\tan$ の「逆関数」とよばれ $\tan^{-1} A$ とも表す.

逆関数

関数 (function) とは,入力の数 x に対応して出力の数 y を返す一定の関係のことで,

$$y = f(x) \tag{1.65}$$

のように表す.この入出力関係を逆転させた関係を逆関数 (inverse function) とよび

$$x = f^{-1}(y) \tag{1.66}$$

と表す.表記上,y と x を入れ替えれば

$$y = f^{-1}(x) \tag{1.67}$$

と表される.

たとえば式 (1.35) で定義される指数関数

$$y = f(x) = e^x \tag{1.68}$$

の逆関数は底を e とする対数関数（自然対数）とよばれて

$$x = f^{-1}(y) = \log y \tag{1.69}$$

と表記される（図1.8）.

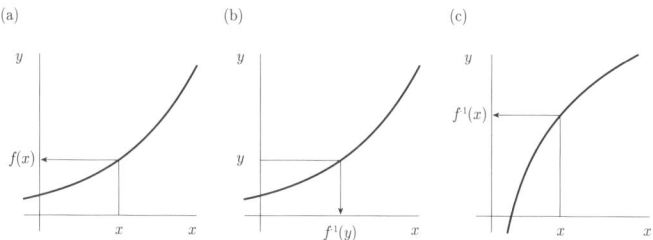

図 1.8　逆関数. **(a)** $y = f(x)$. **(b)** $x = f^{-1}(y)$. **(c)** $y = f^{-1}(x)$. ここでは $f(x) = e^x$, $f^{-1}(x) = \log x$ の例を描いている（縦軸と横軸の縮尺は異なる）.

2次関数

$$y = x^2 \tag{1.70}$$

を考えると, この逆関数は

$$x = \pm y^{1/2} = \pm \sqrt{y} \tag{1.71}$$

となる. ここで $y = x^2$ は入力 x に対して出力 y が一意的に決まる一価関数 (single-valued function) であるのに対してその逆関数はその入力 y に対して出力 x が複数あり得るので多価関数 (multivalued function) とよばれる.

三角関数の逆関数には

$$y = \sin x \quad\leftrightarrow\quad x = \sin^{-1} y = \arcsin y, \tag{1.72}$$

$$y = \cos x \quad\leftrightarrow\quad x = \cos^{-1} y = \arccos y, \tag{1.73}$$

$$y = \tan x \quad\leftrightarrow\quad x = \tan^{-1} y = \arctan y, \tag{1.74}$$

があるが, その図形的意味から明らかなように多価関数である（図1.9）.

第 1 章 運動学

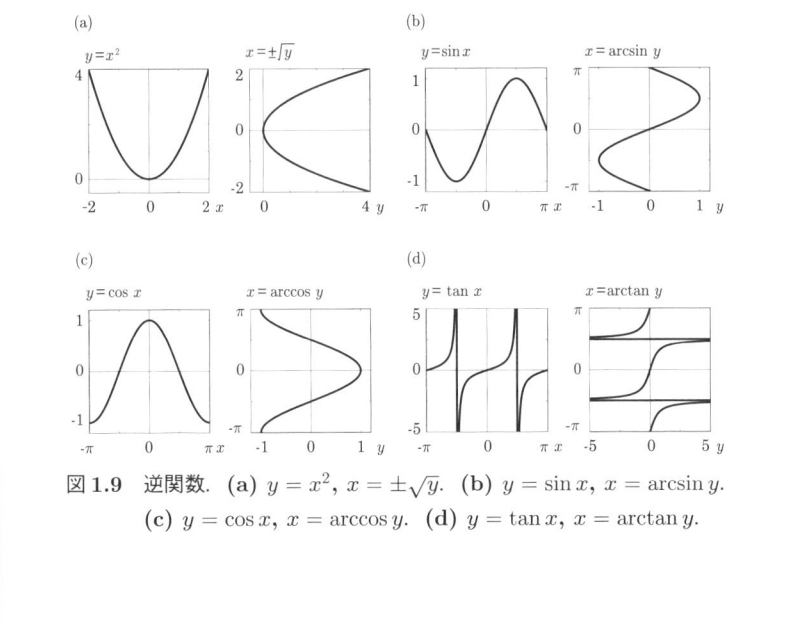

図 1.9 逆関数. (a) $y = x^2$, $x = \pm\sqrt{y}$. (b) $y = \sin x$, $x = \arcsin y$. (c) $y = \cos x$, $x = \arccos y$. (d) $y = \tan x$, $x = \arctan y$.

1.2.2 3次元座標系

3次元空間の座標系には

- 直交座標 (rectangular coordinate): (x, y, z)
- 極座標 (polar coordinate): (r, θ, φ)
- 円柱座標 (cylindrical coordinate): (r, φ, z)

などがある（図1.10）．直交座標では三つの軸を互いに垂直になるように選ぶ．まず x 軸を選び，次に x 軸に垂直な y 軸を選び，そして z 軸は x 軸にも y 軸にも垂直になるように選ぶ．そのような z 軸の方向には 2 通りあるが，x 軸と y 軸を右手の親指と人差し指に選んだときに，中指の指す方向を z 軸に選ぶのが「右手系 (right-handed system)」であり，3次元空間を表すのにこの座標系を用いる事が多い．極座標での角度 θ は緯度経度表示における緯度に対応するものであるが，赤道面から測った緯度とは異なり，z 軸（北極）から測った角度で定義されている．角度 φ は経度に相当するもので，点の x–y 平面への射影（z 軸，北極方向から光を当てた場合に x–y 平面にうつる影）の x 軸からの角度である．直交座標と極座標の関係：(x, y, z) は (r, θ, φ) を用いて

§1.2 2, 3次元空間内の位置

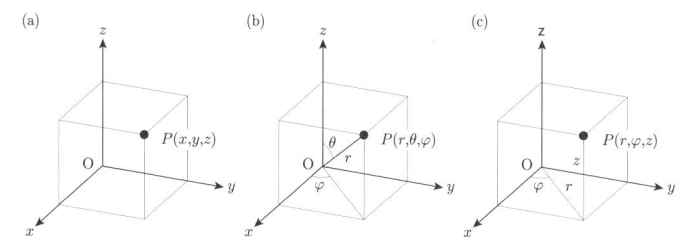

図1.10 3次元座標系. **(a)** 直交座標. **(b)** 極座標. **(c)** 円柱座標.

$$x = r\sin\theta\cos\varphi, \tag{1.75}$$

$$y = r\sin\theta\sin\varphi, \tag{1.76}$$

$$z = r\cos\theta, \tag{1.77}$$

と表すことができる．逆に (r,θ,φ) は (x,y,z) を用いて

$$r = \sqrt{x^2+y^2+z^2}, \tag{1.78}$$

$$\theta = \arctan\left(\frac{\sqrt{x^2+y^2}}{z}\right), \tag{1.79}$$

$$\varphi = \arctan\left(\frac{y}{x}\right), \tag{1.80}$$

と表される．

円柱座標は2次元極座標と z との組み合わせである．(x,y,z) は (r,φ,z) を用いて

$$x = r\cos\varphi, \tag{1.81}$$

$$y = r\sin\varphi, \tag{1.82}$$

$$z = z, \tag{1.83}$$

と表すことができる．逆に (r,φ,z) は (x,y,z) を用いて

$$r = \sqrt{x^2+y^2}, \tag{1.84}$$

$$\varphi = \arctan\left(\frac{y}{x}\right), \tag{1.85}$$

$$z = z, \tag{1.86}$$

と表される．

1.2.3 ベクトル

前節のように座標系を決めれば，空間内の位置は座標の数値の組で表すことができるが，座標系に依らない形で「ベクトル (vector)」を用いて「位置 O からみた位置 P」というように表現することが可能である．

ベクトル

ここでベクトル $\overrightarrow{OP}$ とは位置 O から位置 P に向かう大きさと方向をもったものである．ベクトルには，始点と終点の両方を指定した「束縛ベクトル (bound vector)」と，変位 (displacement) の大きさと方向を指定した「自由ベクトル (free vector)」があるが，本書では自由ベクトルを扱う（図1.11）．

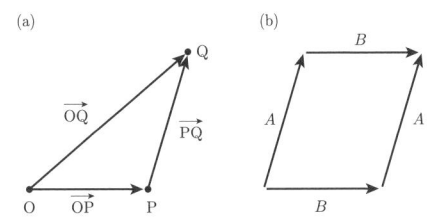

図1.11 束縛ベクトルと自由ベクトル．(a) 束縛ベクトル．(b) 自由ベクトル．

ベクトルは足し算，加法 (addition)

$$\overrightarrow{OQ} = \overrightarrow{OP} + \overrightarrow{PQ} \tag{1.87}$$

を満たす．この表現は始点と終点の位置を残した形になっているので，以後は自由ベクトルそのものに名前をつけて

$$\boldsymbol{C} = \boldsymbol{A} + \boldsymbol{B} \tag{1.88}$$

のような表現をとる．以下のような代数関係：交換法則，ゼロベクトルの定義，マイナスベクトルの定義，減法，結合法則に関する推移性の関係を満たす集合の要素がベクトルである．

- 加法の交換法則 (commutative property, commutativity)

$$\boldsymbol{A} + \boldsymbol{B} = \boldsymbol{B} + \boldsymbol{A}. \tag{1.89}$$

§1.2 2，3次元空間内の位置

- ゼロベクトル (zero vector)
$$A + 0 = A. \tag{1.90}$$

- マイナスベクトル (minus vector)
$$A + (-A) = 0. \tag{1.91}$$

- 減法 (subtraction)
$$A - B = A + (-B). \tag{1.92}$$

- 結合法則 (associative property, associativity)
$$A + (B + C) = (A + B) + C. \tag{1.93}$$

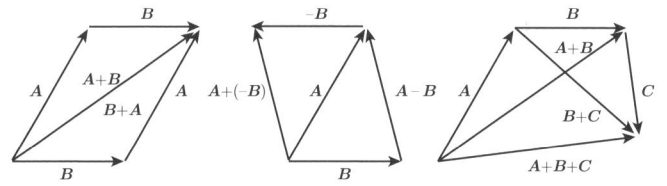

図 1.12　ベクトルの加法，減法，交換法則．

□ 操作の順序交換

　点の移動は「操作 (operation)」の一種である．点の並進移動を変位の大きさと方向を指定した自由ベクトルで表現したとすると，始点からまず A 進んだ後に B 進んだ場合の到着点と，同じ始点からまず B 進んだ後に A 進んだ場合の到着点は一致する．これがベクトル線形加法の交換法則

$$A + B = B + A$$

の意味するところである.

　しかし一般の「操作」に関しては，順序を交換するとしばしば違う結果に至ることは，我々は日頃の生活から実感している．勉強してから受験するのと受験してから勉強するのとでは結果は自ずと異なる．点の移動という幾何学的操作においても，たとえば操作Aを「回転」とし操作Bを「前進」とすると「操作A→操作B」の結果と「操作B→操作A」の結果は異なる結果をもたらす（図1.13）．量子力学では実際に演算子 (operator) の非可換性 (noncommutative property, noncommutativity) が重要になる.

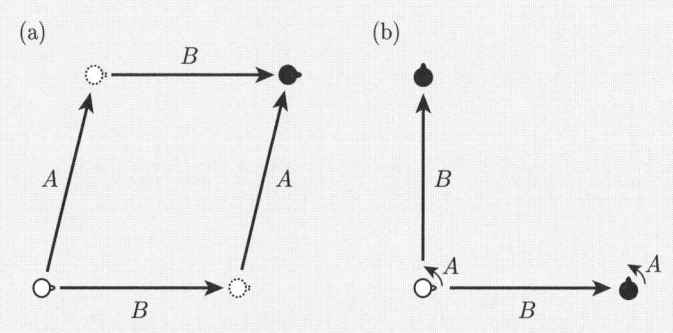

図1.13 操作の可換性と非可換性．**(a)** 可換な操作：2つの並進の組み合わせ．始点を白抜きの図形，経過点を点線の図形，終点を黒塗りの図形で表した．**(b)** 非可換な操作：「回転 (A)」と「前進 (B)」の組み合わせ．始状態を白抜きの図形，終状態を黒塗りの図形で表した．操作順序，「Aの後にB」と「Bの後にA」，に応じて終状態は異なる．

ベクトルの成分表示

　空間内の点の位置を直交座標で (x, y, z) と与えられた場合に，それをベクトル $\boldsymbol{r}$ で表現し，その関係を

$$\boldsymbol{r} = (x, y, z) \tag{1.94}$$

と表す．ベクトル $\boldsymbol{r}$ の大きさは $|\boldsymbol{r}|$ あるいは r と表記する：

§1.2 2，3次元空間内の位置

$$r = |\boldsymbol{r}| = \sqrt{x^2 + y^2 + z^2}. \tag{1.95}$$

ベクトルの方向を保ったまま，大きさを変えるには，ベクトルに実数，スカラー (scalar) を掛ければよい：

$$a\boldsymbol{r} = (ax, ay, az). \tag{1.96}$$

ベクトルは大きさと方向をもつが，大きさが 1 のものを単位ベクトル (unit vector) とよぶ．そして，直交座標系における各基本軸，x，y，z 軸に平行な単位ベクトル $\boldsymbol{i}$，$\boldsymbol{j}$，$\boldsymbol{k}$ のことを基本ベクトル (fundamental vectors) とよぶ．各基本ベクトルの直交座標表示は

$$\boldsymbol{i} = (1, 0, 0), \tag{1.97}$$

$$\boldsymbol{j} = (0, 1, 0), \tag{1.98}$$

$$\boldsymbol{k} = (0, 0, 1), \tag{1.99}$$

となっている．

$$(x, y, z) = (x, 0, 0) + (0, y, 0) + (0, 0, z) \tag{1.100}$$

の関係から

$$\boldsymbol{r} = x\boldsymbol{i} + y\boldsymbol{j} + z\boldsymbol{k} \tag{1.101}$$

と表すこともできる（図 1.14）．

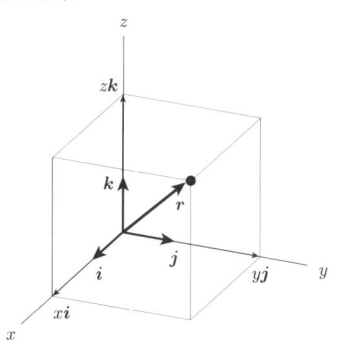

図 1.14 ベクトルの成分分解．$\boldsymbol{r} = x\boldsymbol{i} + y\boldsymbol{j} + z\boldsymbol{k}$．

第1章　運動学

§1.3　2, 3次元空間での速度・加速度

時刻 t に位置 $\boldsymbol{r}$ にあった物体が時間 Δt 後に $\boldsymbol{r}(t+\Delta t)$ に移動したときの変位をベクトルで表すと

$$\boldsymbol{r}(t+\Delta t) - \boldsymbol{r}(t) \tag{1.102}$$

となる．2, 3次元の速度 $\boldsymbol{v}$ は，1次元の速度をベクトルに拡張し

$$\boldsymbol{v} \equiv \lim_{\Delta t \to 0} \frac{\boldsymbol{r}(t+\Delta t) - \boldsymbol{r}(t)}{\Delta t} \tag{1.103}$$

と定義し

$$\boldsymbol{v} = \frac{d\boldsymbol{r}}{dt} \tag{1.104}$$

と表記する．$\boldsymbol{r} = x\boldsymbol{i} + y\boldsymbol{j} + z\boldsymbol{k}$ と表すと

$$\boldsymbol{v} = \frac{dx}{dt}\boldsymbol{i} + \frac{dy}{dt}\boldsymbol{j} + \frac{dz}{dt}\boldsymbol{k} \tag{1.105}$$

となり，成分ごとの速度に分解される．

同様にして加速度 $\boldsymbol{a}$ も

$$\boldsymbol{a} \equiv \lim_{\Delta t \to 0} \frac{\boldsymbol{v}(t+\Delta t) - \boldsymbol{v}(t)}{\Delta t} \tag{1.106}$$

と定義し

$$\boldsymbol{a} = \frac{d\boldsymbol{v}}{dt} = \frac{d^2\boldsymbol{r}}{dt^2} \tag{1.107}$$

と表記する．成分に分解すると

$$\boldsymbol{a} = \frac{d^2 x}{dt^2}\boldsymbol{i} + \frac{d^2 y}{dt^2}\boldsymbol{j} + \frac{d^2 z}{dt^2}\boldsymbol{k} \tag{1.108}$$

となる．

§1.4　2次元運動の平面極座標成分

前節でみたように，直交座標表示においては，位置，速度，加速度の関係が軸方向の成分ごとに分解されて1次元での定義がそのまま成立した．これは座標軸方向を表す基本ベクトル $\boldsymbol{i}$, $\boldsymbol{j}$, $\boldsymbol{k}$ が時間的に変化しないからである．

§1.4 2次元運動の平面極座標成分

1.4.1 速度の極座標成分

平面内の点の動きを平面極座標（以下，極座標と略する）$\boldsymbol{r}(t) = (r(t), \theta(t))$ で表現し，この点が平面内を動くときの速度，加速度の極座標の成分を考える．まず，動径方向（原点からその点に向かう方向）の単位ベクトルを $\boldsymbol{e}_r$ とし，それに直交する単位ベクトルを $\boldsymbol{e}_\theta$ とする．$\boldsymbol{e}_\theta$ のとり方には2方向あるが，原点のまわりを反時計回り方向 (counterclockwise) に向くものを選ぶ約束にする．以下，この $(\boldsymbol{e}_r, \boldsymbol{e}_\theta)$ が張る局所的座標系で，点 $\boldsymbol{r}$ の動き（速度，加速度）を記述することを考える．まず，物体の存在する位置 $\boldsymbol{r}$ は極座標で

$$\boldsymbol{r} = r\boldsymbol{e}_r \tag{1.109}$$

と記述することができる（図 1.15）．速度 $\boldsymbol{v}$ はその微分

$$\boldsymbol{v} \equiv \frac{d\boldsymbol{r}}{dt} = \frac{d}{dt}(r\boldsymbol{e}_r) \tag{1.110}$$

$$= \frac{dr}{dt}\boldsymbol{e}_r + r\frac{d\boldsymbol{e}_r}{dt} \tag{1.111}$$

で与えられる．ここで速度 $\boldsymbol{v}$ を表す式 (1.111) の右辺第一項 $\frac{dr}{dt}\boldsymbol{e}_r$ は動径方向の腕の長さが変わる効果を表している．右辺第二項 $r\frac{d\boldsymbol{e}_r}{dt}$ は腕が回転する度合いが「腕の長さ」倍された効果である．

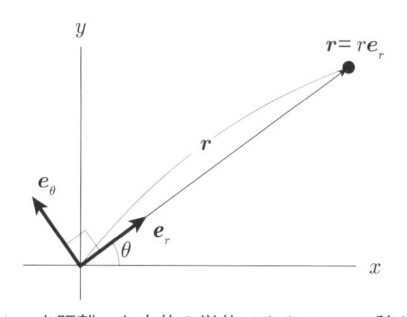

図 1.15 位置ベクトル $\boldsymbol{r}$ を距離 r と方位の単位ベクトル $\boldsymbol{e}_r$ の積として表す：$\boldsymbol{r} = r\boldsymbol{e}_r$.

関数の積の微分

スカラー倍されたベクトル $r\boldsymbol{e}_r$ の時間微分は実数関数における積の微分と同様に式 (1.111)：

第1章 運動学

$$\frac{d}{dt}(re_r) = \frac{dr}{dt}e_r + r\frac{de_r}{dt}$$

が成立する．なぜなら，

$$\frac{d}{dt}(r(t)e_r(t)) \equiv \lim_{\Delta t \to 0} \frac{r(t+\Delta t)e_r(t+\Delta t) - r(t)e_r(t)}{\Delta t}. \tag{1.112}$$

右辺の分子に，ゼロとなる「$-r(t)e_r(t+\Delta t) + r(t)e_r(t+\Delta t)$」を加えて変形を行うと

$$= \lim_{\Delta t \to 0} \left(\frac{r(t+\Delta t)e_r(t+\Delta t) - r(t)e_r(t+\Delta t) + r(t)e_r(t+\Delta t) - r(t)e_r(t)}{\Delta t} \right)$$

$$= \lim_{\Delta t \to 0} \left(\frac{r(t+\Delta t) - r(t)}{\Delta t}e_r(t+\Delta t) + r(t)\frac{e_r(t+\Delta t) - e_r(t)}{\Delta t} \right)$$

$$= \frac{dr}{dt}e_r + r\frac{de_r}{dt} \tag{1.113}$$

が成立するからである．

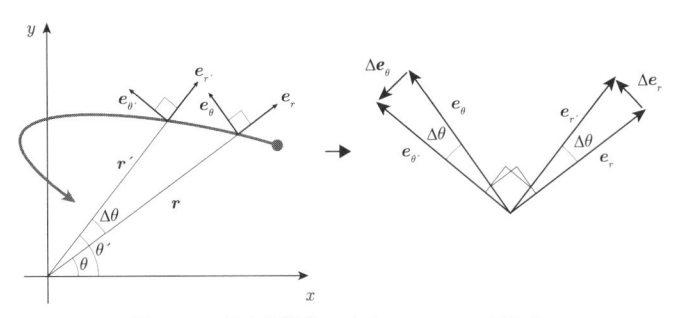

図1.16 極座標単位ベクトル e_r, e_θ の動き．

動径方向の単位ベクトルの時間変化 de_r/dt を考えるにあたって，点が円周上を運動する様子を考える．時刻 t に x 軸から角度 $\theta(t)$ にあった物体が微小時間 Δt の間に角度 $\theta(t+\Delta t)$ に移動したとすると，ベクトル e_r の移動距離は

$$|e_r(t+\Delta t) - e_r(t)| \approx |\theta(t+\Delta t) - \theta(t)| \tag{1.114}$$

で近似できる．これは，円弧の短い切片は直線に近いということ，そして，ラディアン (radian) で測った角度 θ が半径1の円弧の長さを示すことを思い起こせば理解できよう（円周の長さは半径の 2π (radian $\approx 2 \times 3.14159$) 倍であ

§1.4 2次元運動の平面極座標成分

る).また,無限小時間に単位ベクトル $\bm{e}_r$ が動く方向は,ベクトルの大きさが 1 で変化しないために,元のベクトルに垂直でなくてはならない.これらのことから,動径ベクトルの速度ベクトルは

$$
\begin{aligned}
\frac{d\bm{e}_r}{dt} &\equiv \lim_{\Delta t \to 0} \frac{\bm{e}_r(t+\Delta t) - \bm{e}_r(t)}{\Delta t} \\
&= \lim_{\Delta t \to 0} \frac{\theta(t+\Delta t) - \theta(t)}{\Delta t} \bm{e}_\theta(t) \\
&= \frac{d\theta}{dt} \bm{e}_\theta.
\end{aligned} \tag{1.115}
$$

つまり

$$\boxed{\frac{d\bm{e}_r}{dt} = \dot{\theta} \bm{e}_\theta} \tag{1.116}$$

となる(図 1.16).

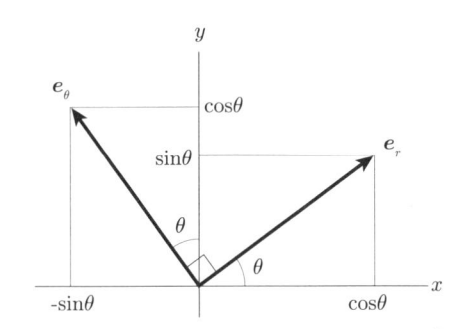

図 1.17 極座標単位ベクトル $\bm{e}_r$, $\bm{e}_\theta$ の x–y 成分.

この関係は,基本ベクトル $\bm{i} \equiv (1,0)$, $\bm{j} \equiv (0,1)$ を用いて $\bm{e}_r$, $\bm{e}_\theta$ を

$$\bm{e}_r = \cos\theta \bm{i} + \sin\theta \bm{j}, \tag{1.117}$$

$$\bm{e}_\theta = -\sin\theta \bm{i} + \cos\theta \bm{j}, \tag{1.118}$$

と表す(図 1.17)ことにより

$$\frac{d\bm{e}_r}{dt} = -\frac{d\theta}{dt}\sin\theta \bm{i} + \frac{d\theta}{dt}\cos\theta \bm{j} = \frac{d\theta}{dt}\bm{e}_\theta \tag{1.119}$$

にて求めることもできる.

この関係を，速度ベクトル $\boldsymbol{v}$ の式に代入することにより

$$\boldsymbol{v} = \frac{dr}{dt}\boldsymbol{e}_r + r\frac{d\theta}{dt}\boldsymbol{e}_\theta \tag{1.120}$$

が得られる．

速度の極座標成分【まとめ】

速度を動径方向とそれに垂直な方向の成分に分解して

$$\boxed{\boldsymbol{v} = v_r \boldsymbol{e}_r + v_\theta \boldsymbol{e}_\theta} \tag{1.121}$$

と表記すると，

$$\boxed{v_r = \dot{r}} \tag{1.122}$$

$$\boxed{v_\theta = r\dot{\theta}} \tag{1.123}$$

となる．式 (1.122) 右辺は「腕の長さの速度（時間変化率）」を表している．式 (1.123) 右辺は「角速度（回転方向の時間変化率）」を「腕の長さ」倍したものである．

1.4.2 加速度の極座標成分

加速度 $\boldsymbol{a}$ の極座標表示を得るには，1.4.1 項で求めた，速度 $\boldsymbol{v}$ の極座標表示，式 (1.120) を時間微分すればよい：

$$\boldsymbol{a} = \frac{d\boldsymbol{v}}{dt} = \frac{d}{dt}\left(\frac{dr}{dt}\boldsymbol{e}_r + r\frac{d\theta}{dt}\boldsymbol{e}_\theta\right). \tag{1.124}$$

右辺第 1 項は関数の積の微分により

$$\frac{d}{dt}\left(\frac{dr}{dt}\boldsymbol{e}_r\right) = \frac{d^2 r}{dt^2}\boldsymbol{e}_r + \frac{dr}{dt}\frac{d\boldsymbol{e}_r}{dt}. \tag{1.125}$$

右辺第 2 項も関数の積の微分を繰り返して

$$\frac{d}{dt}\left(r\frac{d\theta}{dt}\boldsymbol{e}_\theta\right) = \frac{dr}{dt}\frac{d\theta}{dt}\boldsymbol{e}_\theta + r\frac{d^2\theta}{dt^2}\boldsymbol{e}_\theta + r\frac{d\theta}{dt}\frac{d\boldsymbol{e}_\theta}{dt}. \tag{1.126}$$

§1.4 2次元運動の平面極座標成分

ここで de_r/dt に加えて新たに de_θ/dt が現れたが,これは式 (1.116): $de_r/dt = \dot{\theta} e_\theta$ の導出のときと同様にして,無限小時間に e_θ が動く方向は,それ自身に垂直であり,かつ e_r の逆方向になることに注意すると

$$\frac{de_\theta}{dt} \equiv \lim_{\Delta t \to 0} \frac{e_\theta(t+\Delta t) - e_\theta(t)}{\Delta t}$$
$$= \lim_{\Delta t \to 0} \frac{\theta(t+\Delta t) - \theta(t)}{\Delta t}(-e_r)$$
$$= -\frac{d\theta}{dt} e_r, \tag{1.127}$$

つまり

$$\boxed{\frac{de_\theta}{dt} = -\dot{\theta} e_r} \tag{1.128}$$

となる.この関係は,1.4.1 項と同様に基本ベクトルを用いて e_θ, e_r を式 (1.117),式 (1.118):

$$e_r = \cos\theta\, i + \sin\theta\, j,$$
$$e_\theta = -\sin\theta\, i + \cos\theta\, j,$$

と表すことにより

$$\frac{de_\theta}{dt} = -\frac{d\theta}{dt}\cos\theta\, i - \frac{d\theta}{dt}\sin\theta\, j = -\frac{d\theta}{dt} e_r \tag{1.129}$$

にて求めることもできる.

式 (1.116): $\frac{de_r}{dt} = \frac{d\theta}{dt} e_\theta$,式 (1.128): $\frac{de_\theta}{dt} = -\frac{d\theta}{dt} e_r$ を式 (1.125),式 (1.126) に代入すると

$$a = \left(\frac{d^2 r}{dt^2} - r\left(\frac{d\theta}{dt}\right)^2\right) e_r + \left(r\frac{d^2\theta}{dt^2} + 2\frac{dr}{dt}\frac{d\theta}{dt}\right) e_\theta \tag{1.130}$$

が得られる.

加速度の極座標成分【まとめ】

  加速度を動径方向とそれに垂直な方向の成分に分解して

$$\boldsymbol{a} = a_r \boldsymbol{e}_r + a_\theta \boldsymbol{e}_\theta \tag{1.131}$$

と表記すると,

$$a_r = \ddot{r} - r\dot{\theta}^2 \tag{1.132}$$

$$a_\theta = r\ddot{\theta} + 2\dot{r}\dot{\theta} \tag{1.133}$$

となる.

等速円運動

半径 R, 角速度 $\dot{\theta} = \omega$ で等速円運動する点を考える. 導いた式に代入すると

$$\begin{aligned}
v_r &= \dot{r} = 0, \\
v_\theta &= r\dot{\theta} = R\omega, \\
a_r &= \ddot{r} - r\dot{\theta}^2 = -R\omega^2, \\
a_\theta &= r\ddot{\theta} + 2\dot{r}\dot{\theta} = 0,
\end{aligned}$$

となり, 中心方向への加速度, すなわち向心加速度を受けていることがわかる (図 1.18).

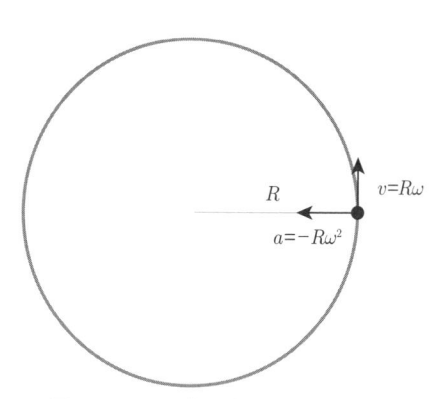

図 1.18 円運動に伴う速度と加速度.

§1.5　ケプラーの法則の運動学的解釈

16 世紀，ティコ・ブラーエは 20 年にわたって火星の位置の観測を行った．この観測記録を得たヨハネス・ケプラーは，その解析を通して惑星運動に関する三つの法則を見出し，17 世紀初頭に公表した．

- 第 1 法則:惑星は太陽を一つの焦点とする楕円軌道上を動く．
- 第 2 法則:惑星と太陽を結ぶ線分が単位時間に掃く面積は一定である．
- 第 3 法則:惑星の公転周期の 2 乗は，軌道の長半径の 3 乗に比例する．

これらは惑星運動に関するケプラーの法則 (Kepler's laws of planetary motion) とよばれている．本節では運動学に基づいてケプラーの法則から何が読み解けるかを考察する．

1.5.1　楕円の極座標表示

ここではまず楕円を定式化する．平面上の 1 定点からの距離が一定の点の集合からなる曲線が円 (circle) であるのに対して，平面上の 2 定点からの距離の和が一定となる点の集合からなる曲線のことを楕円 (ellipse) とよぶ．その 2 定点は楕円の焦点 (focus) とよばれる．円はコンパスで描くこともできるが，ピンを 1 本立てて，輪にしたひもをそのピンと鉛筆に引っかけ，ひもがたるまないようにして鉛筆を動かすことによっても描ける．楕円は以下の方法で描くことができる．

楕円の描き方

ピンを 2 本立てて，輪にしたひもを 2 本のピンと鉛筆に引っかけ，ひもがたるまないようにして鉛筆を動かす（図 1.19）．

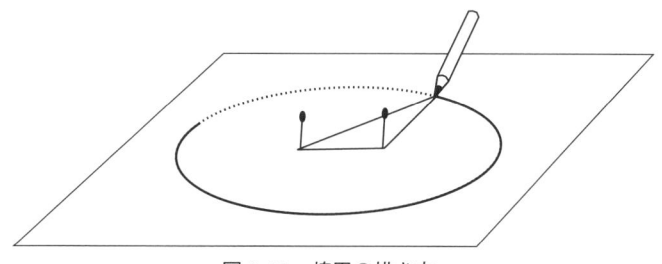

図 1.19　楕円の描き方．

焦点の一つを原点とする楕円の極座標表示

長半径 (semi-major axis) a の楕円を考える．正パラメータ ε を導入して，平面上の2定点を直交座標上の $(0,0)$ と $(-2a\varepsilon, 0)$ におき，その2点から点 (x,y) への距離をそれぞれ r, r' として，その和が一定であることを要求する．一定値は長半径の2倍に等しいから

$$r + r' = 2a. \tag{1.134}$$

これから

$$r'^2 = (2a-r)^2 = r^2 - 4ar + 4a^2 \tag{1.135}$$

が成り立つ．$(x,y) = (r\cos\theta, r\sin\theta)$ を考慮すると，ピュタゴラスの定理から

$$\begin{aligned} r'^2 &= r^2 \sin^2\theta + (2a\varepsilon + r\cos\theta)^2 \\ &= r^2 + 4a\varepsilon r \cos\theta + 4a^2\varepsilon^2 \end{aligned} \tag{1.136}$$

が成り立つ．式 (1.135), 式 (1.136) を連立することによって，

$$r(1 + \varepsilon \cos\theta) = a(1 - \varepsilon^2) \tag{1.137}$$

が得られる．よって長半径 a の楕円は平面極座標 (r, θ) を用いて

$$\boxed{r = \frac{a(1 - \varepsilon^2)}{1 + \varepsilon \cos\theta}} \tag{1.138}$$

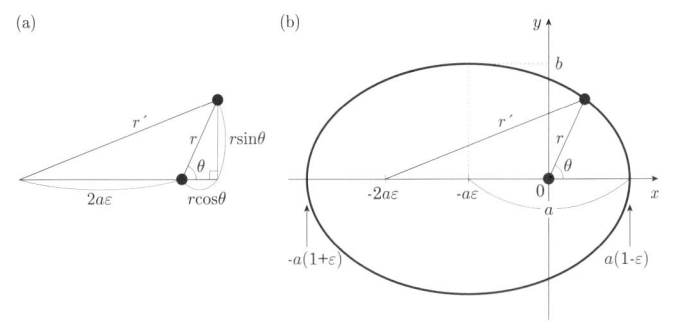

図 1.20 原点を一つの焦点とする楕円．(a) 2点 $(0,0)$ と $(-2a\varepsilon, 0)$ からの距離 r, r' の関係．(b) これら2点 $(0,0)$ と $(-2a\varepsilon, 0)$ からの距離の和を一定 $r+r'=2a$ とした楕円．

と表現される（図 1.20）．ε は離心率 (eccentricity) とよばれる．2 焦点からの距離の和 $r + r' = 2a$ が 2 焦点間の距離 $|2a\varepsilon|$ より長いことにより $|\varepsilon| \leq 1$ を満たす．楕円は 2 定点が一致する極限 $\varepsilon \to 0$ で半径 $r = a$ の円になる．

楕円を直交座標で表すには，その極座標表示 (1.137) から

$$r(1 + \varepsilon \cos\theta) = r + \varepsilon x = a(1 - \varepsilon^2). \tag{1.139}$$

この r を 2 乗して

$$x^2 + y^2 = r^2 = (a(1 - \varepsilon^2) - \varepsilon x)^2 \tag{1.140}$$

が得られる．これを変形して

$$(1 - \varepsilon^2)(x + a\varepsilon)^2 + y^2 = a^2(1 - \varepsilon^2) \tag{1.141}$$

が得られる．式 (1.141) は $b = a\sqrt{1 - \varepsilon^2}$ とおくと

$$\boxed{\frac{(x + a\varepsilon)^2}{a^2} + \frac{y^2}{b^2} = 1} \tag{1.142}$$

となり，中心 $(-a\varepsilon, 0)$，長半径 a，短半径 (semi-minor axis) b の楕円を表す標準形になる．

楕円とは単位円を x 軸方向に a 倍して y 軸方向に b 倍したものでもあるから，その面積 S は単位円の面積 π を $a \times b$ 倍して

$$S = \pi ab = \pi a^2 \sqrt{1 - \varepsilon^2} \tag{1.143}$$

で与えられる．

1.5.2 惑星運動における加速度

ここではまず本章の運動学の知識のみを用いてケプラーの法則から惑星の加速度を求める．惑星の運動面において平面極座標をとり，惑星の加速度 $\boldsymbol{a}$ を，動径方向と回転方向の単位ベクトル $\boldsymbol{e}_r$ と $\boldsymbol{e}_\theta$ の張る局所座標系で $\boldsymbol{a} = a_r \boldsymbol{e}_r + a_\theta \boldsymbol{e}_\theta$ と表すと，加速度の動径方向成分と回転方向成分はそれぞれ式 (1.132)，式 (1.133)

$$a_r = \ddot{r} - r\dot{\theta}^2, \quad a_\theta = r\ddot{\theta} + 2\dot{r}\dot{\theta}$$

によって与えられる．

第2法則から導かれる結論

まずケプラーの第2法則（面積速度一定）がもたらす知見について考察する．惑星の動径が微小時間 Δt に掃く扇形は時間の短い極限で三角形に限りなく近く，面積は（底辺×高さ÷2）で与えられる（図 1.21）．微小時間の角度変化を $\Delta\theta$ とすると，扇形の面積 Δs は

$$\Delta s \approx \frac{r \times r\Delta\theta}{2}, \tag{1.144}$$

ここでは × は掛け算の意味で使った．よって面積速度 (areal velocity) は

$$v_S \equiv \lim_{\Delta t \to 0} \frac{\Delta s}{\Delta t} = \lim_{\Delta t \to 0} \frac{1}{2} r^2 \frac{\Delta\theta}{\Delta t} = \frac{1}{2} r^2 \dot\theta \tag{1.145}$$

と表される．この面積速度の時間変化は関数の積の微分より

$$\frac{dv_S}{dt} = \frac{1}{2} \frac{d}{dt}\left(r^2 \dot\theta\right) \tag{1.146}$$

$$= \frac{1}{2}\left(\frac{dr^2}{dt}\dot\theta + r^2 \frac{d\dot\theta}{dt}\right) = \frac{1}{2}\left(2r\dot r\dot\theta + r^2 \ddot\theta\right) \tag{1.147}$$

これに回転方向の加速度の式 (1.133)：$a_\theta = r\ddot\theta + 2\dot r\dot\theta$ を代入すると

$$\frac{dv_S}{dt} = \frac{r}{2} a_\theta \tag{1.148}$$

と変形される．よって面積速度一定の法則は「惑星の加速度の回転方向の成分がゼロである」：

$$a_\theta = 0 \tag{1.149}$$

ことを意味する．つまり「惑星は太陽に対して垂直な回転（公転）方向には加速されていない」ことに帰結する．

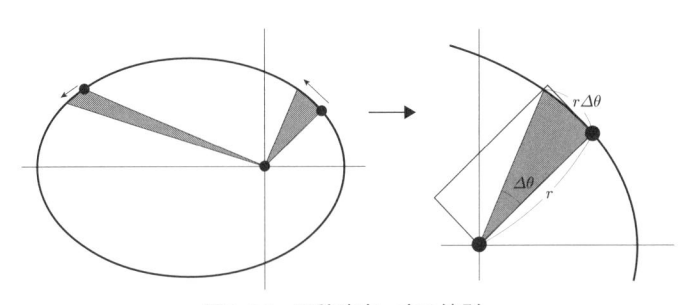

図 1.21　面積速度一定の法則．

§1.5 ケプラーの法則の運動学的解釈

この面積速度一定の条件下では「楕円軌道の面積 = 面積速度×周期」が成り立つ．つまり

$$v_S = \frac{S}{T}. \tag{1.150}$$

これに式 (1.145)：$v_S = \frac{1}{2}r^2\dot{\theta}$ と式 (1.143)：$S = \pi a^2\sqrt{1-\varepsilon^2}$ を代入して

$$\frac{1}{2}r^2\frac{d\theta}{dt} = \frac{\pi a^2\sqrt{1-\varepsilon^2}}{T}. \tag{1.151}$$

これは

$$\boxed{\frac{d\theta}{dt} = \frac{\alpha}{r^2}} \tag{1.152}$$

が成り立つことを意味する．つまり，惑星の公転角速度 $\dot{\theta}$ は太陽からの距離 r の 2 乗に反比例する．ここではその係数を

$$\alpha = \frac{2\pi a^2\sqrt{1-\varepsilon^2}}{T} \tag{1.153}$$

とおいた．

第 1 法則から導かれる結論

次にケプラーの第 1 法則（楕円軌道）がもたらす知見について考察する．つまり，惑星が式 (1.138) で表される楕円軌道上を周期 T で運行しているということを認めた場合に，太陽に向かう向心加速度（a_r は動径方向 e_r の加速度なので符号は逆になっている），式 (1.132)：

$$a_r = \ddot{r} - r\dot{\theta}^2$$

が距離 r にどう依存するのかについて求める．

上式 a_r の第一項 $\ddot{r}$ を求めるにあたって，まず 1 階微分 $\dot{r}$ について，その時間依存性を消去することから始める．そのためには r を θ の関数とみなして合成関数 (composite function) の微分を用い，さらに式 (1.152)：$d\theta/dt = \alpha/r^2$ を用いて

$$\dot{r} \equiv \frac{dr}{dt} = \frac{d\theta}{dt}\frac{dr}{d\theta} = \frac{\alpha}{r^2}\frac{dr}{d\theta} \tag{1.154}$$

を得る. ここで

$$\frac{d}{d\theta}\left(\frac{1}{r}\right) = -\frac{1}{r^2}\frac{dr}{d\theta} \tag{1.155}$$

を用いて

$$\dot{r} = \frac{\alpha}{r^2}\frac{dr}{d\theta} = -\alpha\frac{d}{d\theta}\left(\frac{1}{r}\right) \tag{1.156}$$

この $\dot{r}$ をさらに時間微分するにあたって，上と同様に合成関数の微分を用いてその時間依存性を消去すると

$$\ddot{r} \equiv \frac{d}{dt}\dot{r} = \frac{d\theta}{dt}\frac{d}{d\theta}\dot{r} \tag{1.157}$$

を得る．これに式 (1.156)：$\dot{r} = -\alpha\frac{d}{d\theta}\left(\frac{1}{r}\right)$ と式 (1.152)：$d\theta/dt = \alpha/r^2$ を代入すると

$$\ddot{r} = -\alpha\frac{d\theta}{dt}\frac{d^2}{d\theta^2}\left(\frac{1}{r}\right) = -\left(\frac{\alpha}{r}\right)^2\frac{d^2}{d\theta^2}\left(\frac{1}{r}\right) \tag{1.158}$$

が得られる．

合成関数の微分

距離 r の時間微分 dr/dt を求める場合に，距離 r が角度 θ によって決まり，その角度が時間 t に依存する：

$$r = r(\theta(t)) \tag{1.159}$$

と考えると，微分の極限操作を分割して

$$\begin{aligned}
\frac{dr}{dt} &\equiv \lim_{\Delta t \to 0}\frac{r(t+\Delta t) - r(t)}{\Delta t} \\
&= \lim_{\Delta t \to 0}\frac{r(\theta(t+\Delta t)) - r(\theta(t))}{\Delta t} \\
&= \lim_{\Delta t \to 0}\frac{\theta(t+\Delta t) - \theta(t)}{\Delta t} \times \frac{r(\theta(t+\Delta t)) - r(\theta(t))}{\theta(t+\Delta t) - \theta(t)} \\
&= \lim_{\Delta t \to 0}\frac{\theta(t+\Delta t) - \theta(t)}{\Delta t} \times \lim_{\Delta t \to 0}\frac{r(\theta(t+\Delta t)) - r(\theta(t))}{\theta(t+\Delta t) - \theta(t)} \\
&= \lim_{\Delta t \to 0}\frac{\theta(t+\Delta t) - \theta(t)}{\Delta t} \times \lim_{\Delta \theta \to 0}\frac{r(\theta+\Delta \theta) - r(\theta)}{\Delta \theta}
\end{aligned}$$

§1.5 ケプラーの法則の運動学的解釈

$$= \frac{d\theta}{dt}\frac{dr}{d\theta} \tag{1.160}$$

が成り立つ．

動径方向の加速度の式 (1.132)：$a_r = \ddot{r} - r\dot{\theta}^2$ の第 1 項に式 (1.158) を代入し，第 2 項に式 (1.152)：$\dot{\theta} = \alpha/r^2$ を代入すると

$$a_r = -\left(\frac{\alpha}{r}\right)^2 \left(\frac{d^2}{d\theta^2}\left(\frac{1}{r}\right) + \frac{1}{r}\right) \tag{1.161}$$

が得られる．軌道が楕円であることを認めると式 (1.138) より

$$\frac{1}{r} = \frac{1 + \varepsilon\cos\theta}{a(1-\varepsilon^2)} \tag{1.162}$$

となり，これを θ で二階微分すると

$$\frac{d^2}{d\theta^2}\left(\frac{1}{r}\right) = -\frac{\varepsilon\cos\theta}{a(1-\varepsilon^2)} \tag{1.163}$$

が成り立つ．式 (1.162)，式 (1.163) を式 (1.161) に代入することにより動径方向の加速度は

$$a_r = -\left(\frac{\alpha}{r}\right)^2 \frac{1}{a(1-\varepsilon^2)} = -4\pi^2 \left(\frac{a^3}{T^2}\right)\frac{1}{r^2} \tag{1.164}$$

となる．ここで式 (1.153)：$\alpha = (2\pi a^2\sqrt{1-\varepsilon^2})/T$ も使った．この導出によって「向心加速度の大きさは太陽までの距離の 2 乗に反比例している」ことに帰結した．

第 3 法則から導かれる結論

ケプラーの第 3 法則（公転周期 T の 2 乗は，軌道の長半径 a の 3 乗に比例）は，式 (1.164) のなかに現れた向心加速度の係数 a^3/T^2 が一定であるということを意味している．そこで

$$H \equiv \frac{4\pi^2 a^3}{T^2} \tag{1.165}$$

とおくと H は異なる惑星の間でも共通した数であり，加速度は

$$a_r = -\frac{H}{r^2} \tag{1.166}$$

と書き換えられる．つまり「向心加速度の係数は惑星に依らずに共通している」ことに帰結する．

> □ **ケプラーの法則の運動学による分析のまとめ**
>
> 本節でケプラーの3法則から惑星の加速度の性質を分析した結果をまとめると，まず「面積速度一定」の第2法則からは，式 (1.149)：$a_\theta = 0$ が導かれた．これはすなわち
>
> - 惑星は太陽に対して垂直な回転（公転）方向には加速されていない．
>
> ということを意味する．そして「太陽を焦点とした楕円軌道」の第1法則からは，式 (1.164)：$a_r \propto -1/r^2$ が導かれた．これはすなわち
>
> - 加速度は太陽に向かっており，その向心加速度の大きさは太陽までの距離の2乗に反比例している．
>
> ということを意味する．そして「周期の2乗 $\propto$ 軌道半径の3乗」の第3法則からは，式 (1.166)：$a_r = -H/r^2$ の係数 $H = 4\pi^2 a^3/T^2$ が一定であること，すなわち
>
> - 向心加速度の係数は惑星に依らずに共通しており，太陽までの距離のみによって決まっている．
>
> ということを意味する．
>
> これらは，惑星運動の時空間の幾何学的情報のみを記述する「運動学 (kinematics)」に則って得られた知見であって，これまでの議論にはいっさい「力 (force)」という概念を用いていないということに注意したい．アイザック・ニュートンは天体の運動が地上で測られる力と共通したものに由来しているとして運動法則をうち立てた．物体の「運動」を「力」という原因によって引き起こされるものとしてとらえる「力学 (mechanics)」については第2章以降で議論する．

§1.6 【発展】もう一つの楕円軌道

ケプラーの第1法則は「惑星は太陽を一つの焦点とする楕円軌道上を動く」とあるが，この「一つの焦点」を「楕円の中心」，すなわち2焦点の中心におき換えた場合にはどのような結論が導かれるであろうか．これはもはや天体運動ではないので，「惑星」を「点粒子」とし，「太陽」を「原点」と読み替えて

§1.6 【発展】もう一つの楕円軌道

- S1 法則: 点粒子は「原点」を楕円の中心とする軌道上を動く.
- S2 法則: 点粒子と「原点」を結ぶ線分が一定時間に掃く面積は一定である.

とした場合の運動について読み解いてみよう.

まず,「S2 法則」はケプラーの面積速度一定の法則と同じであり, 式 (1.149) が導かれる:

$$a_\theta = 0. \tag{1.167}$$

つまり点粒子は原点に向かう方向のみに加速されており, 回転方向には加速されていない.

次に「S1 法則」を論じるにあたって原点を中心とする楕円の極座標表示を求めよう.

原点を中心とする楕円の極座標表示

ここでも長半径 a, 離心率 ε の楕円を考えるが, 2 つの焦点を $(a\varepsilon, 0)$ と $(-a\varepsilon, 0)$ におき, 原点 $(0, 0)$ を楕円の中心とした場合の極座標表示を求める (図 1.22). 原点から点粒子までの距離を r, x 軸からの角度を θ とおくと, 2 焦点から点粒子までの距離 r_+, r_- は

$$r_\pm^2 = r^2 \sin^2\theta + (r\cos\theta \mp a\varepsilon)^2 \tag{1.168}$$
$$= r^2 + a^2\varepsilon^2 \mp 2ar\varepsilon\cos\theta \tag{1.169}$$

で与えられる. 次に 2 焦点から点粒子までの距離の和が一定であることを要求する. 一定値は長半径の 2 倍に等しいから

$$r_+ + r_- = 2a, \tag{1.170}$$

つまり

$$r_+^2 + r_-^2 + 2r_+r_- = 4a^2 \tag{1.171}$$

が成り立つ. 式 (1.169) と式 (1.171) を連立させることによって, 楕円の中心を原点とする極座標表示は

$$r = a\sqrt{\frac{1-\varepsilon^2}{1-\varepsilon^2\cos^2\theta}} \tag{1.172}$$

第 1 章　運動学

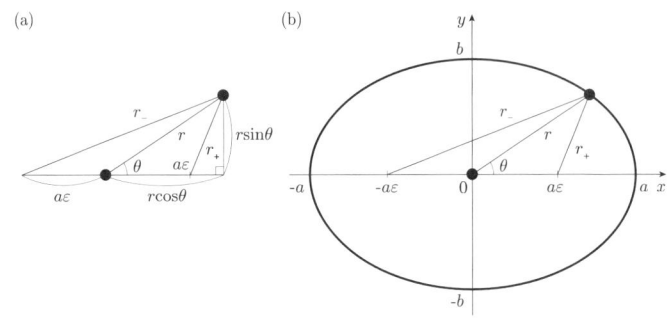

図 1.22　原点を中心とする楕円．(a) 原点 $(0,0)$ と 2 点 $(-a\varepsilon, 0)$ と $(a\varepsilon, 0)$ からの距離 r, r_-, r_+ の関係．(b) 2 点 $(-a\varepsilon, 0)$ と $(a\varepsilon, 0)$ からの距離の和を一定 $r_+ + r_- = 2a$ とした楕円．

と与えられる．

楕円を直交座標で表すには，その極座標表示 (1.172) から

$$r^2 - \varepsilon^2 x^2 = a^2(1-\varepsilon^2) \tag{1.173}$$

が得られ，これを変形して

$$\frac{x^2}{a^2} + \frac{y^2}{b^2} = 1 \tag{1.174}$$

となり，中心 $(0,0)$，長半径 a，短半径 $b = a\sqrt{1-\varepsilon^2}$ の楕円を表す標準形になる．

この運動でも，原点と点粒子を結ぶ動径方向には加速度がはたらく．動径方向の加速度は式 (1.161)：

$$a_r = -\left(\frac{\alpha}{r}\right)^2 \left(\frac{d^2}{d\theta^2}\left(\frac{1}{r}\right) + \frac{1}{r}\right)$$

で与えられるので，これに楕円の極座標表示 (1.172) を代入すると

$$\frac{d^2}{d\theta^2}\left(\frac{1}{r}\right) + \left(\frac{1}{r}\right) = \frac{1}{a(1-\varepsilon^2)}\left(\frac{1-\varepsilon^2}{1-\varepsilon^2\cos^2\theta}\right)^{3/2} \tag{1.175}$$

$$= \frac{1}{a^4(1-\varepsilon^2)} r^3 \tag{1.176}$$

が得られる．よって向心加速度は

$$a_r = -\left(\frac{\alpha}{r}\right)^2 \frac{1}{a^4(1-\varepsilon^2)} r^3 \tag{1.177}$$

$$= -\frac{4\pi^2}{T^2} r \tag{1.178}$$

となる．よって点粒子が「S1 法則」に従って原点を中心とした楕円軌道を描く場合は式 (1.178)

- 加速度はつねに「原点」に向かっておりその大きさは「原点」までの距離に比例している．

という結論が導かれた．式 (1.178) からはさらに

- 向心加速度は楕円運動の周期の 2 乗に反比例する．

ということもわかる．

同じ楕円軌道でも，「原点」が楕円の焦点から中心に移動することによって向心加速度が $a_r \propto -r^{-2}$ から $a_r \propto -r$ へと全く異なったものになることに注目したい．ここで論じた「原点を楕円の中心とする楕円軌道」は第 4 章で述べる 3 次元調和振動子の運動を表している．

§1.7　運動軌跡の接線，法線，曲率半径

点 P が運動するときの軌跡の形を特徴付ける方法を考える．点 P の位置を原点から測ったベクトル $\bm{r}$ で表現し，$\bm{r}$ が時間 t とともに変化する様子を考える．

点 P の速度は

$$\bm{v} = \frac{d\bm{r}}{dt} \tag{1.179}$$

であるが，その瞬間の運動方向を示す単位ベクトルのことを接線ベクトル (tangent vector) とよび，

$$\bm{e}_t \equiv \frac{\bm{v}}{v} \tag{1.180}$$

で定義する．ここで $v \equiv |\bm{v}|$ は速さである．

ここで，運動軌跡すなわち軌道に接する円を描くことを考える．軌道に円が接するためには，円が軌道の接線 $\bm{e}_t(t)$ に接し，微小時間 Δt で $\Delta s \equiv |\bm{v}(t)|\Delta t$ だけ移動した後の位置で接線 $\bm{e}_t(t + \Delta t)$ にも接することを要求する（図 1.23）．Δs だけ進んで $\Delta \theta \equiv |\bm{e}_t(t + \Delta t) - \bm{e}_t(t)|$ だけ回転するために，接円の半径を

ρ とすると相似関係から

$$\frac{\Delta s}{\rho} \approx \frac{\Delta \theta}{1} \tag{1.181}$$

を満たす．ここで $1/\rho$ のことを曲率 (curvature)，ρ を曲率半径 (radius of curvature) とよぶ．したがって曲率半径は

$$\begin{aligned} \rho &= \lim_{\Delta\theta \to 0} \frac{\Delta s}{\Delta \theta} = \lim_{\Delta t \to 0} \frac{\Delta s}{\Delta t} \frac{\Delta t}{\Delta \theta} \\ &= \lim_{\Delta t \to 0} \frac{\Delta s}{\Delta t} \bigg/ \frac{\Delta \theta}{\Delta t} = v \bigg/ \left|\frac{d\boldsymbol{e}_t}{dt}\right|. \end{aligned} \tag{1.182}$$

ちなみに，3次元空間内では接線ベクトルに垂直な方向は2次元あって，接線ベクトルに垂直な法線ベクトル (normal vector) として，$d\boldsymbol{e}_t/dt$ の方向と，それに垂直な方向の軸をとることができる．そのそれぞれは主法線ベクトル (principal normal vector)，従法線ベクトル (binormal vector) とよばれる．

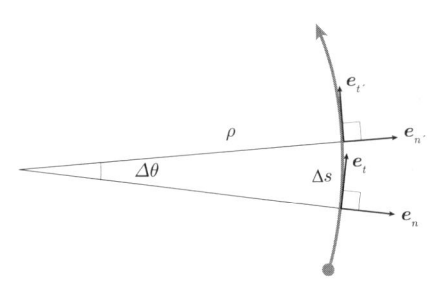

図 1.23 接線ベクトル $\boldsymbol{e}_t$，法線ベクトル $\boldsymbol{e}_n$，曲率半径 ρ.

平面内の運動の曲率半径を求めよう．式 (1.182) を用いるためには $|d\boldsymbol{e}_t/dt|$ を計算する必要があるが $d\boldsymbol{e}_t/dt$ は

$$\frac{d\boldsymbol{e}_t}{dt} = \frac{d}{dt}\left(\frac{\boldsymbol{v}}{v}\right) = \frac{\boldsymbol{a}}{v} - \boldsymbol{v}\frac{v'}{v^2} = \frac{v\boldsymbol{a} - v'\boldsymbol{v}}{v^2}. \tag{1.183}$$

ここで $\boldsymbol{a}$ は加速度 $\dot{\boldsymbol{v}}$ であり，v' は速さの微分である[2]：

$$v' \equiv \frac{dv}{dt} = \frac{d}{dt}\sqrt{v_x^2 + v_y^2} = \frac{a_x v_x + a_y v_y}{v}. \tag{1.184}$$

---

[2] 速さの微分，すなわち「速度の大きさの微分」$v' \equiv d|\boldsymbol{v}|/dt$ と，加速度の大きさ，すなわち「速度の微分の大きさ」$|\boldsymbol{a}| = |\dot{\boldsymbol{v}}| = |d\boldsymbol{v}/dt|$ との混同を防ぐために $\dot{v}$ の代わりに v' の記号を用いた．これらが一般には一致しないことは，たとえば図 1.18 にあるような半径 R，角速度 $\dot{\theta} = \omega$ で等速円運動する点を考えるとわかる：この場合「速度の大きさの微分」は $d|\boldsymbol{v}|/dt = 0$ であり，「速度の微分の大きさ」は $|d\boldsymbol{v}/dt| = R\omega^2$ である．

§1.7 運動軌跡の接線，法線，曲率半径

これを考慮に入れて $|d\bm{e}_t/dt|$ を計算すると

$$\left|\frac{d\bm{e}_t}{dt}\right| = \frac{1}{v^2}\sqrt{(va_x - v'v_x)^2 + (va_y - v'v_y)^2}$$
$$= \frac{1}{v^2}\sqrt{v^2 a^2 - (a_x v_x + a_y v_y)^2}. \tag{1.185}$$

ここで $a^2 \equiv a_x^2 + a_y^2$. これを式 (1.182) に代入すると

$$\rho = v \bigg/ \left|\frac{d\bm{e}_t}{dt}\right| = \frac{v^3}{\sqrt{v^2 a^2 - (a_x v_x + a_y v_y)^2}} \tag{1.186}$$

で与えられる．

1.7.1　サイクロイド運動の曲率半径

自転車の車輪の一点に光点を取り付け，暗闇の中で等速度で自転車を走らせる．静止している人からみれば，光点は地面にバウンドしながら前に進んでいるように見える（図 1.24）．この光点の運動を記述しよう．半径 R の円が滑らずに角速度 ω で転がるときの円周上の一点 P の軌跡は

$$x = R(\omega t - \sin \omega t), \tag{1.187}$$
$$y = R(1 - \cos \omega t), \tag{1.188}$$

を満たす．ここで ωt は回転した角度で，それをラディアン (radian) で測ればそれは単位円の円弧の長さであるから半径 R を掛ければ車軸の位置の移動を表している．$-R\sin\omega t$ は回転に伴って点が左右に振動する様子を表している．縦軸 y は回転に伴って点が上下する様子を表しており点が地面に接する位置を $y = 0$ としている．

ここでは x と y の関係が媒介変数 (parameter) t を通して表現されている．このような関係式をパラメトリック方程式 (parametric equation) とよぶ．

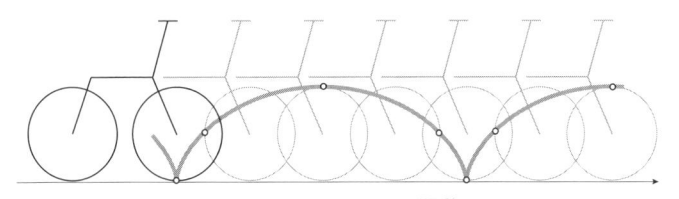

図 1.24　サイクロイド運動．

第1章 運動学

このサイクロイド運動 (cycloid motion) の速度ベクトルは

$$\boldsymbol{v} = \frac{d\boldsymbol{r}}{dt} = (R\omega - R\omega\cos\omega t, R\omega\sin\omega t). \tag{1.189}$$

よって速さは

$$\begin{aligned}v &= R\omega\sqrt{(1-\cos\omega t)^2 + \sin^2\omega t} \\ &= R\omega\sqrt{2-2\cos\omega t} = 2R\omega\left|\sin\frac{\omega}{2}t\right|,\end{aligned} \tag{1.190}$$

加速度ベクトルは

$$\boldsymbol{a} = \frac{d\boldsymbol{v}}{dt} = (R\omega^2\sin\omega t, R\omega^2\cos\omega t) \tag{1.191}$$

となる．加速度ベクトルは点 P から転がる円の中心 $(\omega t, R)$ へ向かうベクトルで向心加速度を表しており，加速度の大きさは

$$a = R\omega^2. \tag{1.192}$$

サイクロイドの曲率半径はこれらを式 (1.186) に代入して

$$\rho = \frac{v^3}{\sqrt{a^2v^2 - (a_xv_x + a_yv_y)^2}} = 4R\left|\sin\frac{\omega}{2}t\right| \tag{1.193}$$

と求まる．

———————————— §1 の章末問題 ————————————

問題 1 二つの周期の振動が重なっている運動,すなわち速度が $v(t) = A\sin\omega_1 t + B\cos\omega_2 t$ と書けるとき,加速度 $a(t)$ および位置 $x(t)$ を求めよ.ただし,$x(0) = 0$ とする.(1.1節)

問題 2 2次元平面の位置ベクトル $\boldsymbol{r}$ の x, y 成分を極座標成分を用いて $(r\cos\theta, r\sin\theta)$ と表して,これを微分することにより速度 $\boldsymbol{v}$,加速度 $\boldsymbol{a}$ の動径方向成分,および反時計回りの回転成分を求めよ.(1.3節)

問題 3 平面極座標 (r, θ) で与えられる点の,動径方向と回転方向の単位ベクトルをそれぞれ $\{\boldsymbol{e}_r, \boldsymbol{e}_\theta\}$ とおく.以下のベクトルを $\{\boldsymbol{e}_r, \boldsymbol{e}_\theta\}$ と $\{r, \dot{r}, \ddot{r}, \theta, \dot{\theta}, \ddot{\theta}\}$ の適当な組み合わせで表せ.(1.4節)
(1) 点 (r, θ) の動きに伴う動径方向単位ベクトルの時間変化 $\dot{\boldsymbol{e}}_r$.
(2) 点 (r, θ) の動きに伴う回転方向単位ベクトルの時間変化 $\dot{\boldsymbol{e}}_\theta$.
(3) 点 (r, θ) の速度を表すベクトル.
(4) 点 (r, θ) の加速度を表すベクトル.

問題 4 太陽からの距離の逆数 $u = 1/r$ の,角度 θ に対する微分方程式を書き下し,$u = A\cos\theta + \text{constant}$ がその解となることを確認し,この解が2焦点からの距離の和を一定とする事を示せ.(1.5節)

問題 5 地球の中心から静止衛星までの距離を約 42000km とすると,月までの距離はいくらか.月の公転周期は約27日として計算せよ.(1.5節)

問題 6 ハレー彗星の近日点距離は 0.59AU,遠日点距離は 35.08AU である.長半径および周期を求めよ(1AUは地球と太陽の平均距離を表す).(1.5節)

問題 7 2次元楕円運動 $(x(t), y(t)) = (AR\cos\omega t, R\sin\omega t)$ の軌道を $A = 2$ として図示し,速度ベクトルと加速度ベクトルを求めて図中に示せ.次に,この楕円運動の面積速度を求めよ.(1.5節)

問題 8 速さ v で走る車が曲がるときの（遠心）加速度が a 以下になるようにするには道路の曲率半径 ρ をどのように設計すればよいか．時速 100 km の車が受ける遠心加速度が 1m/s^2 以内であるためには道路の曲率半径はどうあるべきか．(1.7 節)

問題 9 半径 R の円が滑らずに角速度 ω で転がるときの円周上の1点 P の軌跡はサイクロイドとよばれて，式 (1.187), (1.188) で表されたが，円の並進速度と回転角速度が独立に与えられる場合（図 1.25）

$$x = Vt - R\sin\omega t,$$
$$y = R(1 - \cos\omega t),$$

の軌道の曲率半径を求めよ．$V = R\omega a$ として曲率半径が発散するための a の条件を求め，それはどのような点の運動に対応しているかを考察せよ．(1.7 節)

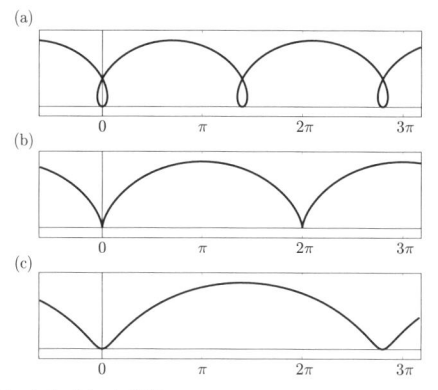

図 1.25　並進と回転とを合成した軌跡．$x = at - \sin t$, $y = 1 - \cos t$．3 通りの a の値の例を示した．

第2章　運動法則

　前章では運動学によって点の運動を記述する方法を習得し，地上の物体や，天上の惑星にかかる加速度についての法則性を読み解いた．本章では，物体運動が力 (force) に由来するとしたアイザック・ニュートンの運動法則を導入し，与えられた力のもとで物体がどう運動するかを論じる．

§2.1　静力学と動力学

　物体に運動が起こらないのは，物体にはたらいている力 (force) が無いか，いくつかの力がつり合って打ち消し合っていると考える．力のつり合いを議論する分野を静力学 (statics) とよぶ．古代ギリシャ時代にアルキメデスが発見した「てこの原理」や「浮力の原理」は静力学の範疇に入る．てこ，滑車，車輪などは古くから大規模工事において大きな物を移動するために必要不可欠であった．16世紀，シモン・ステヴィンは，力のつり合いにベクトルの合成則すなわち平行四辺形の法則を見出した．建築物の安定性には力のつり合いが必要であり，それを支えるのに必要な強度を計算しなければならないが，それも静力学の役割である．

　一方，力がつり合っていない時に物体に生じる運動を定量的に把握し，予測するのが動力学，ダイナミクス (dynamics) である．物体の運動の由来を力に求める考えは古くからあったが中世まではアリストテレスの自然哲学に支配されていた．16世紀後半から17世紀にかけて精密な実験や観測と論理的考察に基づいた近代自然科学が起こり，ガリレオ・ガリレイの落体の法則，ヨハネス・ケプラーの惑星運動の法則，アイザック・ニュートンの力学法則へと結実していった．

§2.2　ニュートンの運動法則

　アイザック・ニュートンは1687年，著書「自然哲学の数学的諸原理」(Mathematical Principles of Natural Philosophy) において力学の基礎となる運動法則と万有引力の法則を提唱した．本節では，運動法則として発表されたいわゆる「ニュートンの法則 (Newton's laws of motion)」について論ずる．

2.2.1　第1法則

> **慣性の法則 (law of inertia)**
> いかなる物体も力がはたらかなければ静止または直線上の一様運動を続ける．

古代ギリシャのアリストテレスは静止状態を自然な状態と考え，物体は力を受けなければ静止状態に向かうと考えた．ガリレオ・ガリレイは，自分が行った斜面上の球の運動の実験において，下り斜面を転がりおりた球がそれに続く登り斜面を登ろうとすることから，斜面の傾きを0にした極限では物体は止まろうとするのではなく，むしろ等速度運動を続けようとすると考え，運動状態の変化しにくさを慣性 (inertia) とよんだ．運動の第1法則はガリレオの物体慣性に対する考察を要約したものともいえる．

2.2.2　第2法則

> **運動の法則 (law of motion)**
> 物体の運動の時間変化は物体にはたらく力に比例し，その力の方向に起こる．

物体を「質量 (mass)」m をもった大きさの無視できる点「質点 (point mass)」とし，力を受けた質点の運動を論じる．力は大きさと方向をもち，ベクトル $\boldsymbol{F}$ で表すと，運動の法則によれば，力 $\boldsymbol{F}$，質量 m，加速度 $\boldsymbol{a}$ は，

$$\boldsymbol{F} = m\boldsymbol{a} \tag{2.1}$$

の関係を満たす．

□ 慣性質量と重力質量

「質量」は物体の運動状態の変化しにくさ，すなわち「慣性」，を表す量として，

物体にはたらいた力とその結果生じた加速度の大きさの比,

$$m = \frac{F}{a} \tag{2.2}$$

によって定義された量であるということもできる．たとえば，荷物を積んだ車は，荷物を積んでいない車に比べてアクセルを踏んでも動きだすのが遅く，ブレーキ（減速力）をかけても止まりにくく，またカーブも曲がりにくい．このような運動状態の変化しにくさを表す質量は「慣性質量 (inertial mass)」とよばれる．

万有引力の大きさで測る荷物の「重さ」は「重力質量 (gravitational mass)」とよばれる．重力質量が大きいと慣性質量が大きいと予想されるが，両者が同じ値をとるかどうかは自明なことではない．ローランド・エトヴェシュはねじれ秤を用いた実験によって慣性質量と重力質量が等しいことを 10^{-8} の精度で確かめた．アルベルト・アインシュタインは重力質量と慣性質量が等しいことを出発点にして，重力が時間・空間の曲がりから生じるという一般相対性理論を作った．

運動法則によると，質量 m の物体に力 $\boldsymbol{F}$ がはたらくと加速度が生じる．すなわち速度 $\boldsymbol{v}$ が変化する：

$$\frac{d\boldsymbol{v}}{dt} = \boldsymbol{a} = \frac{\boldsymbol{F}}{m}. \tag{2.3}$$

この微分方程式を解くことが力学の具体的な問題になる．

質点が初期時刻 $t=0$ に運動状態（位置と速度）が $(\boldsymbol{r}_0, \boldsymbol{v}_0)$ をとっていたとする．その運動状態は時刻 $t=0$，位置 $\boldsymbol{r}_0$ で受ける力 $\boldsymbol{F}_0$ の影響を受けて微小時間 Δt 経った後には $(\boldsymbol{r}_1, \boldsymbol{v}_1)$ へと変化する．ここで時刻 $t=0$ における加速度 $\boldsymbol{a} = \boldsymbol{a}_0$ が式 (2.3) により $\boldsymbol{F}/m = \boldsymbol{F}_0/m$ に等しいことに注意して

$$\boldsymbol{r}_1 \approx \boldsymbol{r}_0 + \boldsymbol{v}_0 \Delta t, \tag{2.4}$$

$$\boldsymbol{v}_1 \approx \boldsymbol{v}_0 + \boldsymbol{a}_0 \Delta t = \boldsymbol{v}_0 + \frac{\boldsymbol{F}_0}{m}\Delta t. \tag{2.5}$$

このように更新された運動状態 $(\boldsymbol{r}_1, \boldsymbol{v}_1)$ は，時刻 $t=\Delta t$ に位置 $\boldsymbol{r}_1$ で受ける力 $\boldsymbol{F}_1$ に応じて，さらに微小時間 Δt が経った後には

$$\boldsymbol{r}_2 \approx \boldsymbol{r}_1 + \boldsymbol{v}_1 \Delta t, \tag{2.6}$$

$$\boldsymbol{v}_2 \approx \boldsymbol{v}_1 + \boldsymbol{a}_1 \Delta t = \boldsymbol{v}_1 + \frac{\boldsymbol{F}_1}{m}\Delta t, \tag{2.7}$$

へと変化する．よって

$$r_2 \approx r_0 + (v_1 + v_0)\Delta t, \tag{2.8}$$

$$v_2 \approx v_0 + (a_1 + a_0)\Delta t = v_0 + \frac{F_1 + F_0}{m}\Delta t, \tag{2.9}$$

これを繰り返すことによって

$$r_n \approx r_0 + \sum_{i=0}^{n-1} v_i \Delta t, \tag{2.10}$$

$$v_n \approx v_0 + \sum_{i=0}^{n-1} a_i \Delta t = v_0 + \sum_{i=0}^{n-1} \frac{F_i}{m}\Delta t, \tag{2.11}$$

へと解を前進させることができる．このような繰り返し作業によって近似的に解を求める作業を逐次解法 (iteration method) とよぶ．

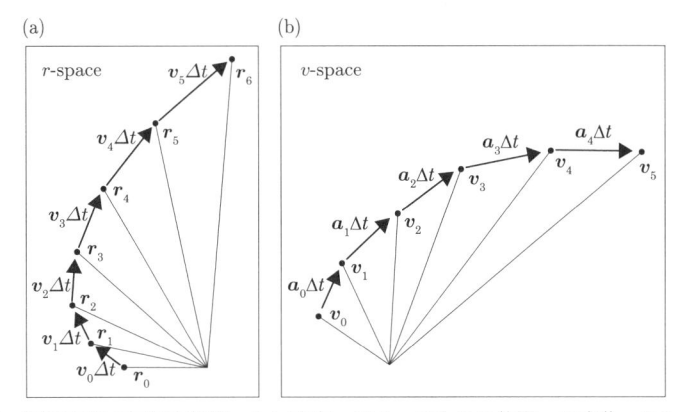

図 2.1 運動方程式の逐次解法．(a) 速度 v によって生じる位置 r の変化．(b) 加速度 $a = F/m$ によって生じる速度 v の変化．

速度 $v \equiv dr/dt$，加速度 $a \equiv dv/dt$ の定義から上の関係は Δt 無限小の極限において厳密に成り立つ．よってこの作業を無限小の時間ステップ Δt で繰り返すことによって運動状態 $(r(t), v(t))$ の変遷を正確に追うことができる．これを積分形で表すと

$$r(t) = \int_0^t v(t')dt' + r(0), \tag{2.12}$$

$$v(t) = \int_0^t a(t')dt' + v(0) = \int_0^t \frac{F(t')}{m}dt' + v(0), \tag{2.13}$$

§2.2 ニュートンの運動法則

となる．

☐ 決定論

　運動法則は決定論的 (deterministic) であるため，正確な初期値を知ることができれば未来を確実に予知することができるはずである．フランスの数学者ピエール・シモン・ラプラスは，この決定論的世界観を自著において「宇宙の全ての物の力学的状態を把握した知性があるとすれば，その知性は宇宙の将来も過去も全て見通すことができる」と象徴的に表現した．これはのちに決定論的世界観を象徴する意味で「ラプラスの悪魔 (Laplace's demon)」とよばれるようになった．

　近年は運動状態の正確な計測と大規模な力学計算が可能になったことから，太陽系の惑星に関しては過去未来の運動をきわめて正確に推定することが可能となっている．

☐ 解析解法と数値解法

　本書では運動方程式 (equation of motion) を解析的に解く方法（解析解法）を主に論じる．解析解法を学ぶことを通して力学についての理解を深めることができる．ただし解析的に解くことのできる問題は限定的であり，実際問題の多くはコンピュータを用いて上のような更新式を逐次的，数値的に解く必要がある．この数値解法には計算装置が必要となる．計算を機械化しようという試みは，古くは 15 世紀，レオナルド・ダ・ヴィンチの構想にみることもできるが，実際に作られたものとしては 17 世紀にブレイズ・パスカルが作った歯車式加算機や，ゴットフリート・ライプニッツがそれを改良して作った歯車式計算機がある．その後，技術的な問題も解決されて手回し計算機が本格的に実用化されるようになったのは約 200 年後の 19 世紀後半であったが，その主要な計算目的の一つは弾道計算であった．その後さらに約 100 年たって，今日のコンピュータにつながる初期の電子式ディジタル計算機が開発されたが，その目的は暗号解読や弾道計算であった．近年はコンピュータの発達によってより大規模な計算が可能になった結果，多くの複雑な現象を数値シミュレーションすることが可能となっている．計算効率を向上させる計算アルゴリズムの理論的発展もその進歩を支えている．現実的なコンピュータ・シミュレーションができることは実験コストを減らすことにもつながっており，コンピュータ・シミュレーションは現代においては重要な位置を占めるようになっている．

2.2.3 第 3 法則

> **作用・反作用の法則 (law of action–reaction)**
> 二つの物体が相互作用するとき，作用 (action) と反作用 (reaction) の力が生じて，それらの大きさは同じで向きは反対である．

物体 1 と 2 の間の相互作用においてそれぞれにはたらく力を $\bm{F}_1$, $\bm{F}_2$ とすると，第 3 法則は

$$\bm{F}_1 = -\bm{F}_2 \tag{2.14}$$

と表現できる．人が歩く時，地面を蹴って地面を押す．地面からその反作用を受けて人は前に進む．ボートこぎでは，水に力を加えて水流を起こす．その反作用として水から力を受けボートが動く．机の上に本を載せたとき，本には重力がはたらいているが，机からは重力を打ち消す力，垂直抗力がはたらいている．ヘリコプターはローターで空気を下に押し出し，その反作用で浮かんでいる．ヘリコプターが低空で静止しているときは，ヘリコプターから押し出された空気により，地面にはヘリコプターの重量に相当する圧力がかかっている．

§2.3　慣性系とガリレイ変換

運動の第 1 法則（慣性の法則）には，アリストテレス的世界観からガリレオの洞察に至る認識の転換という歴史的意義はある．しかし，第 2 法則から始めて，そこで力を $\bm{0}$ とすれば

$$\frac{d\bm{v}}{dt} = \bm{a} = \frac{\bm{F}}{m} = \bm{0}. \tag{2.15}$$

これを満たす解は

$$\bm{v} = \text{constant}, \tag{2.16}$$

つまり一定 (constant) となり，等速度運動あるいは静止状態を意味するから，これでは第 2 法則から第 1 法則が「導出」できるようにみえる．ではそもそもなぜ第 1 法則は必要なのだろうか．

§2.3 慣性系とガリレイ変換

物体の運動を論じるためには，まず座標系を導入することから始めなければならない．ここで，運動法則は座標系のとり方次第では変更を受ける，ということに注目したい．たとえば，自転する宇宙ステーションの中で物体を放てば，宇宙ステーションに固定された座標系からみれば放たれた物体は回転運動を行うようにみえるであろう．物体には力が加わっていないから，この運動は第1法則に反していて，同時に第2法則にも反している．

地球に固定された座標系において物体運動を論じる場合にも，地球が自転・公転していることから座標系の回転の効果を考慮に入れる必要がある．たとえば飛距離の長いロケット弾の発射では地球の自転の影響をうけて軌道が曲がる効果を考慮する必要がある．また，台風は地球の自転の影響を受けて風の回転方向が決まる．

第1法則は「力を加えないときに物体が静止もしくは等速運動を続けるようにみえる座標系を選ぶことが可能である」ということを主張していて，そのような座標系の上で第2法則が成立する．第1法則が満たされる座標系のことを慣性系 (inertial frame) とよぶ．ただし，ニュートンの時代には，この慣性系の概念は明瞭には認識されていなかったと考えられている．

慣性系は一つではない．一つの慣性系に対して等速度運動をしている座標系も慣性系となる．空間上の点の位置を，一つの慣性系で r_A と表し，もう一つの慣性系で r_B と表す．第2の座標系の原点が第1の座標系からみて一定の速度 u で移動する状況では，

$$r_B = r_A - ut \tag{2.17}$$

となる．このように一つの座標系での記述からもう一つの座標系での記述に移り変わる座標系の変換，をガリレイ変換 (Galilean transformation) とよぶ（図2.2）．両方の慣性系が同じ時間を共有しているとすれば，速度は上式の時間微分から

$$v_B = v_A - u \tag{2.18}$$

の関係を満たし，加速度はさらに上式の時間微分から

$$a_B = a_A \tag{2.19}$$

第2章　運動法則

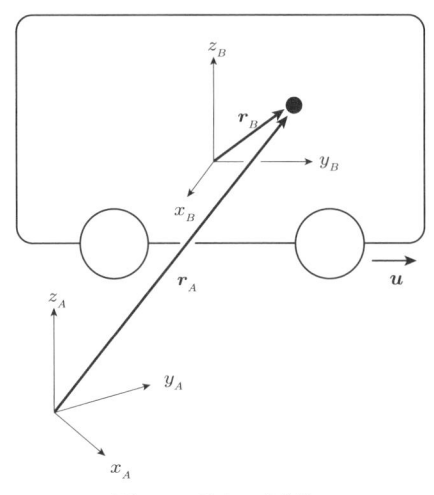

図 2.2　ガリレイ変換.

となり，二つの慣性系で加速度は等しくなる．これに質量を掛けると

$$m\boldsymbol{a}_B = m\boldsymbol{a}_A \tag{2.20}$$

よって二つの慣性系で力は等しくなる．

$$\boldsymbol{F}_B = \boldsymbol{F}_A. \tag{2.21}$$

これは，任意の相対速度 $\boldsymbol{u}$ で移動する二つの慣性系においては，相対速度が一定でありさえすれば運動法則は共通であることを意味する．つまり，

- ガリレイ変換によって結ばれるあらゆる慣性系において物理法則は不変である．

これはガリレオの相対性原理 (Galileo's principle of relativity) とよばれる．

2.3.1　サイクロイド運動, 再考

前章の例でみたサイクロイド運動は速度 $R\omega$ で走る自転車の，半径 R の車輪につけた光点の運動を表している．静止している観測者 A からみた光点の位置は式 (1.187)，式 (1.188)

$$x_A = R(\omega t - \sin \omega t),$$

§2.3 慣性系とガリレイ変換

$$y_A = R(1 - \cos\omega t),$$

で表される．高さ R, 速度 $R\omega$ で併走している観測者 B からみた位置 (x_B, y_B) は

$$x_B = -R\sin\omega t, \tag{2.22}$$

$$y_B = -R\cos\omega t. \tag{2.23}$$

等速直線運動と円運動を組み合わせると多少複雑な運動にみえるが，自転車と同じ速度で併走している観測者からみれば光点は単純に円運動をしていることがわかる．静止している観測者 A からみた速度は

$$v_{A_x} = R\omega - R\omega\cos\omega t, \tag{2.24}$$

$$v_{A_y} = R\omega\sin\omega t, \tag{2.25}$$

となり，併走している観測者 B からみた速度は

$$v_{B_x} = -R\omega\cos\omega t, \tag{2.26}$$

$$v_{B_y} = R\omega\sin\omega t, \tag{2.27}$$

となる．これら 2 人の観測者からみた加速度はともに

$$a_{A_x} = a_{B_x} = R\omega^2\sin\omega t, \tag{2.28}$$

$$a_{A_y} = a_{B_y} = R\omega^2\cos\omega t, \tag{2.29}$$

と共通している．加速度をみれば座標系によって変わるみかけの等速度運動成分は消えて，単純な円運動が抽出される．

2.3.2 らせん運動

らせん運動 (helical motion) は x–y 面内の円運動と z 方向の直線運動の組み合わせで

$$x = R\cos\omega t, \tag{2.30}$$

$$y = R\sin\omega t, \tag{2.31}$$

$$z = vt, \tag{2.32}$$

図 2.3 らせん運動.

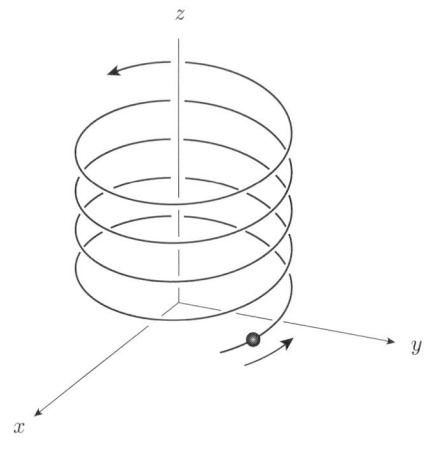

と表される（図 2.3）．らせん運動も，z 方向に一定速度 v で進む観測者からみれば，x–y 面内で単純な円運動をしていることがわかる．実際，加速度でみれば

$$a_x = -R\omega^2 \cos\omega t, \tag{2.33}$$

$$a_y = -R\omega^2 \sin\omega t, \tag{2.34}$$

$$a_z = 0, \tag{2.35}$$

となり z 軸方向の成分は消えて x–y 平面内の向心加速度のみが残る．

§2.4 単位系

物理量を測るのに単位系 (system of units) が必要である．現代物理学では長さ，質量，時間について

- 長さ：メートル (meter, metre) m
- 質量：キログラム (kilogram, kilogramme) kg
- 時間：秒 (second) s

を基本単位とする MKS 単位系が用いられる．したがって，この単位系では

- 速度 v ： m/s

§2.4 単位系

- 加速度 $a = dv/dt$: $\mathrm{m/s^2}$
- 力 $F = ma$: $\mathrm{kg \cdot m/s^2 = N}$

となる．力の単位 $\mathrm{kg \cdot m/s^2}$ をニュートン (newton) と読んで N と表すこともある．1N とは 1kg の質量の物体にはたらいて $\mathrm{1m/s^2}$ の加速度を生じさせる力の大きさである．

ちなみに加速度にはガリレオ・ガリレイにちなんだ単位「ガル (gal)」がある．センチメートル (centimeter, centimetre)，グラム (gram) と秒を基本単位とする CGS 単位系に基づいており，1 ガルは 1 秒に 1 センチメートル毎秒だけ加速する加速度 $(\mathrm{cm/s^2})$ を表す：

- 加速度，ガル : $\mathrm{1\,gal = 1\,cm/s^2 = 0.01\,m/s^2}$

次章で議論する重力加速度 g はおよそ 981 ガルである．ガルはジェットコースターの加速度や地震の揺れの加速度を表すのに用いられる．

□ 力の種類

物体の動きをもたらす作用を「力」とよぶが，その基本原理はどのようなものであろうか．バネの力，衝突の際の衝撃力，摩擦力など物体どうしの接触ではたらく力を近接作用 (local action) という．物体はまた空気や水などの流体から圧力，揚力，抵抗力などの近接力を受ける．揚力とは飛行機の翼などに空気の流れが当たり垂直方向に受ける力であり，飛行機が浮き上がる原理になっている．

現代物理学では媒体がなくとも遠く離れた物体の間に遠隔作用 (action at a distance) がはたらくと考える．アイザック・ニュートンは万有引力を遠隔力として表したが，当時のライプニッツ学派の人々からは遠隔力はみることも触れることもできないオカルト的存在として批判を受けた．しかし，現在ではこの遠隔力がより基本的な力と考えられている．基本的な遠隔力は以下の 4 種類と考えられている．

重力（万有引力） 全ての二つの物体の間にはたらく引力で，その大きさは距離の 2 乗に反比例する．

電磁気力（クーロン力） 電荷をもつ物体の間にはたらく力で，その大きさは距離の 2 乗に反比例し，同符号の電荷には斥力，異符号の電荷には引力としてはたらく．ミクロなスケールでみると原子や分子はプラスの電荷をもつ原子核とそのまわりにある負の電荷をもつ電子からなり，原子や分子の間にはたらく力はそれらの素電荷間のクーロン力に起因すると解釈される．原子や分子が電

荷をもたなくても，それらの構成要素が電荷をもっているので電荷のかたよりやゆらぎが生じて原子間や分子間に力がはたらく．ファンデルワールス力では長距離では距離の6乗に反比例する引力がはたらく．日常的に感じるバネの力，摩擦力，表面張力，圧力など多くの近接力は電磁気力に由来している．もっとも，これらの力をミクロな電磁気力から完全に説明することは必ずしも容易ではなく現在でも研究テーマになっている問題もある．

強い相互作用 陽子と中性子間にはたらく核力．陽子，中性子は三つのクオークからなっており，クオーク間の力ともいえる．原子核を形作る強い相互作用は電磁気力に比べて桁違いに大きな力である．その強い引力のため，原子核は原子の典型的な大きさ $1\,\text{Å}$（オングストローム，$10^{-10}\,\text{m}$）に比べて，5桁も小さい $1\,\text{fm}$（フェムトメートル $10^{-15}\,\text{m}$）程度に小さい．核力は $e^{-r/\lambda}/r^2$ のように指数関数的に減少する．これを湯川型の力という．

弱い相互作用 ベータ崩壊を起こす力．ニュートリノが関与する．

———————————— §2 の章末問題 ————————————

問題 1 人工物のない無人島に漂着したとしよう．そのような状況で，長さ，時間，質量を測ろうとすると，どのような方法が考えられるか，考察し，議論しよう．(2.2 節)

問題 2 上のような状況において，まず，長さを測る物差しと時間を計る時計はでき上がったとする．そこでどのようなことをすればニュートンの運動法則を確かめることができるか，考察し，議論しよう．(2.2 節)

第 3 章 保存則

物体はニュートンの運動法則に従って運動するが,運動を経ても変化しない量が存在する.時間変化しない力の場における運動ではエネルギー (energy) が保存し,さらに回転力が加わらない運動では角運動量 (angular momentum) が保存し,外部から力を受けない系の運動では運動量 (momentum) が保存する.本章ではこの保存量を導出し,それを利用することで物体運動の変化を追うことを考える.また発展的課題として,力学系の構造を限りなくゆっくりと変化させたときに不変に保たれる,断熱不変量 (adiabatic invariant) の考え方についても議論する.

§3.1 エネルギー

3.1.1 1次元運動のエネルギー保存

本項ではまず1次元空間での質点の運動を考える.ここで質点に加わる力 F は位置 x に依って決まっているとする,すなわち $F = F(x)$.運動の法則

$$m\frac{dv}{dt} = F(x) \tag{3.1}$$

の両辺に速度 v をかけて,時刻 0 から時刻 t まで積分する:

$$\int_0^t m\frac{dv}{dt}v dt = \int_0^t F(x)v dt. \tag{3.2}$$

ここで運動エネルギー (kinetic energy) を

$$K(v) \equiv \frac{mv^2}{2} \tag{3.3}$$

によって定義すると,

$$\frac{dK}{dt} = m\frac{d}{dt}\left(\frac{v^2}{2}\right) = m\frac{dv}{dt}\frac{d}{dv}\left(\frac{v^2}{2}\right) = m\frac{dv}{dt}v \tag{3.4}$$

が成り立つ.よって式 (3.2) の左辺は

$$\int_0^t m\frac{dv}{dt}v dt = \int_0^t \frac{dK}{dt}dt = \int_{K(v(0))}^{K(v(t))} dK = K(v(t)) - K(v(0)) \tag{3.5}$$

と表すことができる．

次に位置エネルギーあるいはポテンシャル・エネルギー (potential energy) を

$$U(x) \equiv -\int_0^x F(x')dx' \tag{3.6}$$

によって定義すると，式 (3.2) の右辺について

$$\int_0^t F(x)v dt = \int_0^t F(x)\frac{dx}{dt}dt = \int_{x(0)}^{x(t)} F(x)dx \tag{3.7}$$

が成り立つことから，

$$\int_{x(0)}^{x(t)} F(x)dx = -U(x(t)) + U(x(0)) \tag{3.8}$$

となる．式 (3.5)，式 (3.7)，および式 (3.8) を運動方程式の積分 (3.2) に代入すると

$$K(v(t)) - K(v(0)) = -U(x(t)) + U(x(0)) \tag{3.9}$$

が得られる．これを移項すれば

$$K(v(t)) + U(x(t)) = K(v(0)) + U(x(0)) \tag{3.10}$$

となる．全エネルギー (total energy)E を

$$E \equiv K + U = \frac{mv^2}{2} + U(x) \tag{3.11}$$

により定義すると式 (3.10) は

$$E(t) = E(0) \tag{3.12}$$

となる．これは任意の時刻で成立するから，式 (3.11) で定義される全エネルギーが時間的に変化しないことを意味する．

3.1.2 自由落下運動

ここでは鉛直下向きに x 軸をとる．質点 m を $x = 0$ より初速度 $v = 0$ で落とした状況を考える（図 3.1）．質点にはたらく力が一様重力 mg だとすればそのポテンシャル・エネルギーは

$$U(x) = -\int_0^x F(x')dx' = -mgx \tag{3.13}$$

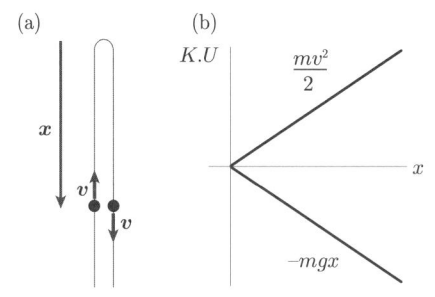

図 **3.1** 自由落下運動におけるエネルギー保存．**(a)** 投げ上げと落下．**(b)** ポテンシャル・エネルギー $-mgx$ と運動エネルギー $mv^2/2$．

となる．エネルギー保存則より，

$$\frac{mv^2}{2} - mgx = 0. \tag{3.14}$$

これを変形して

$$\frac{mv^2}{2} = mgx. \tag{3.15}$$

したがって，

$$v = \pm\sqrt{2gx} \tag{3.16}$$

が得られる．落とした状況を考えているから符号は下向きにプラスのほうをとる．マイナスの速度の解は下から投げ上げてちょうど $x=0$, $v=0$ に至る運動に対応する．

位置 x の時間依存性をみるためには式 (3.16) を変数分離する：

$$\frac{dx}{\sqrt{2gx}} = \pm dt \tag{3.17}$$

の両辺を積分することにより

$$\sqrt{\frac{2x}{g}} = \pm t + \text{constant} \tag{3.18}$$

が得られるが $t=0$ で $x=0$ となる条件では constant $=0$．よって

$$x = g\frac{t^2}{2}. \tag{3.19}$$

これは第 1 章の等加速度運動の項（1.1.3 項）におけるガリレオの落体の法則，式 (1.9) において加速度 α を重力加速度 g としたものにほかならない．

3.1.3 単振動

バネが及ぼす力については次章にて詳しく論じるが，ここではバネには平衡位置からの変位 x に比例した復元力 $F = -kx$ がはたらくということを認めてバネのポテンシャル・エネルギーを求め，質量 m の質点の運動を論じる．

変位に伴うポテンシャル・エネルギー U は

$$U(x) = -\int_0^x (-kx')dx' = \frac{kx^2}{2} \tag{3.20}$$

となるので全エネルギーは

$$E = K + U = \frac{mv^2}{2} + \frac{kx^2}{2} \tag{3.21}$$

で与えられる（図 3.2）．質点が初期変位 a，初速度ゼロで放たれた場合，全エネルギーは

$$\frac{mv^2}{2} + \frac{kx^2}{2} = \frac{ka^2}{2} \tag{3.22}$$

で保存される．よって時間が経過して質点が位置 x にきたときには速度 v は

$$v = \pm\omega\sqrt{a^2 - x^2} \tag{3.23}$$

で与えられる．ここで $\omega \equiv \sqrt{k/m}$ とした．

上式 (3.23) は 1 階導関数 dx/dt だけを含む 1 階微分方程式となっている：

$$\frac{dx}{dt} = \pm\omega\sqrt{a^2 - x^2}. \tag{3.24}$$

これも変数分離法を用いて解くことができる．変数 x と変数 t に関わる部分を左右に分離して

$$\frac{dx}{\sqrt{a^2 - x^2}} = \pm\omega dt. \tag{3.25}$$

これを積分すれば

$$\int_{x(0)}^{x(t)} \frac{dx}{\sqrt{a^2 - x^2}} = \pm\omega \int_0^t dt = \pm\omega t. \tag{3.26}$$

左辺の積分は変数変換

$$x = a\cos\theta, \tag{3.27}$$

§3.1 エネルギー

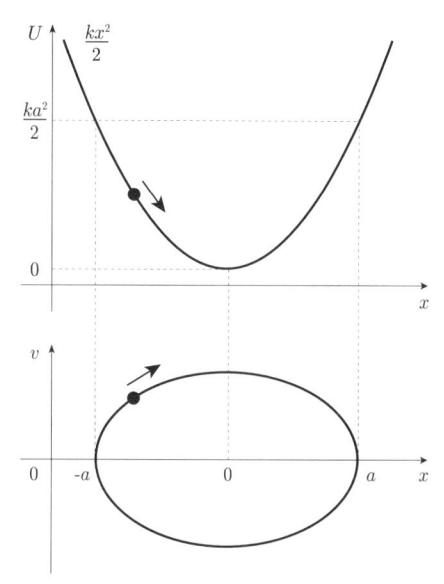

図 3.2 単振動.

$$dx = -a\sin\theta d\theta, \tag{3.28}$$

を通して

$$-\int_{\theta(0)}^{\theta(t)} \frac{a\sin\theta d\theta}{\sqrt{a^2 - a^2\cos^2\theta}} = -\int_{\theta(0)}^{\theta(t)} \frac{\sin\theta}{|\sin\theta|}d\theta \tag{3.29}$$

となる.$x(0) = a$ であることから $\theta(0) = 0$ であり,$\theta(t) > 0, (t > 0)$ とすると

$$-\int_{\theta(0)}^{\theta(t)} \frac{\sin\theta}{|\sin\theta|}d\theta = -[\theta(t) - \theta(0)] = -\theta(t). \tag{3.30}$$

これを式 (3.26) に代入すると

$$\theta(t) = \mp\omega t \tag{3.31}$$

となり,解は

$$x = a\cos(\mp\omega t) = a\cos\omega t \tag{3.32}$$

であり,振動数 (frequency) $\omega = \sqrt{k/m}$ の単振動を表している.

> **振動数と角振動数**
>
> 　同じ動きが繰り返される周期運動 (periodic motion) において状態が変化して 1 周して戻るのに要する時間のことを周期 (period) とよぶ．周期 T の逆数
>
> $$f = \frac{1}{T} \tag{3.33}$$
>
> を振動数とよぶこともあるが，物理学では f を 2π 倍した
>
> $$\omega = 2\pi f = \frac{2\pi}{T} \tag{3.34}$$
>
> を多用する．この ω は「角振動数 (angular frequency)」ともよばれるが，単に振動数とよばれることも多く，本書では以後一貫してこの ω を「振動数 (frequency)」とよぶことにする．

3.1.4　仕事

3.1.3 項で行った 1 次元運動のエネルギー保存則の議論を 2, 3 次元空間での運動に拡張する準備として，本項では 2, 3 次元空間での仕事を定義する．

1 次元空間，つまり直線上で，力 $F(x)$ を受けながら物体を dx だけ変位させたときの力学的仕事 (work) は，力と変位の積で定義される：

$$dW \equiv F(x)dx. \tag{3.35}$$

位置 $x(0)$ から位置 $x(t)$ まで移動したときの仕事の総量は，各微小区間で求めた仕事の総和を積分で表す．すなわち

$$W = \int_0^W dW = \int_{x(0)}^{x(t)} F(x)dx. \tag{3.36}$$

これはポテンシャル・エネルギーの符号を反転させたものである．

　この力学的仕事の定義を 2, 3 次元空間に拡張する．力 $\boldsymbol{F}$ を受けながら，微小な距離 $d\boldsymbol{r}$ だけ移動したときの力学的仕事は力と変位の内積 (inner product)，

$$dW \equiv \boldsymbol{F}(\boldsymbol{r}) \cdot d\boldsymbol{r} \tag{3.37}$$

で定義される．

§3.1　エネルギー

ベクトル内積

二つのベクトル $\boldsymbol{A}$ と $\boldsymbol{B}$ の内積，あるいはスカラー積 (scalar product) は

$$\boldsymbol{A} \cdot \boldsymbol{B} \equiv |\boldsymbol{A}||\boldsymbol{B}| \cos\theta \tag{3.38}$$

で与えられる（図 3.3）．

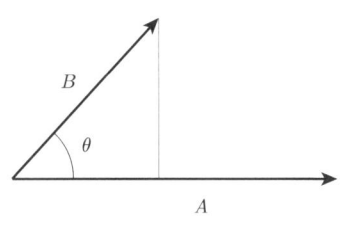

図 3.3　ベクトル内積．

直交座標系における x, y, z 軸に平行な基本単位ベクトル $\boldsymbol{i} \equiv (1,0,0)$, $\boldsymbol{j} \equiv (0,1,0)$, $\boldsymbol{k} \equiv (0,0,1)$ の間のベクトル内積は

$$\boldsymbol{i} \cdot \boldsymbol{j} = 0, \tag{3.39}$$

$$\boldsymbol{j} \cdot \boldsymbol{k} = 0, \tag{3.40}$$

$$\boldsymbol{k} \cdot \boldsymbol{i} = 0, \tag{3.41}$$

$$\boldsymbol{i} \cdot \boldsymbol{i} = \boldsymbol{j} \cdot \boldsymbol{j} = \boldsymbol{k} \cdot \boldsymbol{k} = 1, \tag{3.42}$$

となる．二つのベクトル $\boldsymbol{A}$ と $\boldsymbol{B}$

$$\boldsymbol{A} = A_x \boldsymbol{i} + A_y \boldsymbol{j} + A_z \boldsymbol{k}, \tag{3.43}$$

$$\boldsymbol{B} = B_x \boldsymbol{i} + B_y \boldsymbol{j} + B_z \boldsymbol{k}, \tag{3.44}$$

の内積は上の関係を用いて

$$\begin{aligned} \boldsymbol{A} \cdot \boldsymbol{B} &= (A_x \boldsymbol{i} + A_y \boldsymbol{j} + A_z \boldsymbol{k}) \cdot (B_x \boldsymbol{i} + B_y \boldsymbol{j} + B_z \boldsymbol{k}) \\ &= A_x B_x + A_y B_y + A_z B_z \end{aligned} \tag{3.45}$$

で与えられる．

微小区間での仕事は内積を用いると

$$dW = \boldsymbol{F}(\boldsymbol{r}) \cdot d\boldsymbol{r} = |\boldsymbol{F}(\boldsymbol{r})||d\boldsymbol{r}|\cos\theta \tag{3.46}$$

と表される．

点 $\boldsymbol{r}(0)$ から点 $\boldsymbol{r}(t)$ まで移動したときの仕事の合計は，2 点をつなぐ経路に沿った線積分 (line integral)：

$$W = \int_0^W dW = \int_{\boldsymbol{r}(0)}^{\boldsymbol{r}(t)} \boldsymbol{F}(\boldsymbol{r}) \cdot d\boldsymbol{r} \tag{3.47}$$

で与えられる．一般には線積分は経路の選択に依存する．

線積分

有限区間での仕事の累計は，経路を微小区間に分割して，各微小区間で求めた仕事の総和で与えられる．区間分割数を無限，各区間を無限小にする極限をとったものが線積分である（図 3.4）．

$$\int_{\boldsymbol{r}(0)}^{\boldsymbol{r}(t)} \boldsymbol{F}(\boldsymbol{r}) \cdot d\boldsymbol{r} \equiv \lim_{n \to \infty} \sum_{i=1}^{n} \boldsymbol{F}_i \cdot d\boldsymbol{r}_i. \tag{3.48}$$

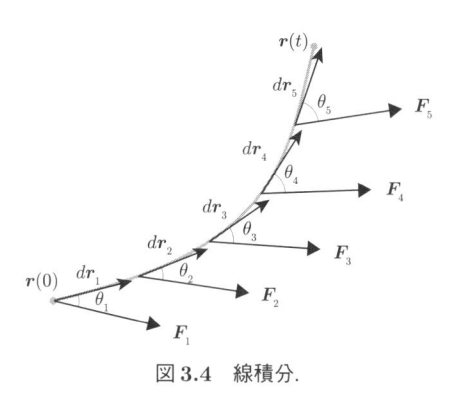

図 3.4 線積分．

3.1.5 仕事とエネルギーの単位

1N の力で物体を 1m だけ変位させたときの仕事を 1 ジュール (joule) とよび 1J と表す：$1\text{J} = 1\text{N} \times 1\text{m} = \text{kg} \cdot \text{m/s}^2 \times \text{m} = \text{kg} \cdot \text{m}^2/\text{s}^2$．単位時間あたりの仕事を仕事率といい，その単位をワット (watt) とよび W と表す：$1\text{W} = 1\text{J/s}$.

19 世紀，ジェームズ・プレスコット・ジュールはおもりの力によって水を撹拌する実験を行い，仕事によって水の温度が上昇することを確かめた．熱と力学的エネルギーが等価であることが確かめられ，熱量の単位であるカロリー (calorie；cal) と仕事の単位であるジュールが 1cal ≈ 4.2J という関係で結ばれていることがわかった．現在知られている正確な関係は 1cal ≈ 4.1855J である．

3.1.6　保存力

一般には，仕事 W は移動経路に依存するが，それが経路に依存しないような力の場 (force field) を保存力 (conservative force) とよぶ．ここで「力の場」とはユークリッド空間の各点 r に力のベクトル $\bm{F}$ が指定されているベクトル場 (vector field) をなしている状況 $\bm{F}(\bm{r})$ を指す[1]．異なる経路に沿ってなされた仕事が同じになるためには，任意の経路変更に伴って仕事の変化が生じなければよい（図 3.5）．以下，その条件を求める．

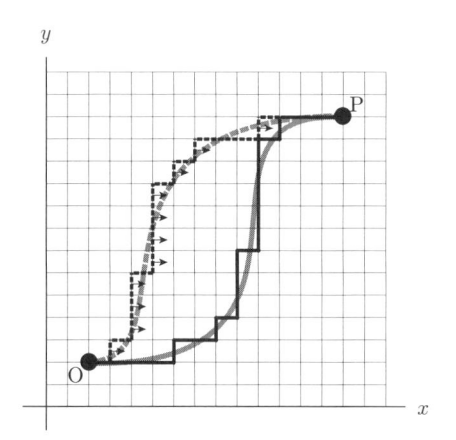

図 3.5　経路変更．破線の経路から実線の経路へ．

平面内の経路を微細な縦線と横線の組み合わせで表現する（図 3.5）．そのうちの一つの微小区間での経路 I を経路 II に変更することを考えて（図 3.6），その仕事の変化が 0 になるための条件を求める．これがどの点でも成立していれ

---

[1] ここでは力の場が保存力となる条件を求めるが，たとえば摩擦のある系では同じ空間位置でも運動状態に応じて力が異なる．このように力がベクトル場をなしていない場合は一般に保存力ではない．

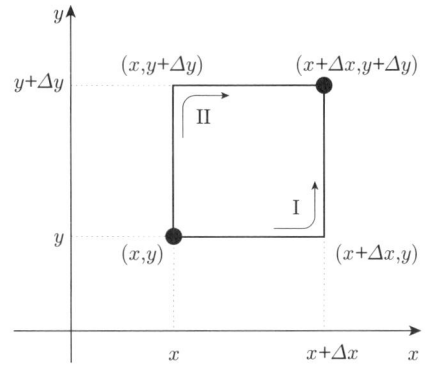

図 3.6 経路変更に伴う仕事の変化.

ば，経路変更を次々と繰り返しても仕事は変化しない．つまり，微小区間での経路変更に伴って仕事が変化しないことが保存力の条件となる．

以下の二つの経路で点 (x, y) から点 $(x + \Delta x, y + \Delta y)$ への移動を行う．

- 経路 I: 点 (x, y) からまず x 軸方向に移動して $(x + \Delta x, y)$ に達し，次に y 軸方向に移動して $(x + \Delta x, y + \Delta y)$ に達する．最初の移動では (x, y) の位置での力を受けて x 方向に Δx 進むから，その仕事は力 $\boldsymbol{F}(x, y)$ の x 成分 $F_x(x, y)$ と Δx の積で与えられ，次の移動では $(x + \Delta x, y)$ の位置での力を受けて y 方向に Δy 進むから，その仕事は力 $\boldsymbol{F}(x + \Delta x, y)$ の y 成分 $F_y(x + \Delta x, y)$ と Δy の積で与えられる．これらの仕事の和は

$$W(\mathrm{I}) = F_x(x, y)\Delta x + F_y(x + \Delta x, y)\Delta y \tag{3.49}$$

で与えられる（図 3.6 I）．

- 経路 II: 点 (x, y) からまず y 軸方向に移動して $(x, y + \Delta y)$ に達し，次に x 軸方向に移動して $(x + \Delta x, y + \Delta y)$ に達する．この経路での仕事は上と同様の考察によって

$$W(\mathrm{II}) = F_y(x, y)\Delta y + F_x(x, y + \Delta y)\Delta x \tag{3.50}$$

で与えられる（図 3.6 II）．

これらの式 (3.49)，(3.50) に現れる項 $F_y(x + \Delta x, y)$，$F_x(x, y + \Delta y)$ は移動距離 Δx，Δy が小さいとして展開すると

§3.1 エネルギー

$$F_y(x+\Delta x, y) \approx F_y(x,y) + \frac{\partial F_y(x,y)}{\partial x}\Delta x, \tag{3.51}$$

$$F_x(x, y+\Delta y) \approx F_x(x,y) + \frac{\partial F_x(x,y)}{\partial y}\Delta y, \tag{3.52}$$

と近似できる．

偏微分

ここで $\partial f(x,y)/\partial x$ や $\partial f(x,y)/\partial y$ のような記号は多変数関数(この場合2変数関数)において，他の変数を固定したまま一つの変数について微分する操作，偏微分(partial differentiation)を表し，偏微分した結果を偏導関数(partial derivative)とよぶ．すなわち

$$\frac{\partial f(x,y)}{\partial x} \equiv \lim_{\Delta x \to 0}\frac{f(x+\Delta x, y)-f(x,y)}{\Delta x}, \tag{3.53}$$

$$\frac{\partial f(x,y)}{\partial y} \equiv \lim_{\Delta y \to 0}\frac{f(x, y+\Delta y)-f(x,y)}{\Delta y}. \tag{3.54}$$

移動した位置における力の関係式 (3.51)，(3.52) を用いると，2経路の仕事はそれぞれ

$$W(\mathrm{I}) = F_x(x,y)\Delta x + F_y(x,y)\Delta y + \frac{\partial F_y(x,y)}{\partial x}\Delta y \Delta x, \tag{3.55}$$

$$W(\mathrm{II}) = F_y(x,y)\Delta y + F_x(x,y)\Delta x + \frac{\partial F_x(x,y)}{\partial y}\Delta x \Delta y, \tag{3.56}$$

となる．保存力であること

$$W(\mathrm{I}) = W(\mathrm{II}) \tag{3.57}$$

の条件は

$$\frac{\partial F_y(x,y)}{\partial x} = \frac{\partial F_x(x,y)}{\partial y} \tag{3.58}$$

となる．式 (3.55)，式 (3.56) にみるように，微小仕事の差は $\Delta x \times \Delta y$ の次数となっており，それ以上の次数の項は $\Delta x \to 0$，$\Delta y \to 0$ の極限で線積分に寄与しないので，式 (3.51)，式 (3.52) において Δx，Δy の高次項は無視した．

力が保存力の条件を満たしていれば，力は位置の一価関数の偏導関数として与えることができることを以下に示す．適当な位置 O を基点として，別の位置 P まで移動した場合の仕事は線積分によって一意的に与えられる：

$$W = \int_O^P \bm{F}(\bm{r}) \cdot d\bm{r}. \tag{3.59}$$

1 次元での仕事の式 (3.36) がポテンシャル・エネルギーの符号を反転させたものであることに対応して 2, 3 次元空間でもポテンシャル・エネルギーを

$$U(\bm{r}_1) = -\int_{\bm{r}_0}^{\bm{r}_1} \bm{F}(\bm{r}) \cdot d\bm{r} \tag{3.60}$$

により定義する．ここで基点 O，位置 P をベクトル $\bm{r}_0$, $\bm{r}_1$ で表した．移動距離が小さい極限をとって $\bm{r}_1 = \bm{r}_0 + \Delta\bm{r}$ として，さらに $\bm{r}_0 = \bm{r}$ と読み替えれば

$$U(\bm{r}+\Delta\bm{r}) - U(\bm{r}) = -\int_{\bm{r}}^{\bm{r}+\Delta\bm{r}} \bm{F}(\bm{r}') \cdot d\bm{r}' \approx -\bm{F}(\bm{r}) \cdot \Delta\bm{r}. \tag{3.61}$$

左辺は

$$U(\bm{r}+\Delta\bm{r}) - U(\bm{r}) \approx \frac{\partial U}{\partial x}\Delta x + \frac{\partial U}{\partial y}\Delta y, \tag{3.62}$$

右辺は

$$-\bm{F}(\bm{r}) \cdot \Delta\bm{r} = -F_x \Delta x - F_y \Delta y. \tag{3.63}$$

この関係が任意の Δx, Δy に対して成り立つから

$$F_x = -\frac{\partial U}{\partial x}, \; F_y = -\frac{\partial U}{\partial y} \tag{3.64}$$

が成り立つ．つまり，力は位置の一価関数 $U(\bm{r})$ の偏導関数として与えられる．
ちなみに，保存力の条件式 (3.58) を上式 (3.64) に当てはめると

$$-\frac{\partial}{\partial x}\frac{\partial U}{\partial y} = \frac{\partial F_y}{\partial x} = \frac{\partial F_x}{\partial y} = -\frac{\partial}{\partial y}\frac{\partial U}{\partial x} \tag{3.65}$$

となる．この U は，保存力として式 (3.60) で定義したポテンシャル・エネルギー関数であり，その偏微分が交換する（可換である，commutative）ことに相当する：

$$\frac{\partial^2 U(x,y)}{\partial x \partial y} = \frac{\partial^2 U(x,y)}{\partial y \partial x}. \tag{3.66}$$

3.1.7 周回積分

保存力のもとでは, 2点を結ぶ二つの経路 pathA, pathB での仕事は等しい:

$$\int_{\text{pathA}} \boldsymbol{F} \cdot d\boldsymbol{r} = \int_{\text{pathB}} \boldsymbol{F} \cdot d\boldsymbol{r}. \tag{3.67}$$

経路 B を逆行した経路を path$\bar{\text{B}}$ と名付けると

$$\int_{\text{pathB}} \boldsymbol{F} \cdot d\boldsymbol{r} = -\int_{\text{path}\bar{\text{B}}} \boldsymbol{F} \cdot d\boldsymbol{r}. \tag{3.68}$$

これを移項して

$$\int_{\text{pathA}} \boldsymbol{F} \cdot d\boldsymbol{r} + \int_{\text{path}\bar{\text{B}}} \boldsymbol{F} \cdot d\boldsymbol{r} = 0 \tag{3.69}$$

となる. これはある点から経路 A で別の点に移動し, そこから起点へ経路 $\bar{\text{B}}$ で引き返したときに仕事はゼロになるということを意味する (図 3.7).

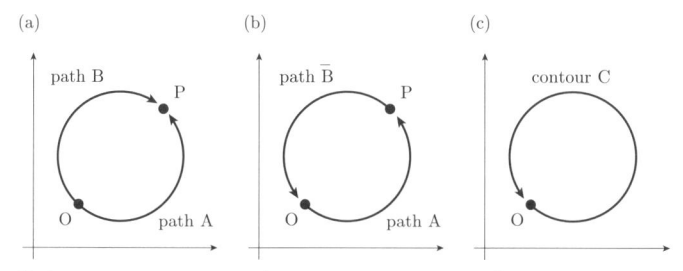

図 3.7 線積分. (a) 経路 A および B, (b) 経路 A および $\bar{\text{B}}$, (c) 経路 C の周回積分.

周回積分

閉じた経路 C 一周にわたる線積分を周回積分 (contour integral) とよび

$$\oint_{\text{C}} \boldsymbol{F} \cdot d\boldsymbol{r} \tag{3.70}$$

と表す (C は contour の頭文字).

保存力のもとでは

$$\oint_{\text{C}} \boldsymbol{F} \cdot d\boldsymbol{r} = 0 \tag{3.71}$$

が成り立つ.

3.1.8 3次元空間における保存力の条件

3次元空間における保存力の条件も同様に求めることができる．その場合は力 $\boldsymbol{F}$ は3次元の位置の関数 $\boldsymbol{F}(\boldsymbol{r}) = \boldsymbol{F}(x,y,z)$ であり，それが保存力であるためには

$$\frac{\partial F_x}{\partial y} = \frac{\partial F_y}{\partial x}, \frac{\partial F_y}{\partial z} = \frac{\partial F_z}{\partial y}, \frac{\partial F_z}{\partial x} = \frac{\partial F_x}{\partial z}, \tag{3.72}$$

の三つの条件を満たすことが必要十分である．

条件 (3.72) は $\boldsymbol{F}$ の各成分が，

$$F_x = -\frac{\partial U}{\partial x}, F_y = -\frac{\partial U}{\partial y}, F_z = -\frac{\partial U}{\partial z}, \tag{3.73}$$

を満たす連続かつ2回微分可能なスカラー関数 $U(x,y,z)$ が存在することを意味している．

ナブラ $\boldsymbol{\nabla}$

式 (3.72) はナブラ (nabla) とよばれるベクトル微分演算子 (operator)

$$\boldsymbol{\nabla} \equiv \boldsymbol{i}\frac{\partial}{\partial x} + \boldsymbol{j}\frac{\partial}{\partial y} + \boldsymbol{k}\frac{\partial}{\partial z} \tag{3.74}$$

を用いて

$$\boldsymbol{F} = -\boldsymbol{\nabla} U(\boldsymbol{r}) \tag{3.75}$$

とも表現される．

保存力でない力の場の例

ここで力の場 $\boldsymbol{F} = (F_x, F_y)$ を

$$F_x(x,y) = -Ax - By, \tag{3.76}$$
$$F_y(x,y) = -Cx - Dy, \tag{3.77}$$

として，異なる経路を経て移動した際の仕事を計算してみよう（図3.8）．
(i) 原点 O $= (0,0)$ から，点 P $= (X,Y)$ まで力 $\boldsymbol{F}$ を受けながら移動する際の仕事を計算する．経路I, IIはそれぞれ，

§3.1 エネルギー

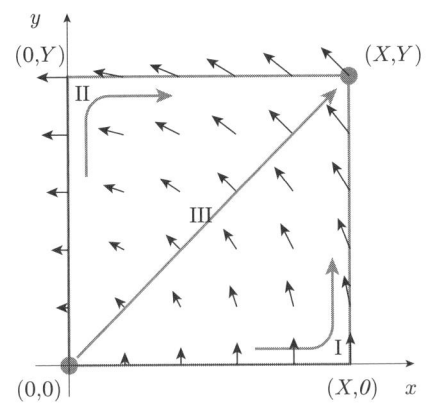

図 3.8 経路に応じて仕事が異なる力の場. $F_x = -y, F_y = x$ の例.

- 経路 I: $(0,0)$ からまず x 軸上を移動し, $(X,0)$ に達した後, 上に向かい (X,Y) に達する.
- 経路 II: $(0,0)$ からまず y 軸上を移動し, $(0,Y)$ に達した後, 右に向かい (X,Y) に達する.
- 経路 III: $(0,0)$ から一直線に (X,Y) に達する.

とする. それぞれの仕事を計算すると,

$$\begin{aligned}
W(\mathrm{I}) &= \int_0^X F_x(x,0)dx + \int_0^Y F_y(X,y)dy \\
&= -\int_0^X Axdx - \int_0^Y (CX+Dy)dy \\
&= -\frac{AX^2}{2} - CXY - \frac{DY^2}{2},
\end{aligned} \tag{3.78}$$

$$\begin{aligned}
W(\mathrm{II}) &= \int_0^Y F_y(0,y)dy + \int_0^X F_x(x,Y)dx \\
&= -\int_0^Y Dydy - \int_0^X (Ax+BY)dx \\
&= -\frac{AX^2}{2} - BXY - \frac{DY^2}{2},
\end{aligned} \tag{3.79}$$

$$\begin{aligned}
W(\mathrm{III}) &= \int_0^X F_x(x,y)dx + \int_0^Y F_y(x,y)dy \\
&= \int_0^X F_x\left(x, \frac{Y}{X}x\right)dx + \int_0^X F_y\left(x, \frac{Y}{X}x\right)\frac{dy}{dx}dx
\end{aligned}$$

$$= -\int_0^X \left(Ax + B\frac{Y}{X}x + \left(Cx + D\frac{Y}{X}x\right)\frac{Y}{X}\right)dx$$
$$= -\frac{AX^2}{2} - \frac{BXY}{2} - \frac{CXY}{2} - \frac{DY^2}{2}, \tag{3.80}$$

となって，一般には仕事は経路に依存して異なる．

二つの経路での仕事が一致するための条件は $C = B$ であり，そのような保存力を導くポテンシャルは

$$U(x, y) = \frac{Ax^2}{2} + Bxy + \frac{Dy^2}{2} \tag{3.81}$$

となっている．

次に，円 $x^2 + y^2 = R^2$ 上を反時計回りに一周した際の仕事

$$W = \oint_C \boldsymbol{F} \cdot d\boldsymbol{r} \tag{3.82}$$

を計算してみよう．円上の点は

$$\boldsymbol{r} = (x, y) = (R\cos\theta, R\sin\theta) \tag{3.83}$$

であるから

$$d\boldsymbol{r} = (dx, dy) = (-R\sin\theta d\theta, R\cos\theta d\theta) \tag{3.84}$$

と与えられる．

$$\boldsymbol{F} \cdot d\boldsymbol{r} = F_x dx + F_y dy \tag{3.85}$$

において $\boldsymbol{F} = (F_x, F_y) = (-Ax - By, -Cx - Dy)$ を代入すると，式 (3.82) の仕事は

$$W = R\int_0^{2\pi} \{(-Ax - By)(-\sin\theta) + (-Cx - Dy)\cos\theta\}d\theta \tag{3.86}$$
$$= R^2\int_0^{2\pi} (A\cos\theta\sin\theta + B\sin^2\theta - C\cos^2\theta - D\cos\theta\sin\theta)d\theta \tag{3.87}$$

で与えられる．ここで

$$\int_0^{2\pi} \cos\theta\sin\theta d\theta = \int_0^{2\pi} \frac{\sin 2\theta}{2} d\theta = 0,$$

§3.1 エネルギー

$$\int_0^{2\pi} \cos^2\theta d\theta = \int_0^{2\pi} \frac{1+\cos 2\theta}{2} d\theta = \pi,$$

$$\int_0^{2\pi} \sin^2\theta d\theta = \int_0^{2\pi} \frac{1-\cos 2\theta}{2} d\theta = \pi,$$

より

$$W = \pi R^2 (B - C) \tag{3.88}$$

となり，保存力の条件 $B = C$ において一周したときの仕事が消えることが確かめられた．

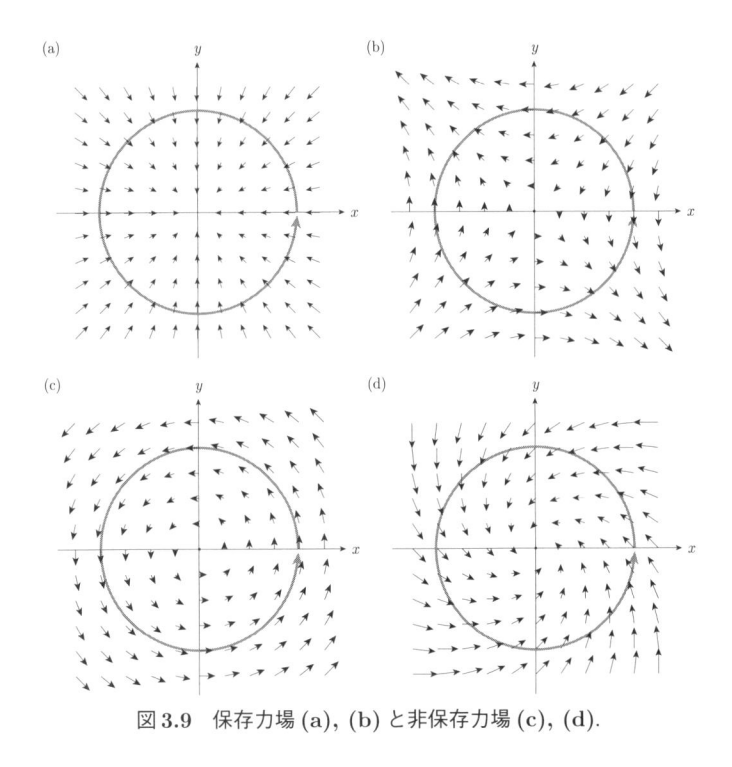

図 3.9 保存力場 (a), (b) と非保存力場 (c), (d).

式 (3.76), (3.77) で与えられた力の場について, (a) $(A, B, C, D) = (1, 0, 0, 1)$, (b) $(0, 1, 1, 0)$, (c) $(0, 1, -1, 0)$, (d) $(1, 1, -1, 1)$ の場合を図 3.9 に示した．保存力の条件 $B = C$ を満たす例は (a), (b) である．周回積分がゼロにならないのは (c), (d) である．

3.1.9 　2，3 次元運動のエネルギー保存

2，3 次元運動でのエネルギー保存則を議論するために，まず 1 次元運動のエネルギー保存則の導出のときと同様に，まず運動法則

$$m\frac{d\bm{v}}{dt} = \bm{F}(\bm{r}) \tag{3.89}$$

の両辺について速度 $\bm{v}$ との内積をとって，時刻 0 から時刻 t まで積分する：

$$\int_0^t m\frac{d\bm{v}}{dt} \cdot \bm{v} dt = \int_0^t \bm{F}(\bm{r}) \cdot \bm{v} dt. \tag{3.90}$$

ここで $v = |\bm{v}|$ を速度ベクトル $\bm{v}$ の大きさ，つまり速さとして，1 次元の場合と同様に運動エネルギーを

$$K(\bm{v}) \equiv \frac{mv^2}{2} \tag{3.91}$$

によって定義すると，

$$\begin{aligned}
\frac{dK}{dt} &= \frac{m}{2}\frac{d}{dt}v^2 = \frac{m}{2}\frac{d}{dt}(\bm{v} \cdot \bm{v}) \\
&= \frac{m}{2}\left(\frac{d\bm{v}}{dt} \cdot \bm{v} + \bm{v} \cdot \frac{d\bm{v}}{dt}\right) = m\frac{d\bm{v}}{dt} \cdot \bm{v}
\end{aligned} \tag{3.92}$$

により式 (3.90) の左辺は

$$\int_{\bm{r}(0)}^{\bm{r}(t)} m\frac{d\bm{v}}{dt} \cdot d\bm{r} = \int_0^t \frac{dK}{dt} dt = \int_{K(\bm{v}(0))}^{K(\bm{v}(t))} dK = K(\bm{v}(t)) - K(\bm{v}(0)) \tag{3.93}$$

と表すことができる．

つぎに力の場が前項で議論した保存力の条件を満たす場合を考えて，ポテンシャル・エネルギーを

$$U(\bm{r}) \equiv -\int_{\bm{0}}^{\bm{r}} \bm{F}(\bm{r}) \cdot d\bm{r} \tag{3.94}$$

によって定義すると，式 (3.90) の右辺について

$$\int_0^t \bm{F}(\bm{r}) \cdot \bm{v} dt = \int_0^t \bm{F}(\bm{r}) \cdot \frac{d\bm{r}}{dt} dt = \int_{\bm{r}(0)}^{\bm{r}(t)} \bm{F}(\bm{r}) \cdot d\bm{r} \tag{3.95}$$

が成り立つことから，

$$\int_{\bm{r}(0)}^{\bm{r}(t)} \bm{F}(\bm{r}) \cdot d\bm{r} = -U(\bm{r}(t)) + U(\bm{r}(0)) \tag{3.96}$$

§3.1 エネルギー

を得る．式 (3.91), 式 (3.94) を運動方程式の積分 (3.90) に代入し，移項すると

$$K(\boldsymbol{v}(t)) + U(\boldsymbol{r}(t)) = K(\boldsymbol{v}(0)) + U(\boldsymbol{r}(0)) \tag{3.97}$$

が成り立ち，1 次元の場合と同様に全エネルギー

$$E \equiv K + U = \frac{mv^2}{2} + U(\boldsymbol{r}) \tag{3.98}$$

が時間とともに変化しないことがわかる．つまり力が保存力の条件を満たす系では全エネルギーは保存する．

3.1.10 万有引力の法則と万有引力ポテンシャル

第 1 章にて惑星運動に関するケプラーの法則から惑星の加速度を求めた結果，式 (1.166) に与えられたように，惑星は向心加速度 $a_r = -H/r^2$ をもつことがわかった．一方，ニュートンの運動法則では力が質量と加速度の積で与えられるとするので，太陽が惑星に及ぼす力は

$$F = -M\frac{H}{r^2} \tag{3.99}$$

となる．ここで惑星の質量を M とした．次に作用反作用の法則を仮定すると，惑星が太陽に引かれているなら太陽も惑星に引かれていることになる．状況を対称に考えるならば，この力は太陽の質量 $M_\odot$ にも比例していると帰結される．新たな係数を G として

$$F = -GMM_\odot \frac{1}{r^2} \tag{3.100}$$

とまとめ，ニュートンは，式 (3.100) と同じ形の力が全ての物体の間にはたらくと考えた．これは普遍的なもので万有引力 (universal gravitation) とよばれる．係数 G は万有引力定数とよばれ，実験室内でさまざまな物体間にはたらく力を計測することを通して普遍定数であることが確認されており，その値は

$$G \approx 6.673 \times 10^{-11} \mathrm{N \cdot m^2/kg^2} \tag{3.101}$$

と知られている．

太陽からみた惑星の位置ベクトルを $\boldsymbol{r}$ とおくと質量 M の惑星の受ける力のベクトルは

$$\boldsymbol{F} = -\frac{MH}{r^2}\frac{\boldsymbol{r}}{r} = -MH\frac{\boldsymbol{r}}{r^3} \tag{3.102}$$

で与えられる．ここで $H = GM_\odot$．この力の x 成分は

$$F_x = -MH\frac{x}{r^3} \tag{3.103}$$

であり，その y 微分は

$$\frac{\partial F_x}{\partial y} = \frac{3MHx}{r^4}\frac{\partial r}{\partial y} = \frac{3MHx}{r^4}\frac{y}{r} = \frac{3MHxy}{r^5} \tag{3.104}$$

となる．同様に F_y の x 微分を計算すれば，保存力の条件

$$\frac{\partial F_x}{\partial y} = \frac{\partial F_y}{\partial x}$$

が満たされていることがわかる．この x–y の関係は y–z, z–x に関しても循環的に成り立つので，万有引力は保存力である．

以下では万有引力を導くポテンシャルを求めよう．$s = x^2 + y^2 + z^2$ とおくと

$$\frac{\partial}{\partial x}\left(\frac{1}{r}\right) = \frac{\partial s}{\partial x}\frac{d}{ds}s^{-1/2} = -\frac{x}{s^{3/2}} = -\frac{x}{r^3} \tag{3.105}$$

の関係が確かめられるので

$$F_x = MH\frac{\partial}{\partial x}\left(\frac{1}{r}\right) \tag{3.106}$$

となる．ベクトル表示にすると

$$\boldsymbol{F} = -\frac{MH\boldsymbol{r}}{r^3} = MH\boldsymbol{\nabla}\left(\frac{1}{r}\right) \tag{3.107}$$

となる．よって万有引力ポテンシャル U は $\boldsymbol{\nabla} U = -\boldsymbol{F}$ により

$$U(\boldsymbol{r}) = -\frac{MH}{r} = -\frac{GMM_\odot}{r} \tag{3.108}$$

と求まる．

太陽の質量

太陽の質量 $M_\odot$ を地球の公転の向心加速度 $H = GM_\odot$ の関係から求めてみよう．ケプラーの法則から求めた向心加速度 a_r は式 (1.164)

$$a_r = -4\pi^2\left(\frac{a^3}{T^2}\right)\frac{1}{r^2}$$

で与えられるので，地球の公転運動の長径 $a \approx 1.52 \times 10^{11}$ m であり，公転周期は約 365 日，すなわち $T \approx 3.15 \times 10^7$ s であることを用いると

$$M_\odot = \frac{H}{G} = \frac{4\pi^2}{G}\frac{a^3}{T^2} \approx 2.0 \times 10^{30} \text{kg} \tag{3.109}$$

と概算される．現在知られている太陽質量の値は 1.9884×10^{30} kg である．

地球の質量

地球の質量をここで得られた知識を用いて概算してみよう．地球上の物体の自由落下（次章参照）は，地球が物体に及ぼす万有引力に起因すると考えられるから，地上の重力加速度 (gravitational acceleration) を g，物体の質量を m として，運動の法則により

$$mg = \frac{GmM_\oplus}{R^2}. \tag{3.110}$$

よって

$$g = \frac{GM_\oplus}{R^2} \tag{3.111}$$

が成り立つ．地球半径が $R \approx 6370$ km $= 6.37 \times 10^6$ m，重力加速度は $g \approx 9.8 \text{m/s}^2$ と計測されることから[2]，地上の実験から得られた万有引力定数 (3.101) を用いて地球の質量は

$$M_\oplus = \frac{gR^2}{G} \approx 6.0 \times 10^{24} \text{kg} \tag{3.112}$$

と概算される．現在知られている地球質量の値は 5.9722×10^{24} kg である．

□ **太陽と地球の大きさ**

　上で見たように，地球の質量は約 6×10^{24} kg で太陽の質量 2×10^{30} kg に比べて約 3×10^{-6} 倍である．太陽を 50kg の人に見立てると地球はわずか 0.15g になり，ピンポン球 2.7g の 10 分の 1 以下の重さにすぎない．太陽系最大の惑星である木星は地球の約 300 倍の重さをもつが，それでも 50g の鶏卵程度である．惑星の公転運動

---

[2] 地上の物体にかかる重力加速度は本来普遍的な量ではない．地球の形が完全な球ではなく回転楕円体に近いことや，自転による遠心力が加わることなどもあって重力加速度は場所によって異なり，特に緯度方向には最大 0.5% 近い差がある．そのため標準重力加速度 (standard gravity) を $g \equiv 9.80665 \text{m/s}^2$ と規定して用いられている．

> を論じる際に太陽は静止しているものとして議論しているが，実際には作用反作用の法則によって，惑星が受ける引力は太陽にも逆向きにはたらいて太陽にも運動が生じている．ただしこの圧倒的な質量の違いによって，反作用によって太陽に生じる運動はその質量に反比例して非常に小さく，多くの場合無視することができる．
>
> 太陽の半径は地球から見た視半径 (約 0.27 度，つまり $0.27/180 \times 3.14 = 0.047$ radian) に公転半径約 1.5×10^{11}m を掛けて約 7×10^8m，つまり約 70 万 km と見積もられる．地球の平均半径は約 6×10^6m，つまり約 6,000km なので約 100 倍の違いがある．太陽を直径 1m の球だとすると地球は直径 1cm の球に相当する．このように太陽は地球に比べて大きいが，太陽の直径を 1m（半径 0.5m）とするスケールでみたときには地球の公転半径は約 100m になる．運動会で使う大球を運動場の真ん中において太陽と見立てると，地球の公転運動は直径 1cm の球がトラックを走っている状況に近い．この状況を考えれば，惑星の公転を論じる際に惑星を点粒子として扱うことがよい近似になっていることは感覚的に受け入れられる．

第二宇宙速度

半径 R の地球表面から飛び出した物体が地球の引力圏から抜けだすのに必要な最小初速度 v のことを第二宇宙速度 (second cosmic velocity)，あるいは脱出速度 (escape velocity) とよぶ（図 3.10）．

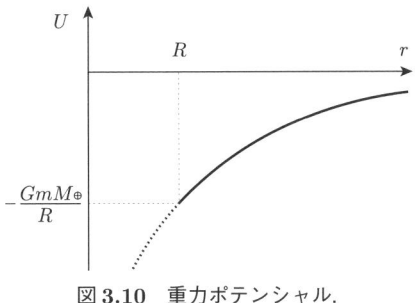

図 3.10 重力ポテンシャル．

エネルギー保存則は K を運動エネルギー，U をポテンシャル・エネルギー，E を全エネルギーとして

$$K + U = E \tag{3.113}$$

である．無限遠に行ったときに運動エネルギーが残っていれば（$K \geq 0$）脱出可能である．物体の質量を m，地球の質量を $M_\oplus$ として，脱出速度 v は

§3.2 角運動量

$$\frac{mv^2}{2} - \frac{mM_\oplus G}{R} = 0 \tag{3.114}$$

が条件である．式 (3.111) を用いて，

$$v = \sqrt{\frac{2M_\oplus G}{R}} = \sqrt{2gR} \approx 11.2 \text{km/s} \approx 40000 \text{km/h} \tag{3.115}$$

である．地球の引力圏を脱するためにはこのように大きな速度を要する．

第一宇宙速度

これに対して，地表のごく近くを衛星として周回するための速度は第一宇宙速度 (first cosmic velocity) とよばれ，円運動 (1.132) に万有引力下の運動の法則を適用すると

$$\frac{mM_\oplus G}{R^2} = mR\omega^2 = \frac{mv^2}{R} \tag{3.116}$$

で与えられる．これは式 (3.114) に比べて 2 倍の違いがあり，速度にすると第二宇宙速度の $1/\sqrt{2}$ 倍で済む：

$$v = \sqrt{\frac{M_\oplus G}{R}} = \sqrt{gR} \approx 7.9 \text{km/s} \approx 28000 \text{km/h}. \tag{3.117}$$

§3.2 角運動量

3.2.1 角運動量の変化

質量 m の質点が速度 $\boldsymbol{v}$ で動いているときの運動量 (momentum) は

$$\boldsymbol{p} \equiv m\boldsymbol{v} \tag{3.118}$$

で定義され，原点からの質点の位置を $\boldsymbol{r}$ として，原点から測った角運動量ベクトル (angular momentum vector) は

$$\boldsymbol{L} \equiv \boldsymbol{r} \times \boldsymbol{p} = \boldsymbol{r} \times m\boldsymbol{v} \tag{3.119}$$

で定義される．

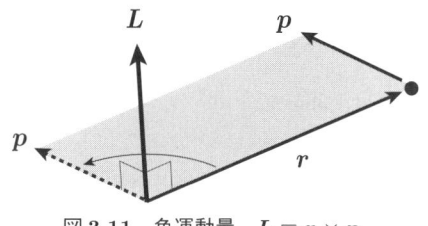

図 3.11 角運動量. $L \equiv r \times p$.

ベクトル外積

2つのベクトル A と B のベクトル外積 (outer product), あるいはベクトル積 (vector product) を

$$A \times B \tag{3.120}$$

と表す. これはベクトル A, B が張る平行四辺形の面積

$$|A \times B| = |A||B||\sin\theta| \tag{3.121}$$

を長さとしてもつベクトルで, その方向は A, B の張る平面に垂直で, 右ねじを A から B へと回したときに進む向きをとる (図 3.12).

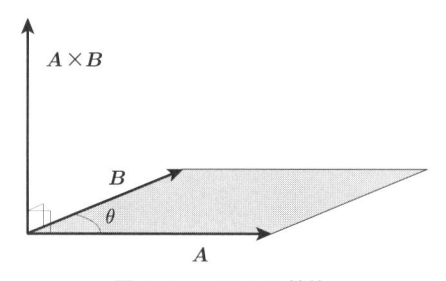

図 3.12 ベクトル外積.

直交座標系における x, y, z 軸に平行な基本単位ベクトル $i \equiv (1,0,0)$, $j \equiv (0,1,0)$, $k \equiv (0,0,1)$ の間のベクトル積は

$$i \times j = k, \tag{3.122}$$

$$j \times k = i, \tag{3.123}$$

$$k \times i = j, \tag{3.124}$$

$$i \times i = j \times j = k \times k = 0, \tag{3.125}$$

§3.2 角運動量

> となる．二つのベクトル $\boldsymbol{A}$ と $\boldsymbol{B}$
>
> $$\boldsymbol{A} = A_x\boldsymbol{i} + A_y\boldsymbol{j} + A_z\boldsymbol{k}, \tag{3.126}$$
> $$\boldsymbol{B} = B_x\boldsymbol{i} + B_y\boldsymbol{j} + B_z\boldsymbol{k}, \tag{3.127}$$
>
> の外積は上の関係を用いて
>
> $$\begin{aligned}\boldsymbol{A} \times \boldsymbol{B} &= (A_x\boldsymbol{i} + A_y\boldsymbol{j} + A_z\boldsymbol{k}) \times (B_x\boldsymbol{i} + B_y\boldsymbol{j} + B_z\boldsymbol{k}) \\ &= (A_yB_z - A_zB_y)\boldsymbol{i} + (A_zB_x - A_xB_z)\boldsymbol{j} + (A_xB_y - A_yB_x)\boldsymbol{k}\end{aligned} \tag{3.128}$$
>
> で与えられる．

角運動量の時間変化は

$$\frac{d\boldsymbol{L}}{dt} = \frac{d}{dt}(\boldsymbol{r} \times m\boldsymbol{v}) = \frac{d\boldsymbol{r}}{dt} \times m\boldsymbol{v} + \boldsymbol{r} \times \frac{d\boldsymbol{p}}{dt}. \tag{3.129}$$

右辺第1項は $\boldsymbol{v} \times \boldsymbol{v} = \boldsymbol{0}$ で消える．第2項において運動法則 $d\boldsymbol{p}/dt = \boldsymbol{F}$ が成り立つことから

$$\frac{d\boldsymbol{L}}{dt} = \boldsymbol{N} \equiv \boldsymbol{r} \times \boldsymbol{F} \tag{3.130}$$

が成立する．ここで $\boldsymbol{N}$ は力のモーメント (moment of force)，あるいはトルク (torque) とよばれる量である．角運動量もトルクも，$\boldsymbol{r}$ に依っており，それらを測る始点のとり方に依存している．

3.2.2　角運動量と面積速度

第1章においても論じたが，位置ベクトル $\boldsymbol{r}(t)$ が微小時間 Δt に掃く扇形の面積 Δs は位置ベクトルと変位 $\Delta \boldsymbol{r}$ がなす平行四辺形の面積の半分であるから（図 3.13）

$$\Delta s \approx \frac{|\boldsymbol{r}||\Delta \boldsymbol{r}||\sin\theta|}{2}. \tag{3.131}$$

ここで変位は $\Delta \boldsymbol{r} = \boldsymbol{v}\Delta t$ で与えられることから

$$\Delta s = \frac{|\boldsymbol{r} \times \boldsymbol{v}|\Delta t}{2}. \tag{3.132}$$

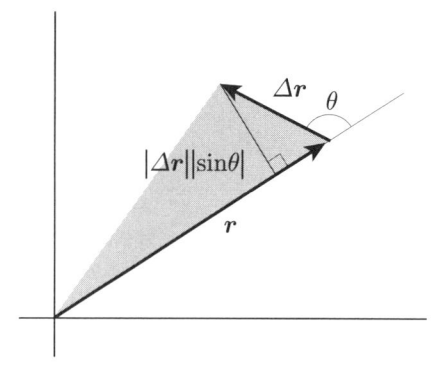

図 3.13　扇形の面積 $\Delta s \approx |r||\Delta r| \sin \theta / 2$.

よって面積速度は

$$v_S \equiv \lim_{\Delta t \to 0} \frac{\Delta s}{\Delta t} = \frac{|\boldsymbol{L}|}{2m} \tag{3.133}$$

で与えられる．

動径方向に向いた力

$$\boldsymbol{F} = f(r)\frac{\boldsymbol{r}}{r} \tag{3.134}$$

は中心力 (central force) とよばれ，その場合はトルクは発生しない：

$$\boldsymbol{N} \equiv \boldsymbol{r} \times \boldsymbol{F} = \boldsymbol{r} \times \boldsymbol{r}\frac{f(r)}{r} \propto \boldsymbol{r} \times \boldsymbol{r} = 0. \tag{3.135}$$

式 (3.130) でみたように角運動量の変化はトルクで与えられるため，中心力のはたらく系では角運動量は保存される．ケプラーの面積速度一定の法則は

$$\frac{d\boldsymbol{L}}{dt} = \boldsymbol{N} = \boldsymbol{0} \tag{3.136}$$

を意味し，太陽が惑星に及ぼす力が中心力であることを示している．

3.2.3　力のモーメント

ドライバーでねじをしめるとき，握り部の太いドライバーの方がしめやすい．これは回転中心と力の作用点が離れているほどトルクが大きく作用能率がよいからである．トルクは力のかかる点の位置ベクトル $\boldsymbol{r} = (x, y, z)$ とかかる力 $\boldsymbol{F} = (F_x, F_y, F_z)$ の外積 $\boldsymbol{N} = \boldsymbol{r} \times \boldsymbol{F}$ で与えられる．

トルク $\boldsymbol{N}$ の成分 (N_x, N_y, N_z) は

$$N_x = yF_z - zF_y, \tag{3.137}$$
$$N_y = zF_x - xF_z, \tag{3.138}$$
$$N_z = xF_y - yF_x, \tag{3.139}$$

で与えられる．

3.2.4 磁場中の荷電粒子の運動

一様な磁場(磁束密度)$\boldsymbol{B}$の中で質量m，電荷qの粒子が運動しているとき，粒子にかかる力，ローレンツ力(Lorentz force)は

$$\boldsymbol{F} = q\boldsymbol{v} \times \boldsymbol{B} \tag{3.140}$$

である．この力$\boldsymbol{F}$のする仕事は

$$\boldsymbol{F} \cdot d\boldsymbol{r} = q(\boldsymbol{v} \times \boldsymbol{B}) \cdot \boldsymbol{v} dt = \boldsymbol{0} \tag{3.141}$$

である．つまり磁場は荷電粒子に仕事をしない．

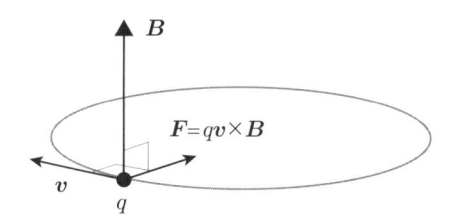

図 3.14 ローレンツ力による荷電粒子の円運動．

磁場$\boldsymbol{B}$と平行な速度成分$v_\parallel$とすると，$v_\parallel$のみをもつ粒子は直線運動を続ける．他方で，磁場$\boldsymbol{B}$と垂直な速度成分$v_\perp$とすると，$v_\perp$のみをもつ粒子は円運動を続ける（図3.14）．これらの結果を合わせると，一様な磁場中の粒子はらせん運動を行うことがわかる．

運動に磁場に平行な成分がなければ，荷電粒子はローレンツ力によって常に進行方向に垂直な力を受けて，円運動を行う．結果として円の中心からみた角運動量は保存している．その円軌道は向心力 $mr\omega^2 = mv\omega$ がローレンツ力と

つり合う条件

$$mr\omega^2 = mv\omega = qvB \tag{3.142}$$

により決まり，サイクロトロン振動数(cyclotron frequency)

$$\omega = \frac{qB}{m} \tag{3.143}$$

が得られる．この振動数は速度に依らない．一方，円軌道の半径は速度に依って

$$r = \frac{v}{\omega} = \frac{mv}{qB} \tag{3.144}$$

となる．

□ サイクロトロン

　一様磁場 $\boldsymbol{B}$ に垂直に「D」の形をした二つの電極をおいて，荷電粒子を二つの電極をまたいで円運動させる．荷電粒子が円運動をして電極の間をまたぐたびに電位差を交代させて加速することを考える．荷電粒子が半周して再び電極をまたぐまでの時間は

$$\frac{T}{2} = \frac{\pi}{\omega} = \frac{\pi m}{qB} \tag{3.145}$$

で速度 v に依存しない．よって粒子を加速させるためには粒子の速度に関わらず電極電位の交代を周期

$$f = \frac{\omega}{2\pi} = \frac{qB}{2\pi m} \tag{3.146}$$

で繰り返せばよい．このアイデアで作られた加速装置がサイクロトロン (cyclotron) 加速器 (particle accelerator) である（図 3.15）．荷電粒子は電極をまたぐたびに加速されて速度を上げるので回転半径は速度とともに大きくなる：

$$r = \frac{v}{\omega}. \tag{3.147}$$

現実的には，加速を繰り返して粒子が光速に近づくと粒子の質量に相対論効果が現れるので加速の振動数に補正が施される．

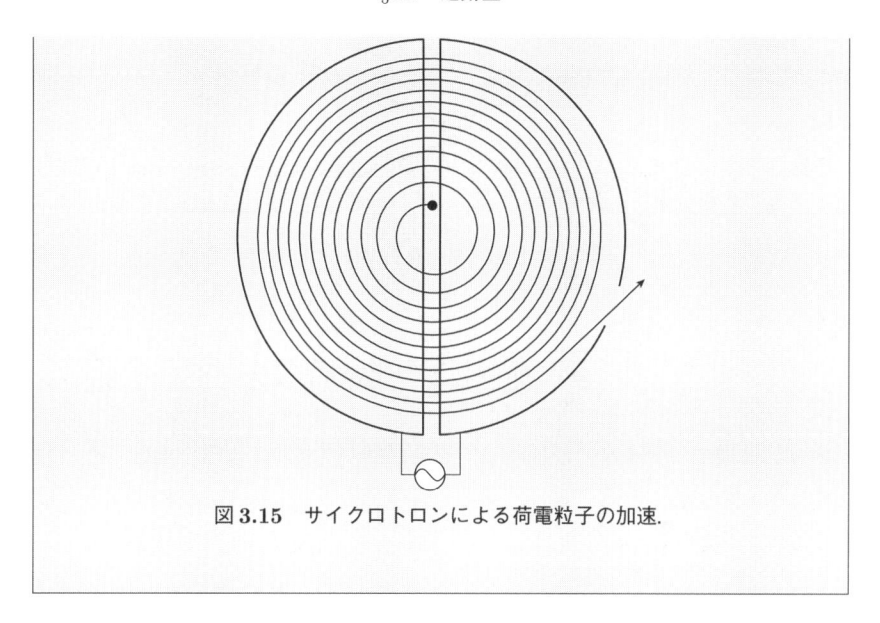

図 3.15 サイクロトロンによる荷電粒子の加速.

§3.3 運動量

3.3.1 運動量の保存

質量と速度の積

$$\bm{p} = m\bm{v} \tag{3.148}$$

を運動量 (momentum) とよぶ．ニュートンの運動方程式は運動量を使って

$$\frac{d\bm{p}}{dt} = \bm{F} \tag{3.149}$$

と表される．二つの質点が衝突してそれらの運動量 $\bm{p}_1$ および $\bm{p}_2$ が変化する過程を考える（図 3.16）．各質点の運動方程式は

$$\frac{d\bm{p}_1}{dt} = \bm{F}_1, \tag{3.150}$$

$$\frac{d\bm{p}_2}{dt} = \bm{F}_2, \tag{3.151}$$

と表される．衝突の間に外部から力がはたらいていないとすれば，作用・反作用の法則によりそれぞれが受ける力 $\bm{F}_1$ と $\bm{F}_2$ は大きさが等しく，向きが逆で

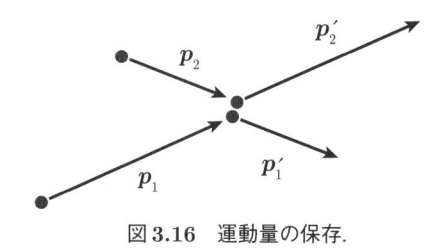

図 3.16　運動量の保存.

あり

$$\frac{d\bm{p}_1}{dt} + \frac{d\bm{p}_2}{dt} = \bm{F}_1 + \bm{F}_2 = \bm{0}. \tag{3.152}$$

物体に瞬間的に大きな力が加わって運動状態が変化するような場合，その力を撃力 (impulsive force) とよぶ．撃力を受けたことによる運動量の変化を力積 (impulse) とよんで

$$\bm{\Phi} \equiv \bm{p}(t) - \bm{p}(0) \tag{3.153}$$

と定義すると，運動方程式から

$$\bm{\Phi} = \int_0^t \frac{d\bm{p}}{dt} dt = \int_0^t \bm{F} dt \tag{3.154}$$

となり，力積は物体の受けた力の和，あるいは蓄積を表していることになる．

この 2 個の質点の衝突の間に外力がはたらいていないとすると

$$\int_0^t \left(\frac{d\bm{p}_1}{dt} + \frac{d\bm{p}_2}{dt} \right) dt = \bm{0} \tag{3.155}$$

が成り立ち，

$$\bm{p}_1(t) + \bm{p}_2(t) = \bm{p}_1(0) + \bm{p}_2(0). \tag{3.156}$$

つまり，外力がはたらいていない系の全運動量は保存する．

§3.4　【発展】断熱不変量

力学系の構造を限りなくゆっくりと変化させたときに不変に保たれる状態量のことを断熱不変量 (adiabatic invariant) とよぶ．

§3.4 【発展】断熱不変量

3.4.1 振動子の断熱不変量

ここでは，円錐振り子においてひもの長さをゆっくりと変化させる過程における断熱不変量を求める[3]（図3.17）．まずひもの長さが一定の円錐振り子の運動を論じる．長さ l のひもにとりつけられた質量 m のおもりが円を描いて運動している．ひもの鉛直線からの振れ角を θ とすれば円運動の回転中心からおもりまでの距離は

$$r = l\sin\theta. \tag{3.157}$$

円運動の振動数を ω とすると質点の加速度は $r\omega^2$ となり，これが重力の内向き成分とつり合う条件は

$$mr\omega^2 = mg\tan\theta. \tag{3.158}$$

よって

$$\omega = \sqrt{\frac{g\tan\theta}{r}} = \sqrt{\frac{g}{l\cos\theta}} \approx \sqrt{\frac{g}{l}} \tag{3.159}$$

となる．ここで θ が小さいときに $\cos\theta \approx 1$ となる近似を使った．

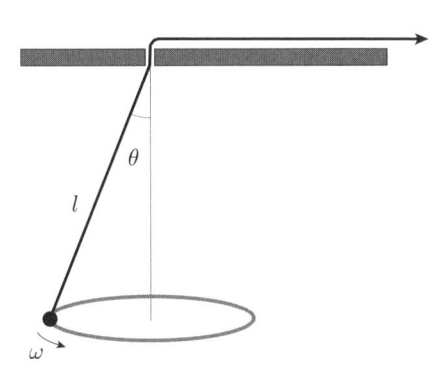

図3.17 円錐振り子の断熱過程．

次に，このひもの長さをごくわずか $l - \Delta l$ へ変化させる過程を考える．ひもを縮めると振り子の振動数は

$$\omega + \Delta\omega = \sqrt{\frac{g}{l - \Delta l}} \approx \sqrt{\frac{g}{l}}\left(1 + \frac{\Delta l}{2l}\right) \tag{3.160}$$

---
[3] 朝永振一郎，『量子力学I 第2版』，みすず書房 (1969) pp.18–21.

と変化する．すなわち

$$\omega\left(1+\frac{\Delta\omega}{\omega}\right) \approx \omega\left(1+\frac{\Delta l}{2l}\right). \tag{3.161}$$

よってこの過程において

$$\frac{\Delta\omega}{\omega} = \frac{\Delta l}{2l} \tag{3.162}$$

が成り立つ．

テイラー展開

連続かつ無限回微分可能な関数 $f(x)$ の $x+\Delta$ における関数の値は，x における値 $f(x)$ および導関数 $d^n f(x)/dx^n$ を用いて

$$f(x+\Delta) = f(x) + \Delta\frac{df(x)}{dx} + \frac{\Delta^2}{2!}\frac{d^2 f(x)}{dx^2} + \cdots + \frac{\Delta^n}{n!}\frac{d^n f(x)}{dx^n} + \cdots \tag{3.163}$$

と表すことができる．この展開をテイラー展開 (Taylor expansion) とよび，この級数をテイラー級数 (Taylor series) とよぶ．

変位 Δ が小さい極限においては第1次項を残して

$$f(x+\Delta) = f(x) + \Delta\frac{df(x)}{dx} + O(\Delta^2) \tag{3.164}$$

と近似することができる．右辺第1項は元の点 x での関数値であり，第2項「変位×勾配」は勾配に比例した変化量を表す．第3項の「$O(\Delta^2)$」は微小量 Δ の2乗に比例する量（オーダー (order)）という意味である．たとえば $\Delta=0.001$ とおけば $\Delta^2=0.000001$ となって千分の一の寄与しかない．Δ が小さくなればなるほどその比率は大きくなる．物理学では微小変位を論じる際に微小量による展開を多用する．$|\Delta|\ll 1$，つまり大きさが1に比べて十分小さい Δ について成り立つ関係として，よく使われる関係には

$$(1+\Delta)^n \approx 1 + n\Delta \tag{3.165}$$

があり，その例には

$$(1\pm\Delta)^2 \approx 1\pm 2\Delta, \tag{3.166}$$

$$\sqrt{1\pm\Delta} \approx 1 \pm \frac{\Delta}{2}, \tag{3.167}$$

$$\frac{1}{\sqrt{1\pm\Delta}} \approx 1 \mp \frac{\Delta}{2}, \tag{3.168}$$

§3.4 【発展】断熱不変量

などがある.

各種関数について，テイラー展開における最初のいくつかの項は

$$e^\Delta \approx 1 + \Delta + \frac{\Delta^2}{2}, \tag{3.169}$$

$$a^\Delta \approx 1 + \Delta \log a + \frac{(\Delta \log a)^2}{2}, \tag{3.170}$$

$$\cos \Delta \approx 1 - \frac{\Delta^2}{2}, \tag{3.171}$$

$$\sin \Delta \approx \Delta - \frac{\Delta^3}{6}, \tag{3.172}$$

$$\tan \Delta \approx \Delta + \frac{\Delta^3}{3}, \tag{3.173}$$

$$\cosh \Delta \approx 1 + \frac{\Delta^2}{2}, \tag{3.174}$$

$$\sinh \Delta \approx \Delta + \frac{\Delta^3}{6}, \tag{3.175}$$

$$\tanh \Delta \approx \Delta - \frac{\Delta^3}{3}, \tag{3.176}$$

$$\log(1+\Delta) \approx \Delta - \frac{\Delta^2}{2}. \tag{3.177}$$

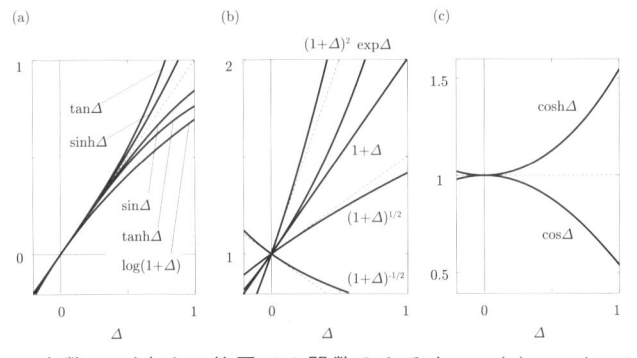

図 **3.18** 変数 Δ が小さい範囲での関数のふるまい. **(a)** $\tan \Delta$, $\sinh \Delta$, $\sin \Delta$, $\tanh \Delta$, $\log(1+\Delta)$. 破線は $y = \Delta$. **(b)** $(1+\Delta)^2$, $\exp \Delta$, $1+\Delta$, $(1+\Delta)^{1/2}$, $(1+\Delta)^{-1/2}$. 破線は $y = 1+2\Delta$, $y = 1+\Delta/2$, $y = 1-\Delta/2$. **(c)** $\cosh \Delta$, $\cos \Delta$. 破線は $y = 1$.

ひもを引き上げれば，振れ角も $\theta + \Delta\theta$ へと増大する．ひもを引き上げる過程ではおもりにトルクがかからないから角運動量 $L = mr^2\omega = ml^2\theta^2\omega$ が保存する．すなわち

$$(l - \Delta l)^2 (\theta + \Delta\theta)^2 (\omega + \Delta\omega) = l^2 \theta^2 \omega. \tag{3.178}$$

この両辺を $l^2\theta^2\omega$ で割って

$$\left(1 - \frac{\Delta l}{l}\right)^2 \left(1 + \frac{\Delta\theta}{\theta}\right)^2 \left(1 + \frac{\Delta\omega}{\omega}\right) = 1. \tag{3.179}$$

変化量が小さいとして Δl, $\Delta\theta$, $\Delta\omega$ の1次までで近似すると

$$-2\frac{\Delta l}{l} + 2\frac{\Delta\theta}{\theta} + \frac{\Delta\omega}{\omega} = 0. \tag{3.180}$$

上式 (3.180) と式 (3.162)：$\Delta\omega/\omega = \Delta l/(2l)$ により，ひもの長さの変化 Δl と振れ角の変化 $\Delta\theta$ はもはや独立ではなくなり

$$2\frac{\Delta\theta}{\theta} = \frac{3}{2}\frac{\Delta l}{l} \tag{3.181}$$

の関係を保ちながら変化する．質点の運動エネルギーは

$$K = \frac{mv^2}{2} = \frac{mr^2\omega^2}{2} \approx \frac{mgl\theta^2}{2}. \tag{3.182}$$

ひもを縮めることによる運動エネルギーの変化は

$$\frac{K + \Delta K}{K} = \left(1 - \frac{\Delta l}{l}\right)\left(1 + \frac{\Delta\theta}{\theta}\right)^2 \approx 1 - \frac{\Delta l}{l} + 2\frac{\Delta\theta}{\theta}. \tag{3.183}$$

これに式 (3.181)：$2\Delta\theta/\theta = 3\Delta l/(2l)$ の関係を代入すると

$$1 + \frac{\Delta K}{K} = 1 + \frac{\Delta l}{2l}. \tag{3.184}$$

これに式 (3.162)：$\Delta\omega/\omega = \Delta l/(2l)$ を代入すると

$$\frac{\Delta K}{K} = \frac{\Delta\omega}{\omega}. \tag{3.185}$$

この関係を積分すると

$$\int \frac{dK}{K} = \int \frac{d\omega}{\omega} \tag{3.186}$$

§3.4 【発展】断熱不変量

により

$$\log K = \log \omega + \text{constant}. \tag{3.187}$$

よって

$$\frac{K}{\omega} = \text{constant}. \tag{3.188}$$

したがって，このゆっくりした変化において質点の運動エネルギーと振動数の比は断熱不変量となっている．

3.4.2 球状容器内の質点の衝突運動

球状の容器に閉じ込められた理想気体分子が相互作用せずに自由運動をして球内面と衝突を繰り返している状況を考え，ゆっくりと球の半径を縮める過程での断熱不変量を求める．

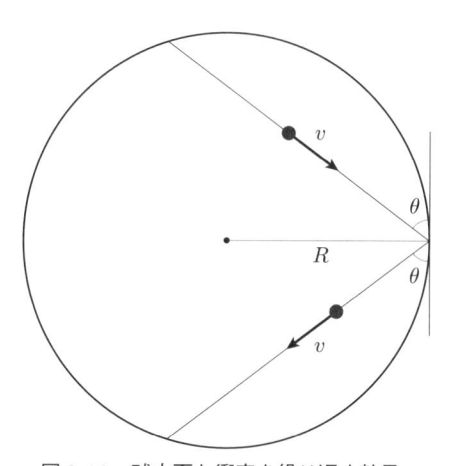

図 3.19 球内面と衝突を繰り返す粒子．

まず，一定の半径のもとで質量 m の質点が速さ v で球面に（面からの）角度 θ で入射する衝突を繰り返している状況を考える（図 3.19）．ここでは壁からの反射において質点はエネルギーを失わない弾性衝突 (elastic collision) を行うとする．したがって質点は速さと入射角は変化させずに，球の中心と速度ベクトルを含む平面内を運動する．1 回の衝突で質点が球に与える力積の大きさは $2mv\sin\theta$ である．質点が球内面に衝突してから次に衝突するまでの距離は

$2R\sin\theta$ なので衝突の時間間隔は $2R\sin\theta/v$ となり，単位時間あたりの力積の大きさは

$$\frac{2mv\sin\theta}{2R\sin\theta/v} = \frac{mv^2}{R}. \tag{3.189}$$

多数の自由粒子がさまざまな速度でさまざまな方向に飛び交って球内面に圧力を加えている理想気体を考える．一つの粒子が球内面に及ぼす圧力 (pressure) への寄与 p は，単位時間当たりの力積を球の表面積 $4\pi R^2$ で割った量で与えられるから

$$p = \frac{mv^2}{4\pi R^3} \tag{3.190}$$

となり，球の体積 $V = 4\pi R^3/3$ を用いると

$$pV = \frac{mv^2}{3} = \frac{2}{3}\frac{mv^2}{2} \tag{3.191}$$

が成り立つ．球内面の受ける圧力 P は各質点が及ぼす圧力 p の和となるから，各質点の速度を v_i として質点系の全エネルギーを

$$E = \sum_{i=1}^{n} \frac{mv_i^2}{2} \tag{3.192}$$

と定義すれば，

$$PV = \frac{2}{3}E \tag{3.193}$$

が得られる．これは単原子分子理想気体の熱力学関係式[4]を表している．

理想気体の熱力学関係式

理想気体の状態方程式は，圧力を P，体積を V としたとき

$$PV = nRT \tag{3.194}$$

で与えられる．ここで n, R, および T は気体のモル数，気体定数，および温度である．一方，理想気体の内部エネルギー E は定積モル比熱 C_v を用いて

---

[4] 久保亮五 編，『大学演習 熱学・統計力学 修訂版』，裳華房 (1998) などを参照のこと．

§3.4 【発展】断熱不変量

$$E = C_v n T \tag{3.195}$$

で与えられる．単原子分子の定積モル比熱は

$$C_v = \frac{3}{2} R \tag{3.196}$$

となることが知られている．これらをまとめると式 (3.193)

$$PV = \frac{2}{3} E \tag{3.197}$$

が得られる．

次に，気体の断熱圧縮・膨張においては，定圧比熱 C_p と定積比熱 C_v の比

$$\gamma \equiv \frac{C_p}{C_v} \tag{3.197}$$

を用いて

$$PV^\gamma = \text{constant} \tag{3.198}$$

となることが知られている．マイヤーの法則

$$C_p - C_v = R \tag{3.199}$$

によって，単原子分子理想気体 $C_v = 3R/2$ においては

$$\gamma \equiv \frac{C_v + R}{C_v} = \frac{5}{3} \tag{3.200}$$

となり

$$PV^{5/3} = \text{constant} \tag{3.201}$$

が得られる．

次に，質点が弾性衝突を繰り返している状態で，ゆっくりと球の半径を縮める過程を考える（図 3.20）．半径が縮む速さ u は粒子の速さ v に比べて小さいとする．質点が速さ v，入射角 θ で，速さ u で近づいてくる壁に衝突して速さが $v + \Delta v$ となり，角度 $\theta' = \theta + \Delta\theta$ で反射したとする．弾性衝突のために球壁面に平行な方向の速さは保存し

第 3 章　保存則

[図: ゆっくり縮む球の中で衝突を繰り返す粒子]

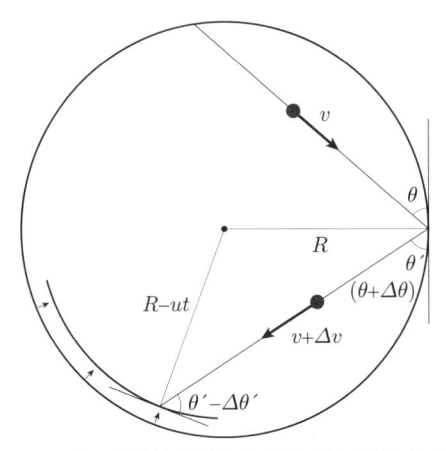

図 3.20　ゆっくり縮む球の中で衝突を繰り返す粒子．

$$v \cos \theta = (v + \Delta v) \cos \theta'.$$

$\theta = \theta' - \Delta\theta$ を代入してこれを Δv と $\Delta\theta$ の 1 次までで近似すると

$$\Delta\theta v \sin \theta' = \Delta v \cos \theta'. \tag{3.202}$$

壁面が動いているため，質点の垂直方向の速さは保存されない．壁面を中心とする座標系からみれば質点は壁面の速さ u が加わった速さで突入して弾性反射する．よって元の座標系でみると速さ $2u$ が加わる（図 3.21）．この結果

$$v \sin \theta + 2u = (v + \Delta v) \sin \theta'.$$

これを Δv と $\Delta\theta$ の 1 次までで近似すると

$$2u - \Delta\theta v \cos \theta' = \Delta v \sin \theta'. \tag{3.203}$$

式 (3.202) と式 (3.203) より

$$\Delta v = 2u \sin \theta', \tag{3.204}$$

$$\Delta \theta = \frac{2u \cos \theta'}{v}. \tag{3.205}$$

半径 R のときに角度 $\theta' = \theta + \Delta\theta$ で反射した粒子が，次に時間 t 経って球内面に衝突する際には，球の半径は $R - ut$ に縮小しているから，この半径の縮小に伴って入射角は θ' より減少する．その減少分を $\Delta\theta'$ とすると

$$R \cos \theta' = (R - ut) \cos(\theta' - \Delta\theta') \tag{3.206}$$

§3.4 【発展】断熱不変量

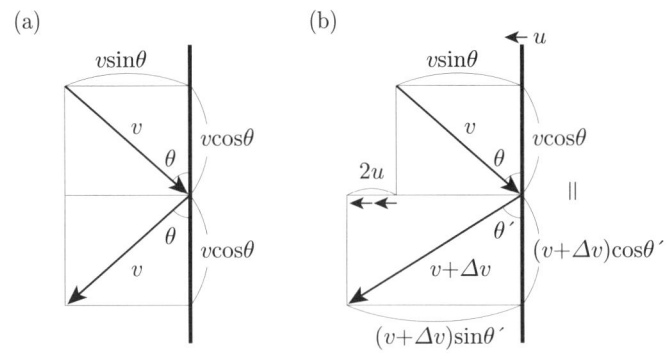

図 3.21 壁面による粒子の反射．(a) 壁面が動かない場合．(b) 壁面が速度 u で移動する場合．

の関係が成り立つ．これを $\Delta\theta'$ と u の 1 次までで近似すると

$$\Delta\theta' R \sin\theta' = ut \cos\theta' \tag{3.207}$$

が成り立つ．ここで衝突間の時間が

$$t \approx \frac{2R\sin\theta'}{v} \tag{3.208}$$

であることにより，この間に生じる衝突角度の減少は

$$\Delta\theta' = \frac{2u\cos\theta'}{v} = \Delta\theta \tag{3.209}$$

となる．つまり，球内面半径をゆっくりと縮小する過程では，1 回の衝突によって生じた反射角の増加 $\Delta\theta$ はその直後の自由飛行時間中の半径減少による効果と打ち消しあい，入射角はつねに一定に保たれる．

一方，質点の速さは衝突のたびに増大する．衝突 1 回あたりの速さの増加量 Δv と半径の変化 $\Delta R = -ut$ の間には式 (3.204) と式 (3.208) から

$$\frac{\Delta v}{v} = \frac{ut}{R} = -\frac{\Delta R}{R} \tag{3.210}$$

の関係が成立する．よってこの関係を積分すると

$$\log v = -\log R + \text{constant}. \tag{3.211}$$

すなわち，質点の速さ v と球の半径 R の積は断熱不変量である：

$$vR = \text{constant}. \tag{3.212}$$

球内面の受ける圧力は，式 (3.190) で求めたように，単位時間当たりの力積を球の表面積で割った量で与えられ，粒子の速さ v の 2 乗に比例し，半径 R の 3 乗に反比例する：$P \propto v^2/R^3$．ゆっくりした半径の変化においては式 (3.212) が成り立ち，質点の速さが半径に反比例して変化するので，圧力は

$$P \propto \frac{v^2}{R^3} \propto \frac{1}{R^5} \propto \frac{1}{V^{5/3}} \tag{3.213}$$

となり，圧力 P は体積の 5/3 乗に反比例して変化する．これは単原子分子理想気体の断熱圧縮過程（式 (3.201)）に対応している．

§3 の章末問題

問題1 2種類の2次元空間の力の場, (A)$F_x = y^2$, $F_y = 2xy$, (B)$F_x = y$, $F_y = 2x$, のうち保存力であるものはどちらか. 保存力についてはそのポテンシャル・エネルギーを示せ. 2種類の力の場, (A), (B) のそれぞれについて以下の3通りの経路についての仕事 $W = \int \boldsymbol{F}(\boldsymbol{r}) \cdot d\boldsymbol{r}$ を求めよ. (3.1節)

- 経路I: $(0,0)$ からまず x 軸上を移動し, $(X,0)$ に達した後, 上に向かい (X,Y) に達する.
- 経路II: $(0,0)$ からまず y 軸上を移動し, $(0,Y)$ に達した後, 右に向かい (X,Y) に達する.
- 経路III: $(0,0)$ から一直線に (X,Y) に達する.

問題2 バンジージャンプで, 質量 m の人がゴムロープを体につなぎ, 初速度 0 で飛び降りる状況を考える. このゴムロープは重さが無視できるとし, その弾性特性は, 自然長が L, バネ定数 k のバネと見なせるとすると, ロープが伸びきったときの体の位置はジャンプ点からみてどこにくるか. ここで重力による下向きの加速度は g とする. また摩擦などによる減衰がない場合には飛び降りた人のその後の運動はどのようなものになるか. (3.1節)

問題3 表面の滑らかな球の頂点に質点をのせる. 質点が下向きに一様な加速度 g を受けて限りなくゼロに近い初速度からすべって落ちた (図3.22). 質点が球面から離れる

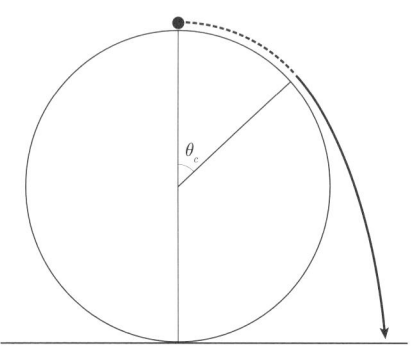

図3.22 球面上をすべり落ちる質点.

角度 θ_c を求めよ．(3.1 節)

問題 4 物体は回転していなくても角運動量は 0 というわけではない．x 軸に平行で $y = b$ の値をもつ直線上を運動量 $p = mv$（一定）で運動する質点の原点から測った角運動量を求めよ．(3.2 節)

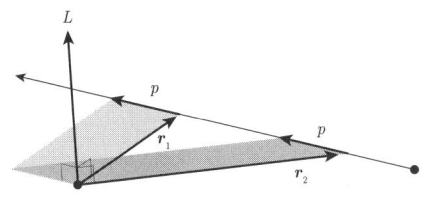

図 3.23 直線運動をする物体の角運動量．

問題 5 位置 $r = (1, 1, 1)$m にある質点に力 $F = (2, 3, 4)$N がはたらいたときの力のモーメント N を求めよ．(節 3.2)

問題 6 糸の一端を持っておもりを水平面内に半径 r_0，速さ v_0 で回転させる．そのおもりの角運動量，向心力，運動エネルギーを求めよ．つぎに，糸をたぐり寄せて半径を半分の長さ $r_0/2$ まで縮める．摩擦は無視できるとして，新たなおもりの速度，角運動量，向心力，運動エネルギーがどうなるかを計算せよ．また，糸をたぐり寄せる過程の仕事を求めて，エネルギー収支が合っていることを確かめよ．(3.2 節)

問題 7 三つのベクトルを用いて定義される「スカラー 3 重積 (scalar triple product)」

$$A \cdot (B \times C)$$

の大きさは 3 ベクトルによって張られる平行六面体 (parallelepiped)（図 3.24(a)）の体積を与えることを示せ．(3.2 節)

問題 8 三つのベクトルを用いて定義される「ベクトル 3 重積 (vector triple product)」

$$A \times (B \times C)$$

（図 3.24(b)）は

$$A \times (B \times C) = (A \cdot C)B - (A \cdot B)C$$

の関係を満たすことを示せ．(3.2 節)

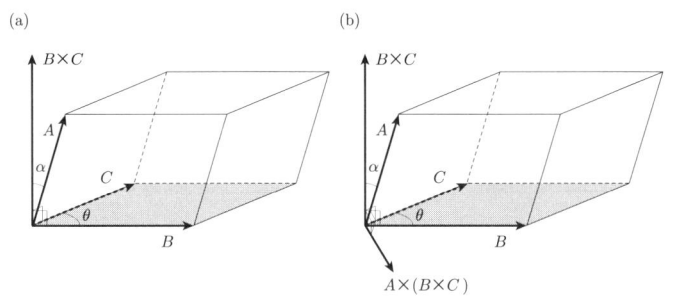

図 3.24 スカラー 3 重積,ベクトル 3 重積.

問題 9 四つのベクトルの間に

$$(\boldsymbol{A} \times \boldsymbol{B}) \cdot (\boldsymbol{C} \times \boldsymbol{D}) = (\boldsymbol{A} \cdot \boldsymbol{C})(\boldsymbol{B} \cdot \boldsymbol{D}) - (\boldsymbol{A} \cdot \boldsymbol{D})(\boldsymbol{B} \cdot \boldsymbol{C})$$

が成り立つことを示せ.

益川コラム　対称性，パウリ

本書では解析力学以前の力学を学ぶが，いくつかの重要な概念の理解には壁があるかもしれない．ここでは力学に飽きることなく，壁を突破していくための話題として，"対称性"という考え方を挙げてみることにする．

ヴォルフガング・パウリ[5]が行った水素原子のエネルギー準位（クーロン力）の導出を考える．太陽の万有引力のもとでの惑星の運動や，水素原子のクーロン力のもとでの電子の運動のように，中心力が逆二乗則に従う場合の運動にはエネルギーや角運動量以外にもう一つ別の保存量が存在する．これは Laplace–Runge–Lenz ベクトルとよばれるベクトルで，惑星の運動でいうと，楕円軌道の焦点から近日点に向かう離心率ベクトルと同じ向きである．これが保存することは軌道が閉じることを意味する．このベクトルを量子論での演算子として扱うと，ある種の群論的対称性が導かれて，その結果，水素原子のエネルギー準位が導かれる．

もう一つのものとして，物理法則の等方性を読み解いてみよう．簡単に述べると，物理法則は宇宙のどの方向も特別扱いしない，というのが等方性である．たとえば，重力やクーロン力において，ある質点1が別の質点2から受ける力は，質点2から質点1への方向，もしくはその反対方向である．それからずれた，たとえば質点2からの方向から90度ずれた方向を向く力は考えられないだろうか？　もしそのような方向を向こうとすると，質点1と質点2を結ぶ線のまわり360度のうち，どの方向を向けばよいか，という問題に突き当たる．もしどの方向も同等なら，どの方向も向けない．こう考えると，重力やクーロン力の方向のもつ性質は，物理法則の等方性と合致しているということがわかる．さらに，それらの力は質点1と質点2との距離に依存するが，これは物理法則の並進不変性，すなわち，宇宙のどの場所も特殊ではないという性質と合致する．このような等方性や並進不変性を「対称性」とよぶ．

もちろん，これらの等方性や並進不変性は自明ではない．我々が地球上で明らかにした物理法則が宇宙の遥か彼方の現象も説明できるということから，確認できることだ．

こう述べていくと，読者は「しかし，実際には等方性や並進不変性などはない．なぜなら，ここには私が居て，そこにはあなたが居て，後ろと前は違うし，こことそこは違う」と反論するかもしれない．その答は「物理法則」と「現実世界のもの

---

[5] スイスの物理学者で，パウリの排他律の発見やそれを通じた貢献から1945年にはノーベル物理学賞を受賞した．パウリの計算力は凄まじいものがあり，行列力学（ここでは無限次元の行列が扱われた）のまま方程式を解いてしまうほどであった．量子力学への応用の業績に高い注目が集まったパウリだが，このような数学の操作にも長けていた．また一方で，人間的にシニカルであったため，彼の前で行うセミナーは，その指摘の強烈さから緊張の連続だったと伝えられている．

の配置」との差にある．物理法則が等方的で並進不変でも，宇宙がべたっと一様な物質で満たされているとは限らない．それよりむしろ，一様でないさまざまな物質がある現在の宇宙の方が安定であるからこそ，今の宇宙と我々が存在する．このように，物理法則はある対称性をもっていても，それは現実世界で破れていることを「自発的対称性の破れ」とよぶ．こう書くと，何か当たり前のことを深淵そうに語っているように思われるかもしれないが，これを物理法則の内部対称性（直接に我々の空間に結びつかない対称性）に応用したのが，南部陽一郎氏のノーベル物理学賞受賞につながった理論であり，自然界の素粒子の多様性の理解へとつながる．

　物理に限らず何でもそうだが，多くの場合，新しい概念が全く突然に降って湧くものではないことを認識することが重要である．ここで扱ったのは力学の範疇にあるが，これから先に学ぶ解析力学では，この"対称性"と保存則の話題が現れてくる．

第 4 章　質点の運動

本章では力学法則をさまざまな質点運動に応用する．1 次元的な運動については，重力による加速，摩擦による減速，調和振動，減衰振動，自励振動，強制振動，パラメトリック振動などを論じ，2 次元以上の空間での運動として，重力場中の放物運動，3 次元調和振動子，万有引力のもとでの惑星運動，クーロン力による粒子散乱の軌道を論じる．また，拘束を受けた質点の運動をラグランジュ形式を導入して論じる．

§4.1　重力による加速

地上の物体は支えるものがなければ落下する．空気抵抗などがない条件で，重力のみによって物体に生じる運動のことを自由落下運動 (free fall motion) とよぶ．鉛直下向きに x 軸をとれば，初速度 0 で離した質点の位置 x は時間とともに増大する．

質点の速度 v は時刻 $t = 0$ で $v = 0$ であれば自由落下により物体は加速を続け

$$a = \frac{dv}{dt} = \frac{d^2 x}{dt^2} > 0, \tag{4.1}$$

その後 $t > 0$ で

$$v = \frac{dx}{dt} > 0. \tag{4.2}$$

運動法則によると，物体に生じた加速度 a は，引かれる力 F に比例し質量 m に反比例する．すなわち

$$a = \frac{F}{m} \tag{4.3}$$

であるが，自由落下運動における加速度は物体の質量や組成によらず一定であり，重力加速度 g と表記される．自由落下運動も第 1 章，第 3 章で扱った等加速度運動の一例であり，微分方程式

$$\frac{dv}{dt} = g \tag{4.4}$$

を変数分離した

$$dv = gdt \tag{4.5}$$

を積分することによって速度の時間変化がとらえられ，

$$\int_{v(0)}^{v(t)} dv = \int_0^t gdt = gt. \tag{4.6}$$

初期時刻 0 に初速度 $v(0)$ をもっていた物体が時刻 t にて到達する速度が

$$v(t) = v(0) + gt \tag{4.7}$$

と与えられる．この速度のもとで位置を求めるには

$$\frac{dx}{dt} = v(t)$$

の積分により

$$x(t) - x(0) = \int_{x(0)}^{x(t)} dx = \int_0^t v(t)dt = \frac{g}{2}t^2 + v(0)t \tag{4.8}$$

が得られる．これで初速度 $v(0) = 0$ とすれば落体の法則：式 (1.9)，式 (3.19) を表している．

§4.2　摩擦による減速

4.2.1　摩擦力の法則

接触した物体の間にはたらく摩擦 (friction) の力学は，15 世紀にレオナルド・ダ・ヴィンチ，17 世紀にギヨーム・アモントン，18 世紀にはシャルル・ド・クーロンによって，実験と考察を通して法則にまとめられていった．それらの法則をまとめると

- 摩擦力は垂直抗力に比例する．
- 摩擦力はみかけの接触面積に依らない．
- 動摩擦力は速度に依らず一定である．

摩擦のない物体運動についてのニュートンの法則は，物体の質量のみに依存するという普遍性があり，正確に成り立つ法則であるのに対して，摩擦力に関

する法則は物質の素材や組成のみならず湿度や温度などさまざまな要素に依存し，正確には成り立たない近似的法則である．しかし現象を理解するには，近似法則を論じることは重要なステップである．

4.2.2 静止摩擦と力のつり合い

二つの固体が面で接触しているとき，面の間にすべりを起こさせないようにはたらく力を静止摩擦力 (static frictional force) という．物体を水平な床に置き，外から大きさ F の力を水平に加えたとする．物体は床から垂直抗力 (normal force) N を受けて重力につり合う ($N = mg$) ため，鉛直方向については動きは生じない．

横向きに加えた力 F の大きさがある値 $F_{\max}$ 以下なら，摩擦力が逆向きにはたらき，物体はすべり出さない．この限界値を最大静止摩擦力 (maximum static friction) とよぶ．経験法則として最大静止摩擦力と垂直抗力の間には

$$F_{\max} = \mu_{\max} N \tag{4.9}$$

の比例関係がある．$\mu_{\max}$ はすべりにくさを表し静止摩擦係数 (coefficient of static friction) とよぶ．

斜面に置かれた物体の静止状態

水平から角度 θ だけ傾いた斜面に質量 m の物体を置く．斜面方向の力は $mg \sin\theta$，垂直抗力は $mg \cos\theta$ なので $mg \sin\theta < \mu_{\max} mg \cos\theta$ を満たしていると，物体は斜面上に静止している．静止状態を維持できる限界角度 $\theta_{\max}$ のことを最大傾斜角 (maximum angle of static friction) と呼び静止摩擦係数 $\mu_{\max}$ と

$$\tan\theta_{\max} = \mu_{\max} \tag{4.10}$$

で関係している．傾斜角が $\theta_{\max}$ よりも大きくなると物体はすべり出す．

4.2.3 動摩擦

物体が粗い面に接触しながら運動するとき，物体は運動と逆方向に動摩擦力 (kinetic friction) F' を受ける．その大きさは，速度に依らずほぼ一定である．動摩擦力も垂直抗力に比例する．

$$F' = \mu N. \tag{4.11}$$

μ を動摩擦係数 (coefficient of kinetic friction) という．一般に $\mu \leq \mu_{\max}$ である．

4.2.4 摩擦による減速運動

物体が水平な床の上を動摩擦力を受けて減速していく運動を考える．物体の運動を記述した運動方程式は

$$m\frac{dv}{dt} = -\mu mg \tag{4.12}$$

と表される．初速度が $v(0)$ であった物体が動摩擦力により減速していく様子は式 (4.12) を積分することによって

$$v(t) = v(0) - \mu g t \tag{4.13}$$

で表される．式自体は $t > v(0)/(\mu g)$ で速度が負の領域に入ることを意味している．ただし実際には $t = v(0)/(\mu g)$ において速度が 0 となった際に動摩擦力より大きい静止摩擦力

$$\mu_{\max} mg \geq \mu mg \tag{4.14}$$

がはたらくために，速度が 0 となった段階で物体は停止する（図 4.1）．

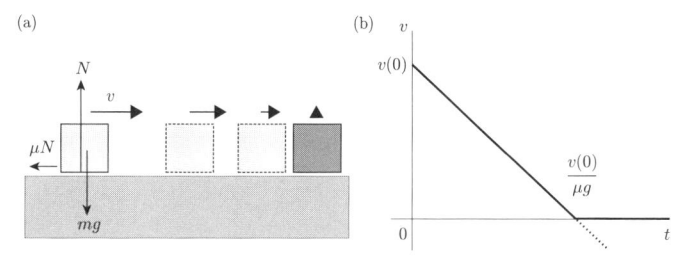

図 4.1　摩擦による減速と停止．(a) 実空間での運動．(b) 速度の時間変化．

4.2.5 摩擦によるエネルギー散逸

水平な動摩擦係数 μ の面上を質量 m の物体が初速度 $v(0)$ ですべり出し，やがて停止する状況を考えると，初期の運動エネルギー $mv(0)^2/2$ が摩擦によっ

§4.2 摩擦による減速

て失われたことになる．動摩擦力は μmg であり，移動距離は

$$l = \int_0^{t_1} v(t) dt = \int_0^{t_1} (v(0) - \mu g t) dt. \tag{4.15}$$

ここで t_1 は停止した時刻：

$$v(0) - \mu g t_1 = 0, \tag{4.16}$$

つまり $t_1 = v(0)/(\mu g)$．これを代入して $l = v(0)^2/(2\mu g)$．摩擦による仕事は

$$\mu m g l = \mu m g \frac{v(0)^2}{2\mu g} = \frac{m v(0)^2}{2}. \tag{4.17}$$

よって，初期の運動エネルギーは摩擦によって消失したことが確認される．

☐ 摩擦係数の差と重心位置

　静止摩擦係数が動摩擦係数より大きいことを利用して，棒の重心の位置を簡単にみつけることができる：まず棒の中心から十分離れた2点を両指で支え，その後，両指が触れる点まで近づけていけば，両指が触れる位置がおおむね重心になっている．なぜなら，重心から遠い方の指にかかる重さは反対側の指にかかる重さより小さいために垂直抗力も小さく，その側が先に最大静止摩擦力を超えて動き出す．動摩擦力は静止摩擦力よりも小さいので，動いた指はもう一方の指より中心に近づいて止まる．次にはもう一方の指が中心から遠くなり，相対的に垂直抗力が小さくなって動き出す．この繰り返しによって両方の指は順次重心に近づいていく．

　同様な過程によってコインの重心を紙の真上にもってくることができる．紙を二つ折りにして角にコインをのせる．図4.2に示すように，紙を少しずつ開いてゆくとコインの重心の位置が少しずつ移動して，紙の真上に来る．

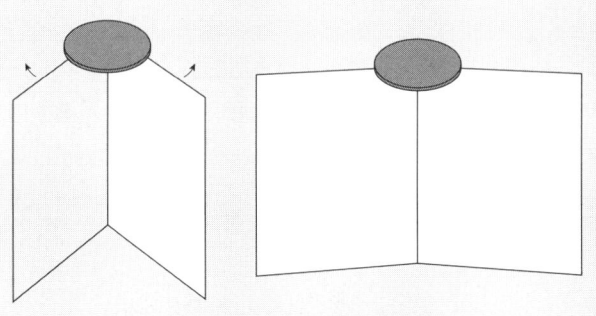

図4.2　コインの重心移動．

第4章　質点の運動

□　摩擦の原因

　摩擦はその原因について完全に理解されているわけではない．クーロンは表面の凸凹をのり越えるのに必要な力を摩擦力の起源と考えたが，現在広く受け入れられているのは凝着説である．すなわち：表面ででこぼこしていて，実際の接触面積はみかけの接触面積より非常に小さい．そこに，荷重がかかるので，二つの物体は一部凝着している．凝着を引き離すのに必要な力が摩擦力と考える．ミクロなスケールで凝着とその破壊など複雑な化学物理現象が摩擦に関わっている．また，硬い物体と違って，ゴムやプラスティックのような軟らかい物体では，単純な摩擦法則が成り立たず接触面積一定の場合，荷重の増加ともに摩擦係数が減少し，荷重一定の場合，接触面積の増加とともに摩擦係数が増加する．

□　摩擦を減らす方法

　固体と固体の接触面に油をあてると，油が固体どうしが直接接触することを防ぎ，静止摩擦を減らすはたらきがある．機械に潤滑油を差すのはそのためである．また，雪や氷の上でスキーやスケートをはくとよくすべる．ふつうの固体間の動摩擦係数は 0.2〜0.5 程度であるが，スキーと雪面では 0.05 程度，スケートと氷面では 0.005 程度と非常に小さい．これは 0 度以下でも氷の表面に非常に薄い水の膜が存在し，それが潤滑油の役割をして摩擦力を減らすためと考えられている．また，自動車の車輪と地面や列車の車輪とレールの間には，すべりがなくても回転を止める力がはたらく．転がり摩擦係数はすべり摩擦係数の 1/10 から 1/100 と非常に小さい．これが車輪の効用である．

§4.3　粘性抵抗と慣性抵抗による減速

4.3.1　粘性抵抗による減速

　空気や水のように，流動する物質を流体 (fluid) とよぶ．流体中を動く物体には抵抗力がはたらく．これを粘性抵抗 (viscous drag) という．物体の速度が小さいときは粘性抵抗は速度 v に比例することが知られている．1 次元運動の運動方程式は

$$F = -bv \tag{4.18}$$

となる．以下 1 次元の運動を論じる．粘性抵抗を受ける場合の運動方程式

§4.3 粘性抵抗と慣性抵抗による減速

$$m\frac{dv}{dt} = -bv \tag{4.19}$$

は第 1 章で扱ったように，変数分離によって

$$\frac{dv}{v} = -\frac{b}{m}dt, \tag{4.20}$$

これを積分して

$$\int_{v(0)}^{v(t)} \frac{dv}{v} = -\int_0^t \frac{b}{m}dt. \tag{4.21}$$

この解は

$$\log v(t) = \log v(0) - \frac{b}{m}t, \tag{4.22}$$

あるいは

$$v(t) = e^{\log v(t)} = e^{\log v(0) - (b/m)t} = v(0)e^{-(b/m)t} \tag{4.23}$$

となり，緩和時間 m/b で 0 に漸近する．

重力場中の雨滴の運動

雨滴のような小さな物体が空気の粘性と重力を受ける様子を運動方程式で表すと，

$$m\frac{dv}{dt} = mg - bv. \tag{4.24}$$

これを

$$\frac{dv}{dt} = -\frac{b}{m}(v - \beta) \tag{4.25}$$

と表すと，

$$\beta = \frac{mg}{b} \tag{4.26}$$

は重力と粘性抵抗がつり合うことによって最終的に到達する速度，つまり終端速度 (terminal velocity) を表す．なぜなら $u \equiv v - \beta$ とすると

$$\frac{du}{dt} = -\frac{b}{m}u \tag{4.27}$$

となり重力を受けない場合の運動方程式 (4.19) と同じように減衰 $u(t) = u(0)e^{-(b/m)t}$ を示し，最終的には 0 になるからである．

流体中をゆっくりと落下する半径 a の球体にはたらく抵抗力はストークスの法則 (Stokes' law) として

$$-bv = -6\pi a \eta v \tag{4.28}$$

で与えられることが知られている．ここで η は流体の粘性率である．霧雨のような小さな雨滴がこの式に従うとすると，終端速度は

$$\beta = \frac{mg}{6\pi a\eta} \tag{4.29}$$

となる．半径 a，密度 ρ の球体の質量は $m = \frac{4}{3}\pi a^3 \rho$ となるからこれを代入すると

$$\beta = \frac{2a^2 \rho g}{9\eta} \tag{4.30}$$

となり，終端速度は半径 a の 2 乗に比例する．

4.3.2 慣性抵抗による減速

粘性の大きな流体中での小さな物体のゆっくりした運動では，前項で述べたように流速に比例する粘性抵抗が主要になるが，粘性の小さな流体中での大きな物体，たとえば自動車や飛行機が受ける空気抵抗は主として流速の 2 乗に比例する慣性抵抗 (inertial resistance) が主要になる．

まず慣性抵抗が生じる原因を考える．高速 v で運動している断面積 S の物体に，微小時間 Δt にあたる空気の質量は，その密度を ρ として $\rho S v \Delta t$ となる．この空気の運動量は質量×速度 = $\rho S v^2 \Delta t$ で与えられる．この空気のかたまりが物体に衝突してほぼ速度がなくなると考えれば，この物体が受ける運動量変化は，質量を M，速度変化を Δv として

$$-M\Delta v \propto \rho S v^2 \Delta t. \tag{4.31}$$

ここで $A \propto B$ は「A が B に比例する」ということを表す．この比例定数を λ とおくと

$$M\frac{dv}{dt} = -\lambda \rho S v^2 \tag{4.32}$$

§4.3 粘性抵抗と慣性抵抗による減速

となり，速度の 2 乗に比例する抵抗が生まれることがわかる．ここで

$$\alpha \equiv \lambda \rho S / M \tag{4.33}$$

を慣性抵抗係数とよぶ．

重力による加速と慣性抵抗による減速

スカイダイビングにて落下する人が，重力による加速と空気による慣性抵抗を受けて一定の速さに漸近していく様子を議論しよう．その運動方程式は，速度の正方向を鉛直下向きにとって

$$\frac{dv}{dt} = g - \alpha v^2 \tag{4.34}$$

で与えられる．以下でこの微分方程式の解法を論じる．式 (4.34) の右辺は $\beta = \sqrt{g/\alpha}$ とおいて

$$g - \alpha v^2 = \alpha \left(\beta^2 - v^2 \right) = \alpha \left(\beta - v \right) \left(\beta + v \right). \tag{4.35}$$

これを代入し変数分離すると

$$\frac{dv}{(\beta - v)(\beta + v)} = \alpha dt. \tag{4.36}$$

ここで

$$\frac{1}{(\beta - v)(\beta + v)} = \frac{1}{2\beta} \left(\frac{1}{\beta - v} + \frac{1}{\beta + v} \right) \tag{4.37}$$

の関係を用いて，v は 0 から v まで，t は 0 から t まで積分すると

$$\int_0^v \frac{dv}{\beta - v} + \int_0^v \frac{dv}{\beta + v} = 2\alpha\beta \int_0^t dt. \tag{4.38}$$

この結果は

$$-\log(\beta - v) + \log(\beta + v) = 2\alpha\beta t. \tag{4.39}$$

これを e の肩にのせると

$$\frac{\beta + v}{\beta - v} = e^{2\alpha\beta t}. \tag{4.40}$$

113

これを v について解けば

$$v = \beta \frac{e^{2\alpha\beta t} - 1}{e^{2\alpha\beta t} + 1} \tag{4.41}$$

$$= \beta \frac{e^{\alpha\beta t} - e^{-\alpha\beta t}}{e^{\alpha\beta t} + e^{-\alpha\beta t}} \tag{4.42}$$

$$= \beta \tanh(\alpha\beta t). \tag{4.43}$$

ここで $\tanh A \equiv (e^A - e^{-A})/(e^A + e^{-A})$ は $A \to \pm\infty$ にて $\tanh A \to \pm 1$ となる（図 4.3）.

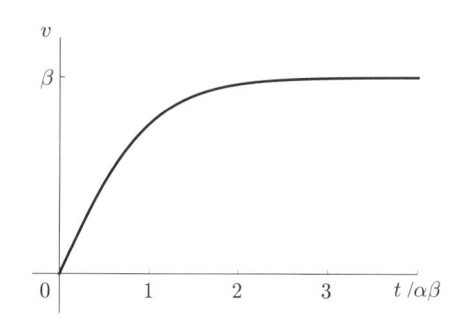

図 4.3 重力による加速と慣性抵抗による減速で実現する速度平衡.

終端速度

$$v = \beta = \sqrt{\frac{g}{\alpha}} \tag{4.44}$$

に向かう様子は

$$v = \beta \tanh(\alpha\beta t) \approx \beta(1 - 2e^{-2\alpha\beta t}) \tag{4.45}$$

と近似できることから，緩和時間 $1/(2\alpha\beta) = 1/(2\sqrt{g\alpha})$ で終端速度に漸近することがわかる．

双曲線関数

双曲線関数 (hyperbolic function) は指数関数の組み合わせで定義された関数で

$$\sinh x \equiv \frac{e^x - e^{-x}}{2}, \tag{4.46}$$

$$\cosh x \equiv \frac{e^x + e^{-x}}{2}, \tag{4.47}$$

$$\tanh x \equiv \frac{\sinh x}{\cosh x} = \frac{e^x - e^{-x}}{e^x + e^{-x}}, \tag{4.48}$$

で与えられる（図 4.4）．三角関数が複素変数の指数関数を使って

$$\sin x \equiv \frac{e^{ix} - e^{-ix}}{2i}, \tag{4.49}$$

$$\cos x \equiv \frac{e^{ix} + e^{-ix}}{2}, \tag{4.50}$$

$$\tan x \equiv \frac{\sin x}{\cos x} = \frac{1}{i}\frac{e^{ix} - e^{-ix}}{e^{ix} + e^{-ix}}, \tag{4.51}$$

と表すことができるのに対応している．

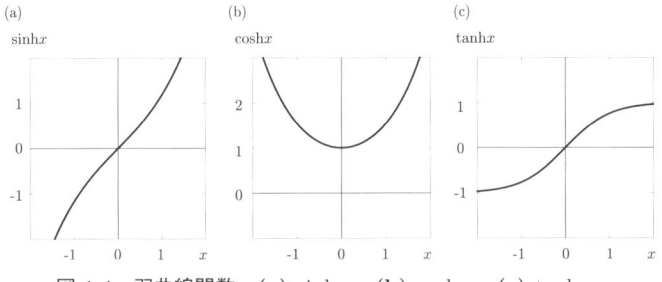

図 4.4　双曲線関数．(a) $\sinh x$. (b) $\cosh x$. (c) $\tanh x$.

§4.4　フックの法則と単振動，調和振動

バネは外力を受けないときには固有の長さ，自然長，平衡長 (equilibrium length) をとり，そこから伸ばしたり縮めたりすると，平衡位置に戻ろうとする力，復元力 (restoring force) が生まれる．17 世紀，ロバート・フックはバネの復元力が自然長からの変位 (displacement)，x に比例して

$$F = -kx \tag{4.52}$$

と近似できるとした（図 4.5）．これをフックの法則 (Hooke's law) とよぶ．ここで $k(>0)$ はバネの形状と物性によって決まるバネ定数 (spring constant) とよばれる係数である．

バネは伸びたら縮もうとし，縮んだら伸びようとすることに加えて物体に慣性があるために，質点は自然長（原点）のまわりを振動 (oscillation) する．以下ではフックの法則に従う質点の運動方程式とその解を論じる．

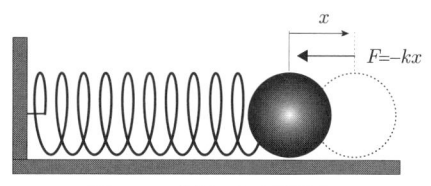

図4.5 バネによる復元力．

4.4.1 調和振動

ニュートンの法則とフックの法則を組み合わせることによって，バネにつながれた質量 m の物体の運動方程式は

$$m\frac{d^2 x}{dt^2} = -kx \tag{4.53}$$

の2階微分方程式 (second order differential equation) で表される．以下，$\omega^2 \equiv k/m$ とおいて，この運動方程式の解法を論じる．

線形2階微分方程式

2階微分方程式

$$\ddot{x} + \omega^2 x = 0 \tag{4.54}$$

の解を論じる．1階微分方程式を解くにあたって多用した変数分離法は，そのままでは2階微分方程式には使えない．ここでは線形2階微分方程式の解となっている関数をあてはめることから始めてその一般解を導く．

まず $x = \cos\omega t$ とおくと

$$\begin{aligned} x &= \cos\omega t, \\ \dot{x} &= -\omega \sin\omega t, \\ \ddot{x} &= -\omega^2 \cos\omega t = -\omega^2 x, \end{aligned} \tag{4.55}$$

となり，$x = \cos\omega t$ はこの微分方程式 (4.54) を満たしていることがわかる．また

§4.4 フックの法則と単振動，調和振動

$x = \sin\omega t$ とおくと

$$x = \sin\omega t,$$
$$\dot{x} = \omega\cos\omega t,$$
$$\ddot{x} = -\omega^2\sin\omega t = -\omega^2 x, \tag{4.56}$$

となり，これも微分方程式 (4.54) を満たしている．巻末の数学的補足（A.1 節）に示したように，「線形微分方程式の一般解は独立な解の線形結合で書ける」ことと「$\cos\omega t$ と $\sin\omega t$ が線形独立 (linearly independent) である」ことが成立するので，

$$x = A\cos\omega t + B\sin\omega t \tag{4.57}$$

が微分方程式 (4.54) の一般解となっている．これはすなわち定数 A と B を適当に選ぶことによって，この方程式の任意の解を表すことができることを意味する．

単振動，振動数，周期，振幅，位相

上で求めた 2 階微分方程式の解，式 (4.57) は

$$x = a\cos(\omega t + \delta) \tag{4.58}$$

という形で表すこともできる．なぜなら

$$x = a\cos(\omega t + \delta) \tag{4.59}$$
$$= a(\cos\omega t\cos\delta - \sin\omega t\sin\delta) \tag{4.60}$$
$$= A\cos\omega t + B\sin\omega t \tag{4.61}$$

となり (A, B) と (a, δ) は $A = a\cos\delta$ と $B = -a\sin\delta$ によって結ばれているからである．ここで a を振動の振幅 (amplitude)，δ を（初期）位相 (phase) とよぶ．この運動は 2 次元平面内を一定の速さで回転する円運動の一つの軸への射影ともなっている（図 4.6）．一般には振動現象はこのように単純ではなく，仮に周期的な振動であっても矩形波や三角波などさまざまな形態の振動があり得る．ここで示したようなサイン，コサインの正弦波 (sinusoidal wave) で表される振動のことを，特に単振動 (simple harmonic oscillation) あるいは調和振動 (harmonic oscillation) とよぶ．

ω は振動数 (frequency) とよばれる．この運動状態は，$\omega T = 2\pi$ で表される周期

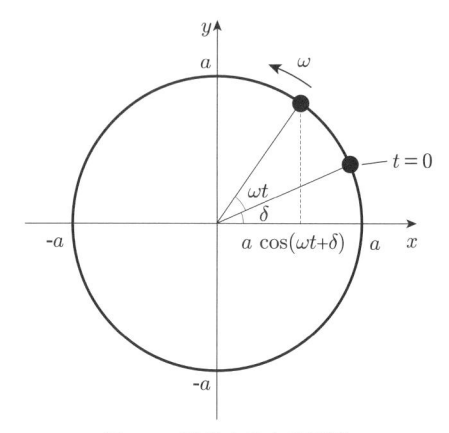

図 4.6　回転する点の射影.

$$T = \frac{2\pi}{\omega} \tag{4.62}$$

で元に戻る．バネの場合は $\omega = \sqrt{k/m}$ より

$$T = 2\pi\sqrt{\frac{m}{k}} \tag{4.63}$$

が導かれる．

4.4.2　単振り子

長さ l のひもに質量 m のおもりをくくりつけた単振り子 (simple pendulum) の運動を考える（図 4.7）．ひもは伸び縮みせず，重さが無視できるとする．運動方程式は振れ角 θ を用いて

$$ma_\theta = -mg\sin\theta, \tag{4.64}$$

と書ける．

2次元極座標における加速度に関する公式 (1.133) を用いて

$$-g\sin\theta = a_\theta = r\ddot{\theta} + 2\dot{r}\dot{\theta} = l\ddot{\theta}. \tag{4.65}$$

ここで振れ角，あるいは揺れの振幅が小さい場合を考えると

$$\lim_{\theta \to 0} \frac{\sin\theta}{\theta} = 1 \tag{4.66}$$

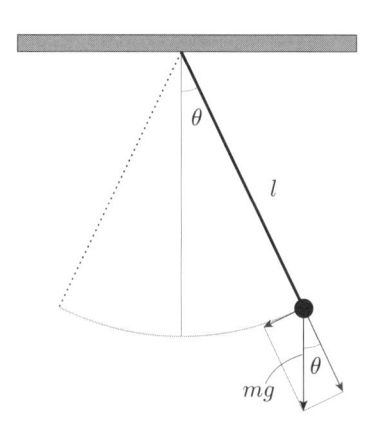

§4.4 フックの法則と単振動, 調和振動

図 4.7 振り子の運動.

から導かれる $|\theta| \ll 1$ での近似式

$$\sin\theta \approx \theta \tag{4.67}$$

をもちいて

$$l\ddot{\theta} \approx -g\theta \tag{4.68}$$

となる．したがって角度 θ は近似的に

$$\ddot{\theta} + \frac{g}{l}\theta = 0 \tag{4.69}$$

を満たし，単振動の式を得る．$\omega^2 = g/l$ とおくと周期 T は

$$T = 2\pi\sqrt{\frac{l}{g}} \tag{4.70}$$

となる．

　振り子の方程式の解からわかるように，振り子の周期はおもりの重さによらず，ひもの長さのみに依存する．また（振幅が小さい範囲で）周期が振幅に依らない．後者の特性のことを振り子の等時性 (isochronism) とよぶ．

　振動現象は身近な所に多くある．昔の柱時計には振り子がついていて，振り子振動が時間の刻みの単位になっていた．現在のクオーツ時計には水晶発振子が入っており，毎秒 $2^{15} = 3$ 万 2768 回振動するように設計されており，その

振動が 1 秒を決定している．音は空気の振動であり，地震波は地面の振動である．調和振動の運動方程式は，微視的な分子運動，巨大な構造物の振動など数多くの振動現象を論じる上で基本となる方程式である．

□ 電気回路の振動現象

通信に必要な電気的発振は，コイルとコンデンサで構成される LC 回路 (LC circuit)，共振回路 (resonant circuit) によって実現されている（図 4.8）．インダクタンス L のコイルの両端に生じる電位差 V はコイルを流れる電流 I_L から

$$L\frac{dI_L}{dt} = V \tag{4.71}$$

によって与えられる．

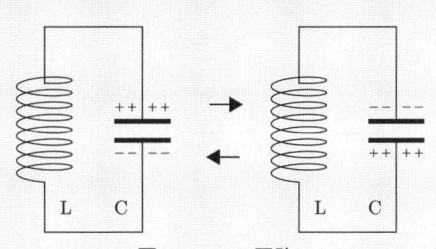

図 4.8 LC 回路．

静電容量 C のコンデンサの電荷 CV の変化によりコンデンサに電流 I_C が流れる：

$$C\frac{dV}{dt} = I_C. \tag{4.72}$$

キルヒホッフの法則によりコイルを流れる電流とコンデンサを流れる電流の和はゼロになる

$$I_L + I_C = 0. \tag{4.73}$$

よってこれらから，電流 $I = I_L(= -I_C)$ の従う微分方程式が得られる：

$$L\frac{d^2 I}{dt^2} + \frac{I}{C} = 0. \tag{4.74}$$

これは調和振動の式であり，電流は $\omega = 1/\sqrt{LC}$ で振動することがわかる．

§4.4 フックの法則と単振動，調和振動

■ 生態系の振動現象

振動は，力学現象や電気現象だけでなく，生態系や社会現象などさまざまな局面で見られる．動物生態学では，カナダオオヤマネコの個体数と野ウサギの個体数が10年程度の時間で振動することが知られている．野ウサギなどを捕食するオオヤマネコが増えると野ウサギが食べられて減少する．しかし野ウサギが減少するとオオヤマネコも食べ物がなくなって減少する．オオヤマネコが減少すると野ウサギの数は増加に転じる．このダイナミクスを数理化する．

被食者（食われる者，prey）の個体数を X，捕食者（食う者，predator）の個体数を Y とおく．ここで個体数は実数で近似する．被食者は草食動物で，環境悪化がなければ自然出生率に応じて $\frac{dX}{dt} = AX$ にてマルサス的，指数関数的に増殖する．ただし捕食者があるとその数に比例して食われるために個体数変化には $-BXY$ の減少効果が見込まれる．捕食者数 Y の増加率は被食者数に比例する $\frac{dY}{dt} = CXY$ と考えられるが，被食者がいなければ自然減少するので，個体数変化には $-DY$ の減少効果が含まれる．これらの効果を総合することによって連立微分方程式

$$\frac{dX}{dt} = (A - BY)X, \tag{4.75}$$

$$\frac{dY}{dt} = (CX - D)Y, \tag{4.76}$$

が得られる．この被食者捕食者個体数の発展方程式はこの方程式を提案したアルフレッド・ロトカとヴィト・ヴォルテラの名前にちなんでロトカ＝ヴォルテラ方程式 (Lotka–Volterra equation) とよばれ，振動解をもつことが知られている（図4.9）．

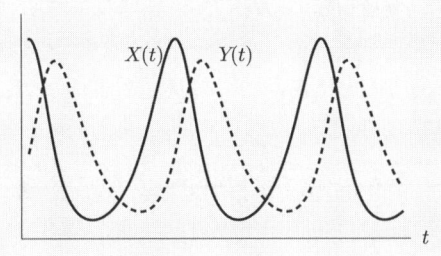

図 4.9 ロトカ＝ヴォルテラ方程式の解．実線：$X(t)$ 被食者（食われる者），破線：$Y(t)$ 捕食者（食う者）の個体数．

この非線形微分方程式は，保存量があるという特殊な性質をもっているが，ここでは簡単のため $\frac{dX}{dt} = \frac{dY}{dt} = 0$ を満たす不動点 $(X, Y) = (\frac{D}{C}, \frac{A}{B})$ からのずれ $(x, y) \equiv (X - \frac{D}{C}, Y - \frac{A}{B})$ のダイナミクスを線形化して議論する．$|x|$, $|y|$ が小さ

いとして $O(xy)$ の項を無視すると連立線形微分方程式

$$\frac{dx}{dt} = -\frac{BD}{C}y, \tag{4.77}$$

$$\frac{dy}{dt} = \frac{CA}{B}x, \tag{4.78}$$

が得られる．式 (4.77) を時間微分して，それに式 (4.78) を代入すれば，2 階微分方程式

$$\frac{d^2x}{dt^2} = -ADx \tag{4.79}$$

が得られるが，これはすなわち調和振動の式であり，被食者の個体数ゆらぎ x は $\omega = \sqrt{AD}$ で振動することがわかる．

捕食者の個体数のゆらぎ y は式 (4.77) により

$$y = -\frac{C}{BD}\frac{dx}{dt} \tag{4.80}$$

で与えられるので，y も x の振動に伴って同じ周期で振動することがわかる．被食者数の変動を $x = \cos\omega t$ とおいて式 (4.80) に代入すると

$$y \propto \sin\omega t = \cos\left(\omega t - \frac{\pi}{2}\right). \tag{4.81}$$

この結果から，y は x の振動に $\pi/2$ 遅れて追従することがわかる．これは「被食者数 X が増えればそれを受けて捕食者数 Y が増大し，また被食者数が減れば捕食者数も減少する」という状況を表している．

§4.5 減衰振動

現実のバネや振り子は，前節でみた調和振動の解のように永遠に振動を繰り返すことはなく，振幅はゆっくり減少し，最後には止まる．この減衰振動 (damped oscillation) を記述するために，バネ定数 k のバネにつながれた物体に $-2hv$ の粘性抵抗がはたらく状況を考える．すなわち

$$F = -kx - 2hv. \tag{4.82}$$

ニュートンの法則，フックの法則，粘性抵抗の式を組み合わせることによって，質量 m の物体の運動方程式は

§4.5 減衰振動

$$m\frac{d^2x}{dt^2} = -kx - 2h\frac{dx}{dt}. \tag{4.83}$$

両辺を m で割り右辺を左辺に移項すると

$$\ddot{x} + 2\gamma\dot{x} + \omega_0^2 x = 0, \tag{4.84}$$

ここで $\gamma \equiv h/m$, $\omega_0^2 \equiv k/m$. 以下ではこの微分方程式 (4.84) の解を論じる.

4.5.1 基本形への変換

微分方程式 (4.84) において解を $x = e^{-\gamma t}f(t)$ とおいて代入すると

$$\left(\ddot{f} - 2\gamma\dot{f} + \gamma^2 f + 2\gamma(\dot{f} - \gamma f) + \omega_0^2 f\right)e^{-\gamma t} = 0. \tag{4.85}$$

この結果 $\dot{f}$ が消えて単振動の式 (4.54) と似た式が得られる.

$$\ddot{f} + (\omega_0^2 - \gamma^2)f = 0. \tag{4.86}$$

この式の解を場合にわけて考える（図 4.10）.

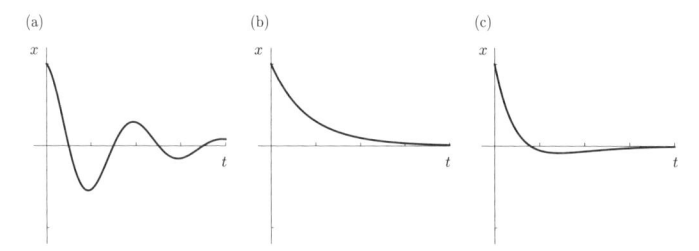

図 4.10　減衰振動の分類. (a) 減衰振動. (b) 過減衰. (c) 臨界減衰.

1. 減衰振動 (damped oscillation)
   粘性抵抗が小さく $\gamma < \omega_0$ を満たす場合は新たに $\omega_1 = \sqrt{\omega_0^2 - \gamma^2}$ という量を定義すれば, f の従う式 (4.86) は単振動の式 (4.54) と同じ

$$\ddot{f} + \omega_1^2 f = 0 \tag{4.87}$$

になるので解は $f = a\cos(\omega_1 t + \delta)$ で与えられる. したがってもとの解は

$$x(t) = ae^{-\gamma t}\cos(\omega_1 t + \delta). \tag{4.88}$$

振動の振幅は緩和時間 $1/\gamma$ で指数関数的 $(e^{-\gamma t})$ に減少する．結果として，振動数 $\omega_1 = \sqrt{\omega_0^2 - \gamma^2}$ は減衰がない場合の振動数 ω_0 より減少する．したがって周期 $T = 2\pi/\omega_1$ は長くなる．

2. 過減衰 (over-damping)

   粘性抵抗が大きく $\omega_0 < \gamma$ の場合は，f の従う式 (4.86) は

   $$\ddot{f} - \sigma^2 f = 0 \tag{4.89}$$

   となる．ここで $\sigma = \sqrt{\gamma^2 - \omega_0^2}$．$f = e^{\sigma t}$ も $f = e^{-\sigma t}$ もこの方程式を満たすため，一般解は $f = a_+ e^{\sigma t} + a_- e^{-\sigma t}$ で与えられる．したがってもとの解は

   $$x(t) = a_+ e^{-(\gamma - \sigma)t} + a_- e^{-(\gamma + \sigma)t} \tag{4.90}$$

   となり，異なる緩和時間 $1/(\gamma - \sigma)$ と $1/(\gamma + \sigma)$ で 0 に近づく二つの指数関数の和になる．第 2 項の方が速く減衰するので，時間が経過すると第 1 項が支配する．このような運動を過減衰という．空気中では振動をする振り子を水中にいれると振動せずに減衰する場合があるが，この解はそのような状態を表している．

3. 臨界減衰 (critical damping)

   減衰振動と過減衰のちょうど境目，$\gamma = \omega_0$ の場合は，f の従う式 (4.86) は

   $$\ddot{f} = 0 \tag{4.91}$$

   になるので，解は $f = at + b$ となる．したがってもとの解は

   $$x(t) = e^{-\gamma t}(at + b). \tag{4.92}$$

   これを臨界減衰という．

4.5.2 指数関数を使った解法

微分方程式 (4.84) において解を指数関数 (exponential function)，$x = ae^{\lambda t}$ とおく．ここで λ は一般に複素パラメータ (complex parameter) とする．

§4.5 減衰振動

複素変数の指数関数

指数関数の定義式 (1.35)

$$e^x \equiv 1 + x + \frac{x^2}{2!} + \frac{x^3}{3!} + \cdots + \frac{x^n}{n!} + \cdots$$

のなかに虚数単位 i, $(i^2 = -1)$ を導入し，虚数変数の指数関数 e^{ix} を導入する．

$$e^{ix} = 1 + ix + \frac{(ix)^2}{2!} + \frac{(ix)^3}{3!} + \frac{(ix)^4}{4!} + \frac{(ix)^5}{5!} + \cdots \tag{4.93}$$

$$= 1 - \frac{x^2}{2!} + \frac{x^4}{4!} + \cdots + i\left(\frac{x}{1!} - \frac{x^3}{3!} + \frac{x^5}{5!} + \cdots\right). \tag{4.94}$$

この実部と虚部は $\cos x$ および $\sin x$ のテイラー展開，

$$\cos x = 1 - \frac{x^2}{2!} + \frac{x^4}{4!} + \cdots, \tag{4.95}$$

$$\sin x = x - \frac{x^3}{3!} + \frac{x^5}{5!} + \cdots \tag{4.96}$$

に一致する．よって

$$e^{ix} = \cos x + i \sin x. \tag{4.97}$$

指数関数 $x = ae^{\lambda t}$ は上の級数による定義に則ると

$$e^{\lambda t} = 1 + \lambda t + \frac{1}{2!}(\lambda t)^2 + \cdots + \frac{1}{n!}(\lambda t)^n + \cdots \tag{4.98}$$

となるので，これを t について微分すると

$$\frac{d}{dt}e^{\lambda t} = \lambda + \lambda^2 t + \frac{1}{2!}\lambda^3 t^2 + \cdots + \frac{1}{n!}\lambda^{n+1}t^n + \cdots = \lambda e^{\lambda t} \tag{4.99}$$

が成り立つ．$x = e^{\lambda t}$ が式 (4.84)：

$$\ddot{x} + 2\gamma \dot{x} + \omega_0^2 x = 0$$

を満たすためには λ は 2 次方程式

$$\lambda^2 + 2\gamma \lambda + \omega_0^2 = 0 \tag{4.100}$$

を満たす必要がある．この2次方程式の解は，

$$\lambda = -\gamma \pm \sqrt{\gamma^2 - \omega_0^2}. \tag{4.101}$$

過減衰 $\gamma > \omega_0$ の場合は λ が実数となるために前項と同じ議論ができる．臨界減衰 $\gamma = \omega_0$ の場合も前項のように例外的に取り扱われる．

減衰振動条件 $\gamma < \omega_0$ の場合は $\omega_1 = \sqrt{\omega_0^2 - \gamma^2}$ を用いると，

$$\lambda = -\gamma \pm i\omega_1 \tag{4.102}$$

であり，解は

$$x = a_+ e^{-\gamma t + i\omega_1 t} + a_- e^{-\gamma t - i\omega_1 t} = e^{-\gamma t}\left(a_+ e^{i\omega_1 t} + a_- e^{-i\omega_1 t}\right). \tag{4.103}$$

虚数変数の指数関数より

$$x = e^{-\gamma t}\left\{(a_+ + a_-)\cos\omega_1 t + i(a_+ - a_-)\sin\omega_1 t\right\}. \tag{4.104}$$

係数 a_+ および a_- は一般に複素数であるが，運動方程式の解を実数とするために $A \equiv a_+ + a_-$ と $B \equiv i(a_+ - a_-)$ が実数になるように選び

$$x = e^{-\gamma t}\left(A\cos\omega_1 t + B\sin\omega_1 t\right) \tag{4.105}$$

とすれば，これが前節で求めた減衰振動の解 (4.88) を表していることがわかる．

$x(t)$ と $v(t) \equiv \dot{x}(t)$ の平面，あるいは位相空間 (phase space) で調和振動と減衰振動を追った場合の軌道は図 4.11 のようになる．

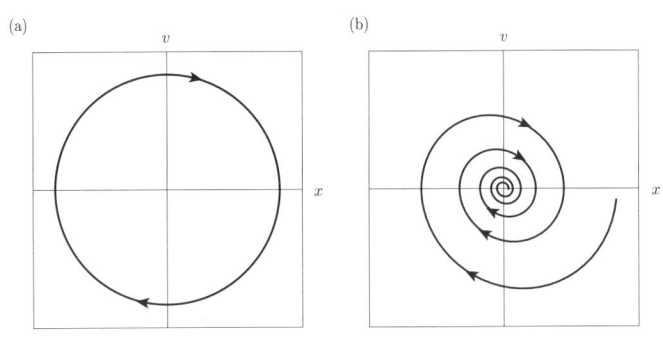

図 4.11　位相空間内の軌道．(a) 調和振動．(b) 減衰振動．

■ さまざまな減衰振動

体の調節機構にも減衰振動で近似できる現象がある．たとえば，インスリンによる血糖値の制御がある．血糖値からその最適値を引いた量を x とする．血糖値は組織による吸収を表す項 $-Ax$ と膵臓からでるインスリンの濃度 y（最適値から引いた量）により下がることを表す項 $-By$ により，$dx/dt = -Ax - By$ のように時間変化する．一方，インスリンの濃度変化は血糖値により増大することを表す項 Cx とある最適値に近づく効果を表す $-Dy$ の項により，$dy/dt = Cx - Dy$ と変化する．ただし，A, B, C, D はある定数である．2番目の式から得られる $x = (dy/dt + Dy)/C$ を1番目の式に代入して x を消去すると y の時間変化を示す式が

$$\frac{d^2 y}{dt^2} + (A+D)\frac{dy}{dt} + (AD+BC)y = 0 \tag{4.106}$$

となる．この式は，$A + D = 2\gamma, AD + BC = \omega_0^2$ とおくと，減衰振動の式 (4.84) と等価な式となっていることがわかる．

§4.6 強制振動

振り子の上端を水平に振動させるなどして，振動方向に外力を加えた場合の運動を強制振動 (forced oscillation) とよぶ．ここでは振動数 ω の正弦波振動外力を加えた場合を考える．

$$m\frac{d^2 x}{dt^2} = -kx + F_0 \sin \omega t. \tag{4.107}$$

強制振動外力 $F_0 \sin \omega t$ がある線形微分方程式は非斉次方程式，あるいは非同次方程式 (nonhomogeneous equation, inhomogeneous equation) とよび，ここではまずその特解を論じる．

この両辺を m で割って

$$\ddot{x} + \omega_0^2 x = f_0 \sin \omega t, \tag{4.108}$$

ここで $\omega_0^2 = k/m$, $f_0 = F_0/m$ である．解の形を $x(t) = a \sin \omega t$ と仮定して代入すると

$$a = \frac{f_0}{\omega_0^2 - \omega^2} \tag{4.109}$$

となる．外力の振動数が元の振動の振動数より大きいと $(\omega > \omega_0)\, a$ は負になる．これは外力と逆向きに振動することを表している．実際，振り子の上端を水平に速く振動させると，上端の振動と振り子の振動の動きが逆向きになっていることが容易に確認できる．振幅 $|a|$ は ω が ω_0 に近づくと増大し，$\omega = \omega_0$ で発散する．強制力の振動数を固有振動数に近づけると，大振幅の振動が誘起される．これを共鳴あるいは共振 (resonance) という．

強制振動外力 $F_0 \sin \omega t$ を除いた斉次方程式，あるいは同次方程式 (homogeneous equation) の解は，この場合は調和振動子の解 (4.57)：

$$x(t) = A\cos\omega_0 t + B\sin\omega_0 t$$

で与えられる。非斉次方程式の一般解は非斉次方程式の特解に斉次方程式の一般解を加えたもので与えられる：

$$x(t) = A\cos\omega_0 t + B\sin\omega_0 t + \frac{f_0}{\omega_0^2 - \omega^2}\sin\omega t. \qquad (4.110)$$

□ **さまざまな共鳴現象**

【例1：タコマ橋の落下事故】
　1940 年 7 月にアメリカ，ワシントン州で開通したタコマ橋はそれからわずか 4 カ月後の 11 月 7 日，たった風速 19m/s という風によってねじれ振動が生じ，その振幅が増大してケーブルが破断され，遂には落下してしまった．風速がある値を超えると橋のまわりに渦が周期的に発生することがある．この渦をカルマン渦とよび，渦が自発的に形成されるので渦励振ともよばれる（風が吹くと電線が振動して音が出るのもカルマン渦が原因とされる）．その渦から周期的な力が橋にかかり，橋が本来もつねじれ振動の周期と近くなり共振を起こしたと考えられている．

【例2：高層ビルの地震被害】
　2011 年 3 月 11 日東北地方太平洋沖地震において，震源から数百キロ離れた大阪は比較的揺れが小さく震度 3 程度だったにもかかわらず，地上 55 階大阪府庁咲洲庁舎では 3m もの横揺れが 10 分程度続き，天井や壁に 300 カ所以上被害が出た．ここの地盤が弱く地盤の揺れの周期が 6.5 秒と長くなり，高いビルと共振したためと考えられる．気柱や弦の振動と同様にビルが高くなれば共鳴振動数は低くなる．そのため，ガタガタ揺れる周期 1 秒程度の地震では低層の住宅の被害が大きく，周期が長くなると高層のビルが大きく揺れるようになる．

【例3：楽器と共鳴】
　多くのたて笛にはリードが付いており，息を吹くことにより渦励振が起こる．こ

れが振動外力となり，円筒形の笛の気柱の固有振動と共鳴して音が出る．バイオリンやギターなどの弦楽器も弦を弾くことにより振動外力が生成され，胴板および胴部の固有振動と共鳴して大きな音が出る．

4.6.1 振動の開始

$t=0$ まで静止していた質点に $t=0$ から共振振動数で $f_0 \sin\omega_0 t$ の強制振動外力をかけるときの質点運動を議論する．一般の振動数 ω での強制振動の一般解 (4.110) において初期条件

$$x(0) = A = 0, \tag{4.111}$$

$$\dot{x}(0) = B\omega_0 + \frac{f_0\omega}{\omega_0^2 - \omega^2} = 0, \tag{4.112}$$

を満たすようにすると

$$B = -\frac{\omega}{\omega_0}\frac{f_0}{\omega_0^2 - \omega^2} \tag{4.113}$$

となり，これを解に代入すると

$$x(t) = \frac{f_0}{\omega_0^2 - \omega^2}\left(\sin\omega t - \frac{\omega}{\omega_0}\sin\omega_0 t\right). \tag{4.114}$$

強制外力の振動数を $\omega = \omega_0 + \varepsilon$ として固有振動数に近づけること ($\varepsilon \to 0$) を考えると

$$x(t) = \frac{-f_0}{(2\omega_0+\varepsilon)\varepsilon}\left(\sin\omega_0 t\cos\varepsilon t + \cos\omega_0 t\sin\varepsilon t - \frac{\omega_0+\varepsilon}{\omega_0}\sin\omega_0 t\right). \tag{4.115}$$

分母，分子ともに ε について 1 次の項のみ残すことにして

$$\cos\varepsilon t \approx 1 - \frac{(\varepsilon t)^2}{2} \approx 1,$$

$$\sin\varepsilon t \approx \varepsilon t,$$

を使うと

$$x(t) = \lim_{\varepsilon\to 0}\frac{-f_0}{2\omega_0\varepsilon}\left(\varepsilon t\cos\omega_0 t - \frac{\varepsilon}{\omega_0}\sin\omega_0 t\right), \tag{4.116}$$

$$= -\frac{f_0}{2\omega_0}\left(t\cos\omega_0 t - \frac{\sin\omega_0 t}{\omega_0}\right). \tag{4.117}$$

第 1 項は強制振動により振幅が時間に比例して増大していく様子を表現している（図 4.12）．

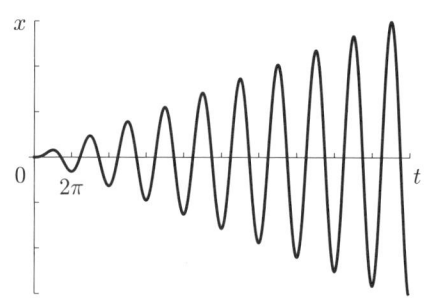

図 4.12 強制振動により振幅が時間に比例して増大していく様子.

4.6.2 減衰を伴う強制振動

粘性抵抗と強制力がともにはたらくと

$$\ddot{x} + 2\gamma\dot{x} + \omega_0^2 x = f_0 \sin\omega t. \tag{4.118}$$

解の形として

$$A\cos\omega t + B\sin\omega t \tag{4.119}$$

を仮定し $\cos\omega t$ と $\sin\omega t$ にかかる項が独立に等号を満たすことを要求すると

$$A = \frac{-2\gamma\omega f_0}{(\omega_0^2 - \omega^2)^2 + (2\gamma\omega)^2}, \tag{4.120}$$

$$B = \frac{(\omega_0^2 - \omega^2)f_0}{(\omega_0^2 - \omega^2)^2 + (2\gamma\omega)^2}, \tag{4.121}$$

と求まる.$x(t) = a\sin(\omega t - \delta)$ と書くと,

$$a = \frac{f_0}{\sqrt{(\omega_0^2 - \omega^2)^2 + (2\gamma\omega)^2}}, \ \tan\delta = \frac{2\gamma\omega}{\omega_0^2 - \omega^2}. \tag{4.122}$$

減衰があるために振幅は発散はしないが $\omega = \omega_0$ 付近で増大する(図 4.13).

振幅を最大化する振動数を共振振動数 ω_{res} とよぶ.これが最小になるのは

$$(\omega_0^2 - \omega^2)^2 + 4\gamma^2\omega^2 \tag{4.123}$$

が最小になる振動数で

$$\omega_{\mathrm{res}} = \sqrt{\omega_0^2 - 2\gamma^2}. \tag{4.124}$$

§4.7 【発展】パラメトリック振動

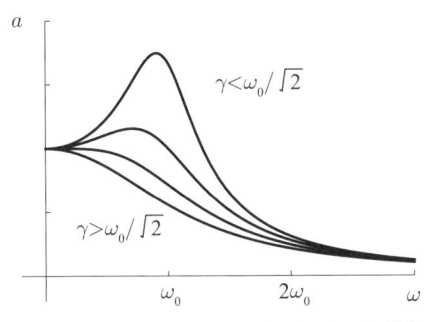

図 4.13 減衰を伴う強制振動. 振幅 a の強制振動の振動数 ω への依存性.

減衰のないとき ($\gamma = 0$) は $\omega = \omega_0$ であるが，γ が大きくなると少しずつ共振振動数が小さくなって行くとともに，振幅のピークは低くなり幅は広がる. $\gamma > \omega_0/\sqrt{2}$ になると，振幅が最大になるのは $\omega = 0$ となって，共振とよべるものはなくなる.

ここでは強制振動に由来する解を議論したが，一般には式 (4.118) の右辺をゼロとした斉次方程式の一般解を加えたものが解となる. ただし一般解は $\gamma > 0$ において減衰振動を表しており，長時間経つと消滅する.

§4.7 【発展】パラメトリック振動

ブランコをこぐときにはひざを伸ばしたり縮めたりして重心を変動させる. これは主に動径方向に力を加える運動で，回転方向に力を加える強制振動とは異なるタイプの操作である. 回転軸から重心への距離や重力によって決まる振動数というパラメータ (parameter) を変調させる共振という意味で，パラメトリック振動 (parametric oscillation) とよばれる.

4.4.2 項でみたように，振り子の運動は傾き角 θ が小さい極限で式 (4.69) に従う. 振動数を ω_0 とおくと

$$\frac{d^2\theta}{dt^2} + \omega_0^2 \theta = 0 \tag{4.125}$$

と表される. パラメトリック振動を論じる準備として，まずこの 2 階微分方程式を 2 変数の 1 階微分方程式に書き換える.

4.7.1 2変数の1階微分方程式

まず θ, $d\theta/dt$ の2変数からなるベクトルを

$$\boldsymbol{x} \equiv \begin{pmatrix} \theta \\ d\theta/dt \end{pmatrix} \tag{4.126}$$

で表すと，微分方程式 (4.125) は2行2列の行列

$$A \equiv \begin{pmatrix} 0 & 1 \\ -\omega_0^2 & 0 \end{pmatrix} \tag{4.127}$$

を用いて

$$\frac{d\boldsymbol{x}}{dt} = A\,\boldsymbol{x} \tag{4.128}$$

と表すことができる．初期状態を $\boldsymbol{x}(0)$ とおくと，その系の時間発展は行列の指数関数を用いて

$$\boldsymbol{x}(t) = \exp{(At)}\,\boldsymbol{x}(0) \tag{4.129}$$

で与えられる．

行列の指数関数

正方行列 A の指数関数を無限級数

$$\exp{(At)} \equiv I + At + \frac{A^2 t^2}{2!} + \frac{A^3 t^3}{3!} + \cdots + \frac{A^n t^n}{n!} + \cdots \tag{4.130}$$

で定義する．ここで At は行列 A の各要素を実数 t 倍したものであり，I は単位行列で 2×2 行列の場合は

$$I \equiv \begin{pmatrix} 1 & 0 \\ 0 & 1 \end{pmatrix}. \tag{4.131}$$

この行列の指数関数を時間微分すると

$$\begin{aligned}\frac{d}{dt}\exp{(At)} &= A + A^2 t + \frac{A^3 t^2}{2!} + \cdots + \frac{A^n t^{n-1}}{(n-1)!} + \cdots \\ &= A\exp{(At)}\end{aligned} \tag{4.132}$$

が成り立つ．

§4.7 【発展】パラメトリック振動

行列 A が式 (4.127) で表される場合には

$$A^2 \equiv \begin{pmatrix} 0 & 1 \\ -\omega_0^2 & 0 \end{pmatrix} \begin{pmatrix} 0 & 1 \\ -\omega_0^2 & 0 \end{pmatrix} = \begin{pmatrix} -\omega_0^2 & 0 \\ 0 & -\omega_0^2 \end{pmatrix} = -\omega_0^2 I \quad (4.133)$$

が成り立つため,状態の変換 $\boldsymbol{x}(t) = F\boldsymbol{x}(0)$ を決定する写像 F は

$$\begin{aligned} F(t) &= \exp(At) \\ &= I\left(1 - \frac{(\omega_0 t)^2}{2!} + \frac{(\omega_0 t)^4}{4!} + \cdots\right) + \frac{A}{\omega_0}\left(\omega_0 t - \frac{(\omega_0 t)^3}{3!} + \frac{(\omega_0 t)^5}{5!} + \cdots\right) \\ &= I\cos\omega_0 t + \frac{A}{\omega_0}\sin\omega_0 t \\ &= \begin{pmatrix} \cos\omega_0 t & \omega_0^{-1}\sin\omega_0 t \\ -\omega_0\sin\omega_0 t & \cos\omega_0 t \end{pmatrix}. \end{aligned} \quad (4.134)$$

よって周期運動をすることがわかる.特に 1 周期

$$t = T_0 \equiv \frac{2\pi}{\omega_0} \quad (4.135)$$

において写像は単位行列

$$F(T_0) = \exp(AT_0) = I \quad (4.136)$$

で表され,状態 $\boldsymbol{x}$ は変化しない.これは状態が 1 周期で元に戻ったことに対応する.

4.7.2 パラメトリック振動

振り子の振動数 ω_0 は回転軸からおもりの位置までの距離 l と重力加速度 g によって $\omega_0 = \sqrt{g/l}$ と決まる.ブランコをこぐときにはひざを伸び縮みさせて重心の位置を変化させて固有振動数 ω_0 を(外部)周期 T で変調させている(図 4.14).ここではその状況を単純化して振動数 ω_0 に微小量 ε の変動を与え,

$$\omega(t) = \begin{cases} \omega_2 = \omega_0(1+\varepsilon), & \text{for } 0 < t \leq T/2, \\ \omega_1 = \omega_0(1-\varepsilon), & \text{for } T/2 < t \leq T, \end{cases} \quad (4.137)$$

これを周期 T で繰り返すことを考える[1]).

---
[1]) V.I. Arnold, *Ordinary differential equations.* The MIT Press (1978) pp.199–208.

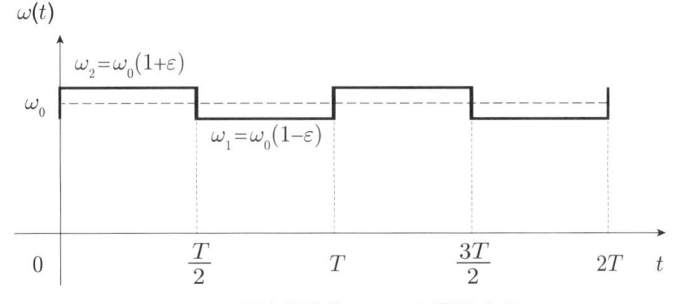

図 4.14　固有振動数 $\omega(t)$ の周期的変調.

状態 $\boldsymbol{x}$ は，はじめの半周期 $(0 < t \leq T/2)$ では振動数 $\omega_2 = \omega_0(1+\varepsilon)$ で変化し，のちの半周期 $(T/2 < t \leq T)$ では振動数 $\omega_1 = \omega_0(1-\varepsilon)$ で変化するので，外部周期 T における状態変化の写像は

$$F = F_{\omega_1}(T/2) F_{\omega_2}(T/2)$$

$$= \begin{pmatrix} \cos\omega_1 T/2 & \omega_1^{-1}\sin\omega_1 T/2 \\ -\omega_1 \sin\omega_1 T/2 & \cos\omega_1 T/2 \end{pmatrix} \begin{pmatrix} \cos\omega_2 T/2 & \omega_2^{-1}\sin\omega_2 T/2 \\ -\omega_2 \sin\omega_2 T/2 & \cos\omega_2 T/2 \end{pmatrix}$$

$$= \begin{pmatrix} \cos\omega_0 T + a & \omega_0^{-1}(\sin\omega_0 T + b) \\ -\omega_0(\sin\omega_0 T + c) & \cos\omega_0 T + d \end{pmatrix} \tag{4.138}$$

で与えられる．ここで振動数変調による影響 a, b, c, d を ε で展開して最初の項を残し，さらに $\sin\varepsilon\omega_0 T \approx \varepsilon\omega_0 T, \cos\varepsilon\omega_0 T \approx 1$ の近似を入れると

$$a \approx -d \approx -\varepsilon(1 - \cos\omega_0 T), \tag{4.139}$$

$$b \approx -c \approx \varepsilon^2 \omega_0 T, \tag{4.140}$$

で与えられる．

この 1 周期写像 F の固有値の絶対値が 1 より大きくなるなら，状態 $\boldsymbol{x}$ がパラメータ変調の周期 T ごとに大きくなっていくことができる．それは振り子の運動が大きくなっていくことを意味する．写像の固有値 λ は

$$\det |F - \lambda I| = 0 \tag{4.141}$$

の解として与えられる．振動数変調がない，つまり $\varepsilon = 0$ の場合，固有値は

$$\lambda = \cos\omega_0 T \pm i \sin\omega_0 T \tag{4.142}$$

となって $|\lambda|=1$ である.それは状態 $\boldsymbol{x}$ が中立安定状態 (marginal stability) をとることを意味する.

微小な振動数変調がある場合 $(0<|\varepsilon|\ll 1)$ の固有値は

$$\lambda \approx \cos\omega_0 T \pm \sqrt{a^2+b^2-\sin^2\omega_0 T} \tag{4.143}$$

$$\approx \cos\omega_0 T \pm \sqrt{\varepsilon^2\left(1-\cos\omega_0 T\right)^2+\varepsilon^4\omega_0^2 T^2-\sin^2\omega_0 T}. \tag{4.144}$$

特に

$$T=\frac{n\pi}{\omega_0}=\frac{nT_0}{2} \tag{4.145}$$

においては $\sin\omega_0 T=0, \cos\omega_0 T=(-1)^n$ となることから,式 (4.144) の右辺第 2 項の平方根が実数となり,固有値の一つは絶対値が 1 を超える(図 4.15).これは,振り子の周期 T_0 の $n/2$ 倍の周期 T でパラメータを揺らすと系は共振することを意味する.この $n=1$ のケースは,ブランコが 1 往復する間に重心を 2 回上下させる(片道進む間に重心を 1 回振動させる)ことに相当する.

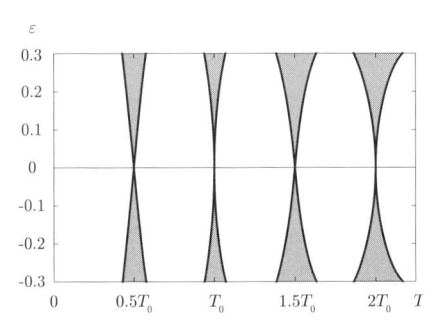

図 4.15 パラメトリック振動の不安定領域.振動数変調の周期 T とその強度 ε のもとで写像の固有値の絶対値が 1 を超える ($|\lambda|>1$) 不安定領域を灰色で示した.

§4.8 【発展】自励振動

コイルとコンデンサで構成される LC 回路は振動現象を起こし,電子状態の変化は式 (4.74) でみたように調和振動で近似できる.ただし現実には回路に抵抗があるために RLC 回路となって,電流 I の時間変化は微分方程式

$$L\frac{d^2 I}{dt^2}+R\frac{dI}{dt}+\frac{I}{C}=0 \tag{4.146}$$

で表される．ここで L はコイルのインダクタンス，C はコンデンサの静電容量，R は抵抗である．これは 4.5 節で議論した減衰項の入った振動の方程式 (4.84)：

$$\ddot{x} + 2\gamma \dot{x} + \omega_0^2 x = 0$$

と同形で $\omega_0 = 1/\sqrt{LC}$, $\gamma = R/2L$ と対応しており，抵抗 R が減衰を引き起こしていることがわかる．この電気振動を通信に利用するためには，外部からエネルギーを注入して振動を継続させる必要がある．

式 (4.84) における減衰定数 (damping constant)γ を負にとることができれば $(2\gamma = -\mu < 0)$，振幅はむしろ時間とともに増大していくことになる．これは RLC 回路において抵抗が負となることを意味して「負性抵抗 (negative resistance)」とよばれる．式のとおりならエネルギーは増加してやがて電流は発散してしまうことになる．現実に負性抵抗を実現するには増幅回路が必要で，そのエネルギー供給が有限であることから電流は有限の振幅に止まる．負性抵抗 μ のもとでも，振幅 x が大きくなりすぎれば減衰が起こる様子を表現するために $2\gamma = -\mu + x^2$ とおいたもの

$$\ddot{x} - (\mu - x^2)\dot{x} + \omega_0^2 x = 0 \tag{4.147}$$

をファン・デル・ポール振動子 (van der Pol oscillator) とよぶ (非線形項 x^2 を $\dot{x}^2$ とおき換えたものもある)．この方程式は正の抵抗 ($\mu < 0$) の範囲では減衰振動を示し $x = 0$ が安定解になるが，負性抵抗 ($\mu > 0$) になると有限振幅の解が安定に存在する．μ が小さい範囲では単振動の解

$$x(t) \approx a \sin \omega_0 t \tag{4.148}$$

がよい近似になっている．

負性抵抗によるエネルギー供給と有限振幅 x の振動による減衰がつり合うための条件は，長時間平均 $\overline{A}$ を通して

$$\overline{\mu - x^2} = \mu - a^2 \overline{\sin^2 \omega_0 t} \tag{4.149}$$

$$= \mu - \frac{a^2}{2} = 0 \tag{4.150}$$

が成り立つことであり，よって

$$a \approx \sqrt{2\mu} \tag{4.151}$$

§4.8 【発展】自励振動

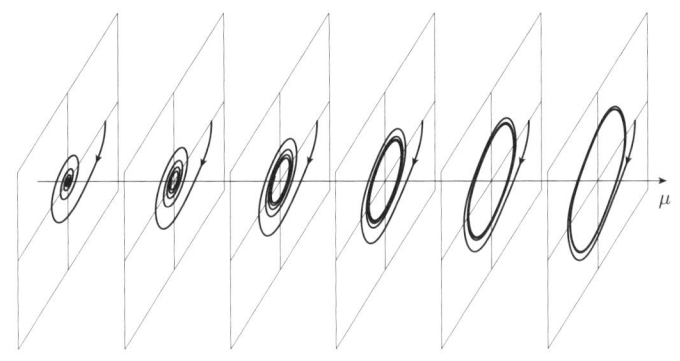

図 4.16 ファン・デル・ポール振動子．パラメータ μ が変わることによって安定固定点が安定振動解に移る様子 ($\mu = -0.2, -0.1, 0, 0.1, 0.2, 0.3$)．軌道平面は $x, \dot{x}$ の位相平面．

を満たす（図 4.16）．この発振回路のように，エネルギーを供給することによって系固有の振動が安定に維持される系のことを自励振動子 (autonomous oscillator) とよぶ．

□ さまざまな自励振動

自励振動は電気振動以外にもさまざまな現象の中でみられる．弦の振動は複雑ではあるが，その基本は復元力と慣性力の競合によって平衡位置のまわりを振動するというものでありバネの振動に共通したものがある．バイオリンの弦をつまんで放したあとに音が小さくなっていく様子は減衰振動に対応する．バイオリンで弓を引いて音が出つづけるのは，エネルギーを供給することで弦の固有の振動を維持することができているからである．

化学反応でみられる自励振動にはベルーゾフ＝ジャボチンスキー反応 (Belousov–Zhabotinsky reaction) がある．化学反応の基本は緩和現象であり無機化学反応に振動がみられるとは思われていなかったが，ロシアの化学者ボリス・パブロビッチ・ベルーゾフはクエン酸回路の振動を求めて実験を試みた結果，周期的に変化する化学反応を発見した．当時の常識を覆すこの研究報告は査読者に受け入れられず，正式な論文にはならなかったが，後にアナトール・ジャボチンスキーが検証を行うことによって事実として確立されるに至った．その後数理研究者たちは，この化学反応の連鎖を連立微分方程式で記述し，振動を再現することに成功している．

自励振動は生命現象の中にも遍在する．たとえば心臓の右心房にある洞房結節の細胞群は自励発振を行って心拍のリズムを生み出している．また，多くの生物は概日（がいじつ）リズム（サーカディアンリズム：circadian rhythm）とよばれる

固有のリズムをもっていて，昼夜の明暗のリズムが無くても 24 時間近くの周期で活動の変化を示す．ほ乳類では脳内の視交叉上核 (suprachiasmatic nucleus; SCN) とよばれる神経核の神経細胞は，分離しても 24 時間近くの周期的活動変化を示すことが知られている．脳神経系の活動にもさまざまなレベルの振動が計測されており，振動が脳の情報処理に果たす役割についての議論も盛んに行われている．このような自励振動子が相互作用することで起こる共同現象については，数理的記述を縮約した蔵本モデル (Kuramoto model) のような洗練された数理モデルを用いて現象の普遍的特性を追求する研究が行われている．

§4.9　一様重力場中の 2 次元放物運動

これまでの節では 1 次元の質点運動を議論してきたが，ここから 2 次元以上の空間上の質点運動を論じる．地表から空中に物体を投げ上げたときの物体の運動を放物運動 (parabolic motion) という．ここでは物体を斜めに投げ上げるとして，物体を質点とみなしてその軌跡を含む平面の 2 次元座標をとる（図 4.17）．

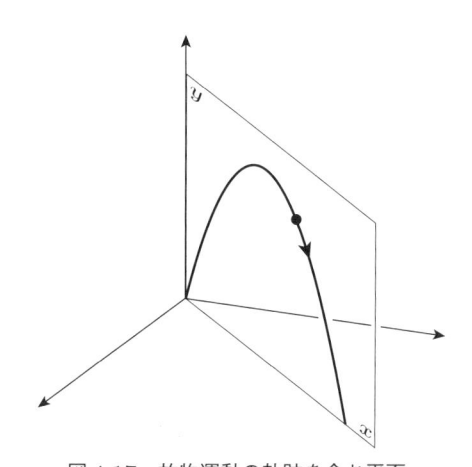

図 4.17　放物運動の軌跡を含む平面．

水平方向と鉛直方向の速度成分をそれぞれ v_x, v_y とすると，水平方向には重力がはたらかず鉛直方向には下向きに重力がはたらくので

$$\frac{dv_x}{dt} = 0, \tag{4.152}$$

§4.9 一様重力場中の2次元放物運動

$$\frac{dv_y}{dt} = -g, \tag{4.153}$$

となり，それぞれを変数分離で解くと

$$\frac{dx}{dt} = v_x(t) = \frac{dx}{dt} = v_x(0), \tag{4.154}$$

$$\frac{dy}{dt} = v_y(t) = v_y(0) - gt. \tag{4.155}$$

位置は初期位置を $x(0) = 0$, $y(0) = 0$ とすると

$$x(t) = v_x(0)t, \tag{4.156}$$

$$y(t) = v_y(0)t - \frac{g}{2}t^2, \tag{4.157}$$

のように求まる．

式 (4.156), 式 (4.157) は，1.7 節でみたサイクロイドと同様，位置 x と y が時間 t とともに変化する様子を記述した媒介変数表示である．サイクロイドに関しては媒介変数を消去することが困難であったが，この放物運動については，$x = x(t)$ と $y = y(t)$ から媒介変数 t を消去して質点の軌跡を x と y のあらわな関係式として表現することができる．

ここでは式 (4.156) から $t = x/v_x(0)$ とおいて式 (4.157) に代入すれば

$$y = v_y(0)t - \frac{g}{2}t^2 = \frac{v_y(0)}{v_x(0)}x - \frac{g}{2v_x^2(0)}x^2 \tag{4.158}$$

と x–y 平面内の放物線の式として求まる（図 4.18）．

これは，y と x の関係を合成関数の微分を用いて

$$\frac{dy}{dx} = \frac{dy}{dt}\frac{dt}{dx} = \frac{\frac{dy}{dt}}{\frac{dx}{dt}} = \frac{v_y(0) - gt}{v_x(0)} = \frac{v_x(0)v_y(0) - gx}{v_x^2(0)} \tag{4.159}$$

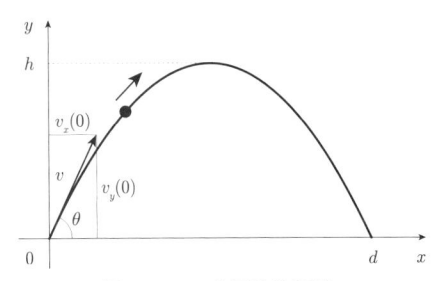

図 4.18 2次元放物運動.

としてこれを積分しても求まる．

高さが最大になる水平位置は $dy/dx = 0$ を満たす $x = v_x(0)v_y(0)/g$ で与えられ，そのときの高さは

$$y = \frac{v_y(0)^2}{2g} \tag{4.160}$$

となり，鉛直方向の初速度 $v_y(0)$ で決まっている．水平方向の到達距離 d は $y=0$ を与える x のうち 0 でない解 $2v_x(0)v_y(0)/g$ である．初速度の大きさを v，投げ上げの角度を θ とすると

$$d = \frac{2v^2 \sin\theta \cos\theta}{g} = \frac{v^2 \sin 2\theta}{g}. \tag{4.161}$$

よって，与えられた初速度の大きさのもとで水平方向の到達距離を最大化する投げ上げの角度は $\theta = \pi/4$，すなわち 45 度である．最大到達距離を出す角度で投げ上げれば，投げ上げ角度に多少の誤差があっても到達距離に誤差が生じにくい（図 4.19）．

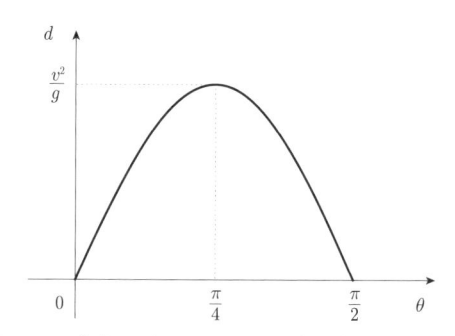

図 4.19 放物運動到達距離の投げ上げ角への依存性．

§4.10　3次元調和振動子

位置 $\boldsymbol{r}$ にある質点に，原点に向かう力

$$\boldsymbol{F} = -k\boldsymbol{r} \tag{4.162}$$

がはたらく系の運動を論じる．この力は中心力であるために角運動量が保存され，運動は質点の速度ベクトルと原点を含む平面内にとどまる（図 4.20）．

§4.10 3次元調和振動子

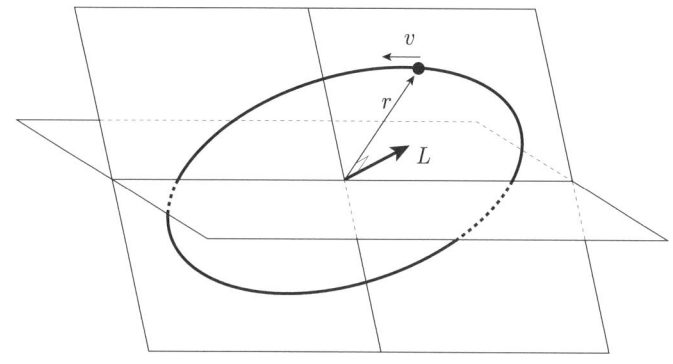

図 4.20 3次元調和振動子の角運動量と質点の運動平面.

その平面内に直交座標系 (x, y) をとると，質点の運動方程式は x 成分および y 成分について独立に

$$m\ddot{x} = -kx, \tag{4.163}$$

$$m\ddot{y} = -ky, \tag{4.164}$$

と与えられて，それぞれ $\omega = \sqrt{k/m}$ の振動数の調和振動子となっており，解はそれぞれ

$$x = a_x \cos(\omega t + \delta_x), \tag{4.165}$$

$$y = a_y \cos(\omega t + \delta_y), \tag{4.166}$$

と表すことができる．ここで a_x, a_y および δ_x, δ_y は各成分の振幅と位相である．

以下，この質点の平面での運動 $(x(t), y(t))$ がどのように見えるかを論じる．式 (4.165)，式 (4.166) を変形すると

$$\frac{x}{a_x} = \cos\omega t \cos\delta_x - \sin\omega t \sin\delta_x, \tag{4.167}$$

$$\frac{y}{a_y} = \cos\omega t \cos\delta_y - \sin\omega t \sin\delta_y, \tag{4.168}$$

これをさらに変形して

$$\frac{x \sin\delta_y}{a_x} - \frac{y \sin\delta_x}{a_y} = \cos\omega t \sin(\delta_y - \delta_x), \tag{4.169}$$

$$\frac{x \cos\delta_y}{a_x} - \frac{y \cos\delta_x}{a_y} = \sin\omega t \sin(\delta_y - \delta_x). \tag{4.170}$$

これらを2乗し，辺々加えて時間 t を消去することによって軌道の形が得られる：

$$\frac{x^2}{a_x^2} - 2\frac{x}{a_x}\frac{y}{a_y}\cos(\delta_y - \delta_x) + \frac{y^2}{a_y^2} = \sin^2(\delta_y - \delta_x). \tag{4.171}$$

まず $\delta_y = \delta_x$ の場合には式 (4.171) は

$$\frac{x^2}{a_x^2} - 2\frac{x}{a_x}\frac{y}{a_y} + \frac{y^2}{a_y^2} = \left(\frac{x}{a_x} - \frac{y}{a_y}\right)^2 = 0 \tag{4.172}$$

となり直線 $y = (a_y/a_x)x$ となる．

より一般に $\delta_y \neq \delta_x$ の場合は，x–y 軸に対して角度 ϕ だけ傾いた X–Y 座標系を導入する：

$$x = X\cos\phi - Y\sin\phi, \tag{4.173}$$

$$y = X\sin\phi + Y\cos\phi, \tag{4.174}$$

角度 ϕ を X–Y 交叉項が消えるように調整することで，楕円の標準形

$$\frac{X^2}{a^2} + \frac{Y^2}{b^2} = 1 \tag{4.175}$$

に書き換えることができる．

以上から，3次元調和振動子の描く軌道は原点を中心とする楕円である（特殊な場合として直線を含む）ことがわかる（図 4.21）．これは 1.6 節で論じた「原点を楕円の中心とする軌道を描く点粒子」に相当する．

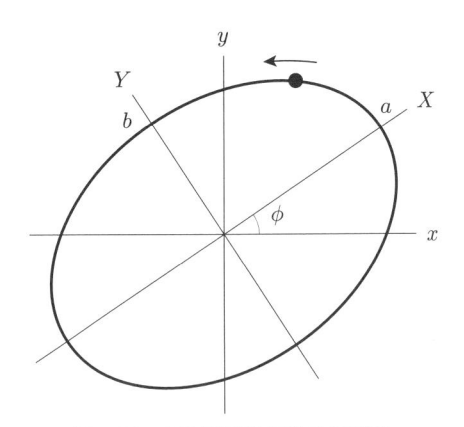

図 **4.21** **3**次元調和振動子の軌道．

§4.11 万有引力のもとでの惑星の運動

第1章ではケプラーの法則から惑星の加速度を導いた．本節ではその逆をたどり，ニュートンの万有引力の法則と運動法則から，ケプラーの法則が導かれることを示す．

質量 m の惑星が太陽のまわりを回っている状況を考える．ニュートンの万有引力の法則によると惑星は太陽に向かう方向に，距離の2乗に反比例した力

$$F = -m\frac{H}{r^2} \tag{4.176}$$

を受けている．H は式 (3.100) でみたように，太陽の質量と万有引力定数の積 $H = GM_\odot$ で与えられる．太陽を座標の原点にとればこの力は中心力であるために，原点のまわりの角運動量が保存され，運動は質点の速度ベクトルと原点を含む平面内にとどまる（図 4.22）．以下，その平面内で惑星運動を論じる．

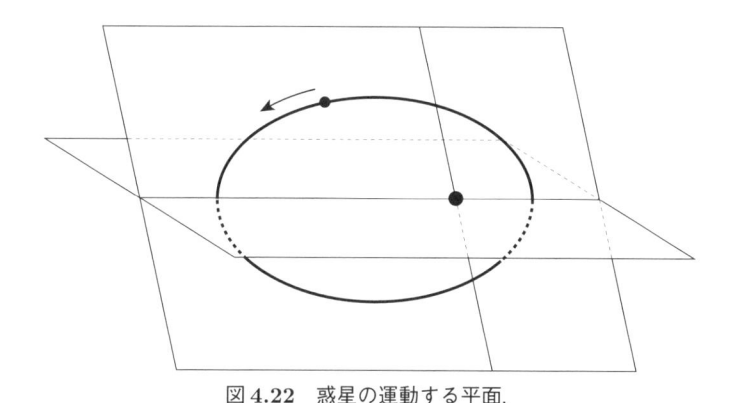

図 4.22 惑星の運動する平面．

惑星に生じる加速度を平面極座標成分に分けて

$$\boldsymbol{a} = a_r \boldsymbol{e}_r + a_\theta \boldsymbol{e}_\theta$$

と表すと，引力が中心力であるから θ 方向には加速度が生じない：

$$a_\theta = r\ddot{\theta} + 2\dot{r}\dot{\theta} = \frac{1}{r}\frac{d}{dt}\left(r^2\dot{\theta}\right) = 0. \tag{4.177}$$

ここで角運動量

$$L = mr^2\dot{\theta}$$

は変化しないから

$$\dot{\theta} = \frac{L}{mr^2}. \tag{4.178}$$

これがケプラーの第2法則（面積速度一定）を表している．これを動径方向の運動方程式に代入すると

$$-\frac{H}{r^2} = a_r = \ddot{r} - r\dot{\theta}^2 \tag{4.179}$$

$$= \frac{d^2r}{dt^2} - \frac{L^2}{m^2 r^3} \tag{4.180}$$

となる．これは距離 r の時間 t に関する微分方程式であり，この方程式を解けばその時間変動を追うことはできる．しかしここでは，距離の時間変動を直接追うのではなく軌道の形を導きたいので，そのために，距離 r を時間 t ではなく角度 θ の関数としてその微分方程式を導く．以下では r の t に関する微分を，合成関数の微分を用いて θ に関する微分に書き換えていく．

まず時間に関する 1 階微分は合成関数の微分と関係式 (4.178) を用いて

$$\dot{r} = \frac{dr}{dt} = \frac{d\theta}{dt}\frac{dr}{d\theta} = \frac{L}{mr^2}\frac{dr}{d\theta} = -\frac{L}{m}\frac{d}{d\theta}\left(\frac{1}{r}\right). \tag{4.181}$$

時間に関する 2 階微分は

$$\ddot{r} = \frac{d}{dt}\dot{r} = \frac{d\theta}{dt}\frac{d}{d\theta}\dot{r} \tag{4.182}$$

となるが，ここに式 (4.178) と式 (4.181) の関係を用いて

$$\ddot{r} = \frac{L}{mr^2}\frac{d}{d\theta}\dot{r} = -\frac{L^2}{m^2 r^2}\frac{d}{d\theta}\frac{d}{d\theta}\left(\frac{1}{r}\right) \tag{4.183}$$

となる．これを式 (4.180) に代入すると，

$$-\frac{L^2}{m^2}\left\{\frac{1}{r^2}\frac{d^2}{d\theta^2}\left(\frac{1}{r}\right) + \frac{1}{r^3}\right\} = -H\frac{1}{r^2} \tag{4.184}$$

が得られる．上式の両辺に $-m^2 r^2/L^2$ を掛けて $u = 1/r$ とおくと

$$\frac{d^2 u}{d\theta^2} + u = \frac{Hm^2}{L^2}. \tag{4.185}$$

こうして，太陽からの距離 r の，時間に対する依存性を表す方程式 (4.180) は距離（の逆数）$u = 1/r$ の，角度に対する依存性を表す方程式 (4.185) へと書き

§4.11 万有引力のもとでの惑星の運動

換えられた．この，角度に関する微分方程式を解くことによって軌跡を導くことができる．

ここでさらに

$$\tilde{u} \equiv u - \frac{Hm^2}{L^2} \tag{4.186}$$

と座標変換を行えば，式 (4.185) は

$$\frac{d^2\tilde{u}}{d\theta^2} + \tilde{u} = 0 \tag{4.187}$$

となる．これは単振動の式 (4.54) にほかならない．その一般解は

$$\tilde{u} = A\cos(\theta + \delta) \tag{4.188}$$

である．位相 δ は座標系を決めているので $\delta = 0$ として一般性を失わない．元の u に戻せば

$$u = \frac{Hm^2}{L^2} + A\cos\theta \tag{4.189}$$

となり，さらに r に戻すと

$$r = \frac{1}{Hm^2/L^2 + A\cos\theta} = \frac{L^2/(Hm^2)}{1 + AL^2/(Hm^2)\cos\theta} \tag{4.190}$$

となる．

4.11.1 楕円軌道

上に求めた軌道の式 (4.190) は $|AL^2/(Hm^2)| < 1$ の条件を満たせば楕円の極座標表示になっている．したがって万有引力の仮定（引力が中心力で，太陽からの距離の 2 乗に反比例する）とニュートンの運動法則を組み合わせることで，ケプラーの第 1 法則（惑星は楕円軌道を描く），および第 2 法則（面積速度一定）が導かれた．惑星軌道の式 (4.190) を楕円の極座標表示の標準形，式 (1.138)：

$$r = \frac{a(1-\varepsilon^2)}{1+\varepsilon\cos\theta}$$

にあてはめると，この軌道の離心率は

$$\varepsilon = \frac{AL^2}{Hm^2} \tag{4.191}$$

となり，長半径 a は

$$a(1-\varepsilon^2) = \frac{L^2}{Hm^2} \tag{4.192}$$

を満たす．

　角運動量 L と式 (3.133) によって結びついている面積速度 v_S は，楕円の面積 S を周期 T で割ったものに等しいから，

$$v_S = \frac{L}{2m} = \frac{S}{T} \tag{4.193}$$

が成り立つ．したがって周期 T の 2 乗は

$$T^2 = \left(\frac{2m}{L}\right)^2 S^2 \tag{4.194}$$

で与えられる．楕円の面積は式 (1.143)：

$$S = \pi a b = \pi a^2 \sqrt{1-\varepsilon^2}$$

で与えられるので，これを代入すると

$$T^2 = \left(\frac{2m}{L}\right)^2 \pi^2 a^4 (1-\varepsilon^2). \tag{4.195}$$

ここで式 (4.192) を用いると

$$T^2 = \frac{4\pi^2 a^3}{H} \tag{4.196}$$

となり，ケプラーの第 3 法則（公転周期 T の 2 乗は軌道の長半径 a の 3 乗に比例）を導くことができた．

□ **閉じない軌道**

　前節と本節では $F \propto -r^\alpha$ となる 2 種類の中心力場での質点の運動を論じた．本節では万有引力 $F \propto -r^{-2}$ の場合に質点は原点が焦点の一つになる楕円軌道を描くことを，そして前節においては $F \propto -r$ の場合に質点は原点を中心とする楕円軌道を描くことを確かめた．ともに軌道は閉じている（図 4.23(a), (b)）．たとえば，惑星軌道の式 (4.190) では距離 r が角度 θ の関数として与えられているが，θ に対して 2π 周期の関数となっており一周回ると元の状態に戻ってくる．しかしこのように軌道が閉じるのはむしろ例外的である（図 4.23）．軌道が閉じるのはこの 2 種類

§4.11 万有引力のもとでの惑星の運動

の引力だけで，ほかのべき乗の引力 $F \propto -r^{\alpha}$, $\alpha \neq 1, -2$ では軌道が閉じないことが証明されている．

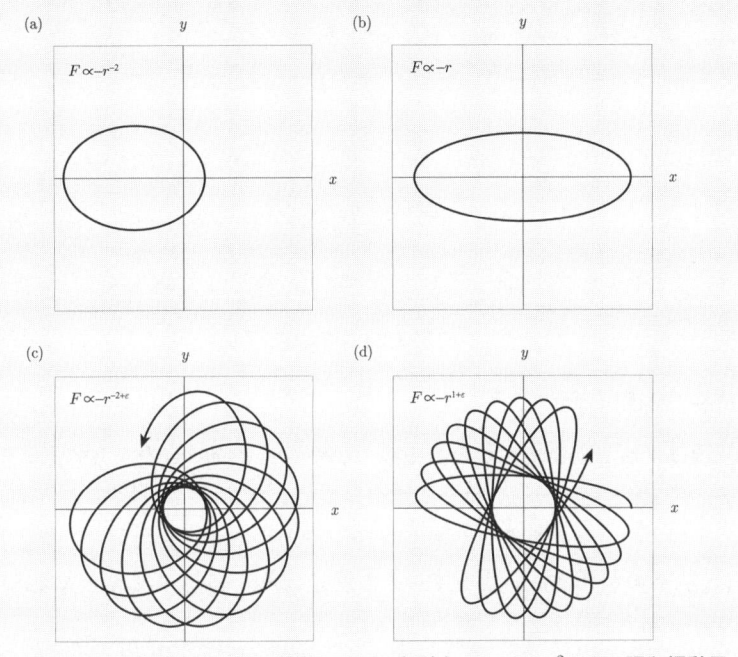

図 4.23 閉じる軌道と閉じない軌道．(a) 万有引力 $F \propto -r^{-2}$．(b) 調和振動子 $F \propto -r$．(c) $F \propto -r^{-2+\varepsilon}$．(d) $F \propto -r^{1+\varepsilon}$，$\varepsilon \neq 0$．

惑星が太陽に一番近づく点のことを近日点 (perihelion) とよぶ．もし軌道が楕円なら近日点は一定だが，水星は近日点が少しずつ移動することが知られている．この近日点移動を上述の閉じない軌道の知見から説明しようとして，引力の逆2乗則が $F \propto -r^{-2+\varepsilon}$ のようにわずか破れているとする説があった．しかし，アルベルト・アインシュタインは一般相対性理論を打ち立て，この不一致の原因を重力による時空の歪みによる，とした．

4.11.2 双曲軌道，放物軌道

軌道の式 (4.190) は $|AL^2/(Hm^2)| < 1$ を満たせば楕円になったが，もし $|AL^2/(Hm^2)| > 1$ であれば角度 θ には禁止領域が生じて，軌道は双曲軌道になる（図 4.24）．

第 4 章　質点の運動

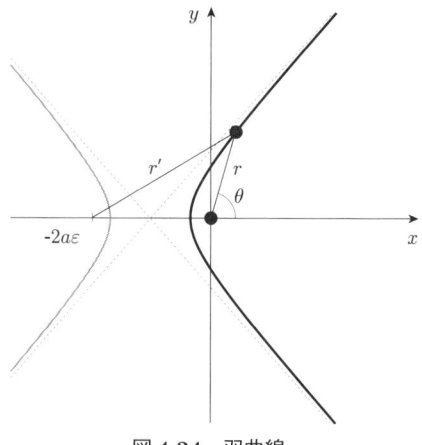

図 4.24　双曲線.

双曲線の極座標表示

楕円は平面上の 2 定点からの距離の和が一定となる点の集合であるのに対して，双曲線 (hyperbola) は 2 定点からの距離の差が一定となる点の集合である．平面上の 2 定点を直交座標上の $(0,0)$ と $(-2a\varepsilon, 0)$ におき，その 2 点から点 (x,y) への距離を r, r' として，その差 $r' - r$ が一定であることを要求する：$r' - r = 2a$．これを 2 乗して

$$r'^2 = (r + 2a)^2 = r^2 + 4ar + 4a^2. \tag{4.197}$$

一方，ピュタゴラスの定理から

$$\begin{aligned} r'^2 &= r^2 \sin^2\theta + (2a\varepsilon + r\cos\theta)^2 \\ &= r^2 + 4a\varepsilon r \cos\theta + 4a^2\varepsilon^2 \end{aligned} \tag{4.198}$$

が成り立つ．式 (4.197)，式 (4.198) を連立することによって，

$$r(1 - \varepsilon\cos\theta) = a(\varepsilon^2 - 1) \tag{4.199}$$

が得られる．よって双曲線は平面極座標 (r, θ) を用いて

$$\boxed{r = \frac{a(\varepsilon^2 - 1)}{1 - \varepsilon\cos\theta}} \tag{4.200}$$

§4.11 万有引力のもとでの惑星の運動

と表現できる．ここで距離の差 $2a$ は 2 定点間の距離 $2a\varepsilon$ より大きくはなれないから，楕円の場合と異なって $\varepsilon > 1$ である．角度は

$$1 - \varepsilon\cos\theta > 0 \tag{4.201}$$

を満たす範囲でなければならない．

運動方程式の解である式 (4.190) をこの双曲線の標準形に対応させるには $\varepsilon = -AL^2/(Hm^2)$, $a(\varepsilon^2 - 1) = L^2/(Hm^2)$ とおけばよい．

双曲線の直交座標表示

双曲線の式 (4.200) は $b = a\sqrt{\varepsilon^2 - 1}$ とおくと直交座標で

$$\boxed{\frac{(x+a\varepsilon)^2}{a^2} - \frac{y^2}{b^2} = 1} \tag{4.202}$$

となり，双曲線の標準形になる．この漸近線 (asymptotes)，すなわち十分遠くで近づく直線，は

$$\frac{y}{b} = \pm\frac{x+a\varepsilon}{a}. \tag{4.203}$$

軌道の式 (4.190) においてちょうど $|AL^2/(Hm^2)| = 1$ を満たす場合には

$$r = \frac{L^2/(Hm^2)}{1+\cos\theta} \tag{4.204}$$

となり

$$r + x = r + r\cos\theta = \frac{L^2}{Hm^2}. \tag{4.205}$$

これを変形すると

$$y^2 = -2x\frac{L^2}{Hm^2} + \left(\frac{L^2}{Hm^2}\right)^2 \tag{4.206}$$

となり放物軌道を表している（図 4.25）．

双曲軌道や放物軌道を描く天体 (astronomical object) は太陽系にとどまらないので太陽系の惑星 (planet) という定義には入らないが，彗星 (comets) には楕円軌道を周期的に周回するものもあれば，放物軌道や双曲軌道をとって立ち去っていくものもある．

図 4.25　放物軌道.

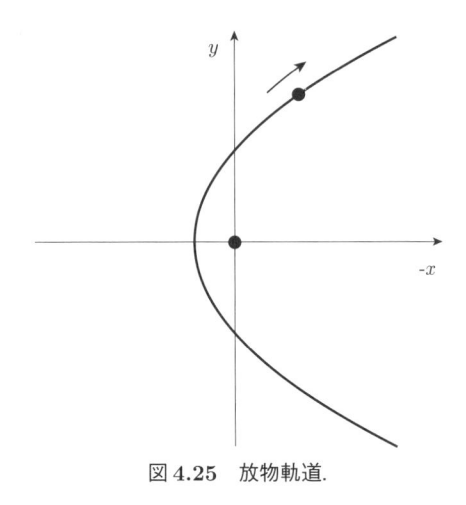

§4.12　クーロン力による粒子散乱

電荷 q_1, q_2 をもつ 2 粒子が互いに及ぼす力は

$$F = k\frac{q_1 q_2}{r^2} \tag{4.207}$$

のように距離 r の 2 乗に反比例することが知られている．これをクーロンの法則 (Coulomb's law) とよぶ．ここで k は正の定数であり，同符号の電荷粒子は反発力を受ける．k の値は真空の誘電率 $\epsilon_0 \approx 8.854 \times 10^{-12}\,\mathrm{N^{-1}m^{-2}C^2}$ を用いて

$$k = \frac{1}{4\pi\epsilon_0} \approx 8.988 \times 10^9\,\mathrm{Nm^2 C^{-2}} \tag{4.208}$$

で与えられる．ここで C は電荷単位クーロン (coulomb) を表す．a 粒子と原子核の質量に大差ない場合には重心座標に移って相対運動を論じる必要があるが，その議論は質点系の第 6 章にゆずって，以下では議論を簡単にするために，原子核の質量が a 粒子に比べて十分大きく原子核が動かないとして，a 粒子のみの運動を論じることにする．

運動方程式は惑星の運動を論じたケプラー問題と形は同じで，違いは引力が斥力になっていることである．距離の逆数 $u = 1/r$ に対する方程式 (4.185) における万有引力の係数 $Hm(>0)$ を $-H'm = -kq_1q_2(<0)$ におき換えれば

$$\frac{d^2 u}{d\theta^2} + u = -\frac{H'm^2}{L^2} \tag{4.209}$$

§4.12 クーロン力による粒子散乱

となり，ケプラー問題と同様に解いて r に直すと

$$r = \frac{1}{-H'm^2/L^2 + A\cos\theta} = \frac{L^2/(H'm^2)}{AL^2/(H'm^2)\cos\theta - 1} \tag{4.210}$$

となる．これは次に述べる，双曲線のもう一つの標準形

$$r = \frac{a(\varepsilon^2 - 1)}{\varepsilon\cos\theta - 1} \tag{4.211}$$

に対応している（図 4.26）．ここで $\varepsilon > 1$.

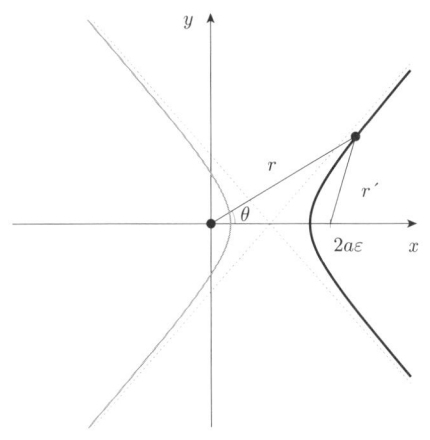

図 4.26 クーロン力による散乱．

双曲線のもう一つの標準形

4.11 節では，平面上の 2 定点 $(0,0)$ と $(-2a\varepsilon, 0)$ からの距離の差を一定にする点を求めたが，ここでは $(0,0)$ と $(2a\varepsilon, 0)$ から点 (x,y) への距離を r, r' として，その差 $r - r'$ が一定であることを要求する：$r - r' = 2a$．そのためには 4.11 節で求めた式 (4.200) において a を $-a$ におき換えればよい：

$$\boxed{r = \frac{a(\varepsilon^2 - 1)}{\varepsilon\cos\theta - 1}} \tag{4.212}$$

ここでも $\varepsilon > 1$ である．角度は

$$\varepsilon\cos\theta - 1 > 0 \tag{4.213}$$

を満たす範囲でなければならない．運動方程式の解である式 (4.210) をこの双曲線の標準形に対応させるには $\varepsilon = AL^2/(H'm^2)$, $a(\varepsilon^2 - 1) = L^2/(H'm^2)$ とおけばよい．式 (4.212) は $b = a\sqrt{\varepsilon^2 - 1}$ とおくと直交座標で

$$\boxed{\frac{(x - a\varepsilon)^2}{a^2} - \frac{y^2}{b^2} = 1} \tag{4.214}$$

クーロン斥力による散乱については $\varepsilon = AL^2/(Hm^2)$, $a(\varepsilon^2 - 1) = L^2/(H'm^2)$ の対応によって軌道はこの標準形に対応する．つまり荷電粒子のクーロン散乱による軌道は双曲線を描く．

引力の場合はパラメータ A や角運動量 L に応じて，軌道は楕円軌道，放物軌道，双曲軌道をとることができたが，斥力の場合はパラメータ A や L の選び方の如何に関わらず，$\varepsilon \cos \theta - 1 > 0$ の条件によって角度に禁止域が発生し，周回軌道が存在しない．また，斥力による散乱軌道の漸近線は

$$\frac{y}{b} = \pm \frac{x - a\varepsilon}{a} \tag{4.215}$$

となって，引力場で得られた漸近線 (4.203) とは x 軸に関するシフトの符号が逆になっていることに注意したい．これは，引力の場合は質点を引き込んで後ろに回してから投げ返すのに対して，斥力場では質点を正面からはね返すことに原因している．

原子は正電荷をもつ原子核が中心にあり，負電荷をもつ電子が原子核のまわりに分布していることが知られているが，20世紀初頭には正電荷と負電荷がどのように分布しているかは知られていなかった．アーネスト・ラザフォードらは金箔に正電荷の α 線をあてる散乱実験 (scattering experiment) を行った結果，一部が大きな角度で散乱する現象を発見した．この大きな散乱角は正電荷どうしの斥力によって α 線の軌道が大きく曲げられたことによるとして説明することができ，そのことから正電荷の原子核が原子の中心に存在すると結論された．

ここではまず，α 粒子が初速度 v_0 で標的となった原子核から距離（衝突パラメータ）ρ の漸近線上に入射した場合のクーロン散乱の散乱角 ϕ を求めよう．図 4.27(a) でみられるように，漸近線の式 (4.215) によって散乱角 ϕ は

$$\tan \phi = \frac{b}{a} = \sqrt{\varepsilon^2 - 1}. \tag{4.216}$$

§4.12 クーロン力による粒子散乱

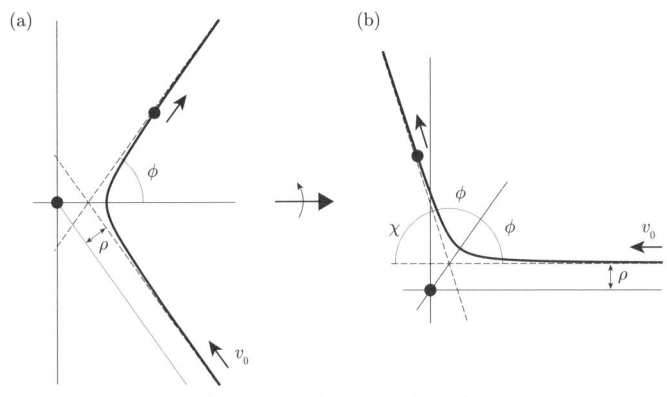

図 4.27 クーロン力による散乱. (a) 双曲軌道. (b) 回転した図.

以下，この散乱角 ϕ を初速度 v_0 と衝突パラメータ ρ によって決定する．

この系は中心力場であるから角速度が保存する．初速度と原子核からの距離の情報から角速度 L は

$$L = mv_0\rho. \tag{4.217}$$

クーロン散乱の解 (4.210) の双曲線の式との対比から $a(\varepsilon^2 - 1) = L^2/(H'm^2)$ が成り立ち，ここで $H' = kq_1q_2/m$ と式 (4.217) を用いると

$$a(\varepsilon^2 - 1) = \frac{mv_0^2\rho^2}{kq_1q_2}. \tag{4.218}$$

図 4.27(b) でみるような幾何学的関係から，a, ϕ と衝突パラメータ ρ は

$$a\varepsilon \sin\phi = \rho \tag{4.219}$$

の関係を満たす．式 (4.219) を式 (4.218) で割って a を消去すると

$$\frac{\varepsilon \sin\phi}{\varepsilon^2 - 1} = \frac{kq_1q_2}{mv_0^2\rho}. \tag{4.220}$$

ここで式 (4.216) から

$$\varepsilon^2 = \tan^2\phi + 1 = \frac{1}{\cos^2\phi} \tag{4.221}$$

となり式 (4.220) は

$$\phi = \arctan\left(\frac{mv_0^2\rho}{kq_1q_2}\right) \tag{4.222}$$

へと変換される．つまり初速度 v_0 と距離 ρ を与えれば散乱角 ϕ が決まる．

§4.13　散乱断面積

物質に粒子をあてる散乱実験においては，個々の原子核と a 粒子との衝突の微細なパラメータは制御せず，原子核に無作為に衝突させて粒子が散乱される角度の分布を測定する．多数の粒子の散乱角の分布から原子核についての推定が行われる．以下，単位面積あたりに一定の密度 ν の粒子が入射して散乱されると考え，散乱角の分布を算定する（図 4.28）．

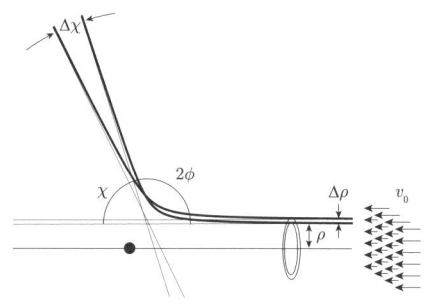

図 4.28　微分散乱断面積.

入射の延長線と原子核との距離で定義される衝突パラメータが ρ から $\rho+\Delta\rho$ までの間に単位時間あたりに入る粒子数は

$$\nu\Delta\sigma \equiv \nu 2\pi\rho\Delta\rho. \tag{4.223}$$

衝突パラメータ ρ にて入射した粒子は散乱角 ϕ あるいは入射方向からの振れ角 $\chi = \pi - 2\phi$ によって散乱されるから，個数 (4.223) の粒子は振れ角 χ から $\chi+\Delta\chi$ の間に入る．ここで $\Delta\chi$ は

$$\Delta\chi = \left|\frac{d\chi}{d\rho}\right|\Delta\rho \tag{4.224}$$

で与えられる．逆に，振れ角あたりの粒子数は式 (4.223) を式 (4.224) で割ったもので与えられ，

$$\nu 2\pi\rho\left|\frac{d\rho}{d\chi}\right|. \tag{4.225}$$

衝突パラメータが ρ から $\rho+\Delta\rho$ の間に入射する粒子の数は $\nu 2\pi\rho\Delta\rho$. それだけの個数の粒子が立体角

$$\Delta\Omega \equiv 2\pi\sin\chi\Delta\chi \tag{4.226}$$

§4.13 散乱断面積

に入る．ここで，全立体角は単位球の表面積に等しい：

$$\int d\Omega = \int_0^\pi 2\pi \sin\chi \, d\chi = 4\pi. \tag{4.227}$$

よって単位立体角あたりの粒子数は

$$\lim_{\Delta\Omega \to 0} \frac{\nu 2\pi\rho\Delta\rho}{\Delta\Omega} = \nu \frac{\rho}{\sin\chi} \left|\frac{d\rho}{d\chi}\right|. \tag{4.228}$$

単位時間あたりの入射密度 ν で割った量を微分散乱断面積とよんで

$$\frac{d\sigma}{d\Omega} = \frac{\rho}{\sin\chi} \left|\frac{d\rho}{d\chi}\right|. \tag{4.229}$$

4.13.1 クーロン力の散乱断面積

クーロン力による散乱の場合は式 (4.222) あるいは

$$\cot\phi = \cot\left(\frac{\pi}{2} - \frac{\chi}{2}\right) = \tan\left(\frac{\chi}{2}\right) = \frac{kq_1q_2}{mv_0^2\rho} \tag{4.230}$$

が成り立つ．両辺を ρ で微分すると

$$\frac{d}{d\rho}\tan\left(\frac{\chi}{2}\right) = \frac{1}{2}\frac{d\chi}{d\rho}\frac{1}{\cos^2\left(\frac{\chi}{2}\right)} = -\frac{kq_1q_2}{mv_0^2\rho^2}. \tag{4.231}$$

式 (4.231) より

$$\frac{d\rho}{d\chi} = -\frac{1}{2}\frac{1}{\cos^2\left(\frac{\chi}{2}\right)}\frac{mv_0^2\rho^2}{kq_1q_2} = -\frac{\rho}{\sin\chi}. \tag{4.232}$$

これを式 (4.229) に代入すると

$$\frac{d\sigma}{d\Omega} = \left(\frac{\rho}{\sin\chi}\right)^2 \tag{4.233}$$

が得られてここに式 (4.230) の関係を代入してクーロン斥力系に関する微分散乱断面積

$$\frac{d\sigma}{d\Omega} = \left(\frac{kq_1q_2}{mv_0^2}\right)^2 \frac{1}{4\sin^4\left(\frac{\chi}{2}\right)} \tag{4.234}$$

が得られる．

§4.14 【発展】3次元調和振動子の別解法

4.10 節では式 (4.162)：$\boldsymbol{F} = -k\boldsymbol{r}$ で与えられる3次元調和振動子の軌道を求めるにあたって，力が空間成分ごとに独立に分かれるという特殊な事情を利用して，各空間成分ごとに1次元調和振動子解を求め，それらを組み合わせることによって軌道を求めた．

この3次元調和振動子も万有引力と同様に中心力なので，角運動量保存をとり入れた動径方向の運動方程式を解くことによっても軌道を求めることができる．本節ではその解法を吟味する．角運動量保存をとり入れた後の動径方向の運動方程式は，万有引力の節において求めた式 (4.184) の $-H/r^2$ を $-kr$ におき換えて

$$-\frac{L^2}{m^2}\left(\frac{1}{r^2}\frac{d^2}{d\theta^2}\left(\frac{1}{r}\right) + \frac{1}{r^3}\right) = -kr \tag{4.235}$$

となる．

非線形2階微分方程式

上式 (4.235) で $u = 1/r$ とおくと微分方程式は

$$\frac{d^2u}{d\theta^2} + u = \frac{K}{u^3} \tag{4.236}$$

となる．ここで $K \equiv km^2/L^2$ は定数．この2階微分方程式は非線形なので線形2階微分方程式で用いた解法は使えない．しかし微分方程式が微分変数 θ にあらわに依っていない場合には，以下のような微分の階数を下げる方法で方程式を解くことができる．

新たな変数 $\psi \equiv du/d\theta$ を導入することによって微分の階数を下げる：

$$\frac{d^2u}{d\theta^2} = \frac{d\psi}{d\theta} = \frac{du}{d\theta}\frac{d\psi}{du} = \psi\frac{d\psi}{du}. \tag{4.237}$$

これを式 (4.236) に代入して1階微分方程式

$$\psi\frac{d\psi}{du} = \frac{K}{u^3} - u \tag{4.238}$$

が得られる．この1階微分方程式を変数分離して積分すると

§4.14 【発展】3次元調和振動子の別解法

$$\frac{\psi^2}{2} = -\left(\frac{K}{2u^2} + \frac{u^2}{2}\right) + C, \tag{4.239}$$

ここで C は積分定数．これを解くと

$$\psi = \frac{du}{d\theta} = \pm\sqrt{2C - \frac{K}{u^2} - u^2}. \tag{4.240}$$

上式もまた変数分離ができて

$$\frac{udu}{\sqrt{2Cu^2 - K - u^4}} = \pm d\theta. \tag{4.241}$$

さらに $u^2 = A - B\cos\phi$ と変数変換すると

$$du^2 = 2udu = B\sin\phi, \tag{4.242}$$
$$2Cu^2 - K - u^4 = (2CA - A^2 - K) + 2B(A - C)\cos\phi - B^2\cos^2\phi. \tag{4.243}$$

ここで $A = C$ および $B^2 = C^2 - K$ とおくと，式 (4.241) は

$$\frac{\sin\phi d\phi}{2\sqrt{1-\cos^2\phi}} = \frac{d\phi}{2} = \pm d\theta \tag{4.244}$$

となり，解は $\phi = \pm 2(\theta + \theta_0)$．初期位相 $\theta_0 = 0$ とおくと，微分方程式 (4.236) の解は

$$u^2 = A - B\cos 2\theta \tag{4.245}$$

と求まる．

式 (4.245) において $u = 1/r$ であることを思いおこすと

$$r^2 = \frac{1}{A - B\cos 2\theta}. \tag{4.246}$$

ここで $\cos 2\theta = 2\cos^2\theta - 1$ であるから，この解は 1.6 節において求めた「楕円の中心を原点とする極座標表示」：式 (1.172)

$$r = a\sqrt{\frac{1-\varepsilon^2}{1-\varepsilon^2\cos^2\theta}}$$

を表していることがわかる．このように，極座標表示による動径の運動方程式を解くことによっても，3次元調和振動子の軌道が楕円であることを示すこと

§4.15 【発展】最急降下線

質点が重力加速度を受けながらある点から別の点まで，与えられた経路にそって摩擦のない運動によって移動する過程を考える．1696年，ヨハン・ベルヌーイはこの経過時間を最小にする経路「最急降下線 (brachistochrone[2])」を求めるという問題を提起し，後にその解がサイクロイド曲線になることを示した．アイザック・ニュートンやゴットフリート・ライプニッツもこの問題に取り組んだが，その後この問題はさらに一般化され，約百年後にはレオンハルト・オイラーやジョゼフ・ルイ・ラグランジュによって「変分法 (variational method)」へと発展させられた．本節ではこの最急降下線問題を通して「最適化 (optimization)」や「変分 (variation)」の考え方に触れる．

4.15.1 経過時間

質量 m の質点をある点から水平距離 X だけ離れた別の点に移動させるにあたって，2点間を含む鉛直平面内の経路に沿って重力加速度 g のもとで摩擦のない運動をさせることを考える．水平方向を x，鉛直下方を y とする平面 (x,y) において，始点 $(0,0)$ と終点 $(X,0)$ を結ぶ経路の形状を $y=y(x)$ とする．本項では，与えられた経路のもとで，始点を速さ0で放たれた質点が終点に到達するまでの経過時間 T を求める．

経路の微小線分の長さ $d\ell$ は x 方向と y 方向の微小変化量 dx, dy からピュタゴラスの定理によって，

$$d\ell = \sqrt{(dx)^2 + (dy)^2} \tag{4.247}$$

で与えられる（図4.29）．質点が速さ v で進む場合，この微小線分を通過するのに要する微小時間 $d\tau$ は

$$d\tau = \frac{d\ell}{v} = \frac{\sqrt{(dx)^2+(dy)^2}}{v} = dx\frac{\sqrt{1+(dy/dx)^2}}{v} \tag{4.248}$$

となる．下向きに y だけ落下したときに質点が獲得する速さは，エネルギー保存則

---
[2] ギリシャ語で "brachistos" は「最短」，"chronos" は「時間」を意味する．

§4.15 【発展】最急降下線

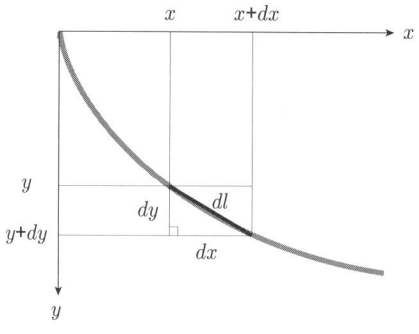

図 4.29 経路の微小線分の長さ．

$$mgy = \frac{mv^2}{2} \tag{4.249}$$

により $v = \sqrt{2gy}$ で与えられる．これを時間の関係式に代入すると

$$d\tau = dx\frac{\sqrt{1+y'^2}}{\sqrt{2gy}}. \tag{4.250}$$

ここで $y \equiv y(x)$, $y' \equiv dy(x)/dx$ とした．経過時間 T はこの両辺を積分して

$$T = \int_0^T d\tau = \int_0^X \frac{\sqrt{1+(y'(x))^2}}{\sqrt{2gy(x)}} dx \tag{4.251}$$

によって与えられる．

4.15.2 経過時間の最小化

ここではまず経路として図 4.30 のような V 字型折れ線を考え，その勾配を調整して経過時間を（V 字型経路の範囲内で）最小化することを考える．折れ線のつなぎ目などを含め経路中の摩擦は無視できるとする理想的条件のもとでは，質点は下向きの経路にそって降りた後には上向きの経路にそって同じ高さまで昇ってくる．

V 字型折れ線を

$$y(x) = \begin{cases} ax, & \text{for } 0 \leq x \leq X/2 \\ a(X-x), & \text{for } X/2 \leq x \leq X \end{cases} \tag{4.252}$$

のように表す．経過時間は下降に要する時間の 2 倍である．下降の式 $y(x) = ax$ を式 (4.251) に代入することにより

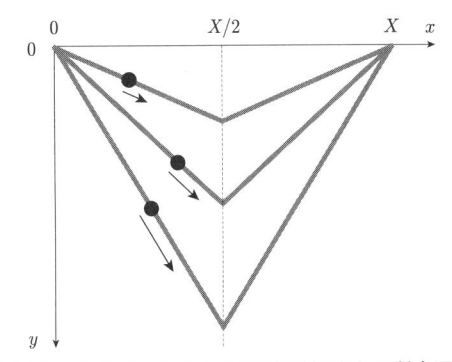

図 4.30　さまざまな傾きの V 字型経路上の質点運動.

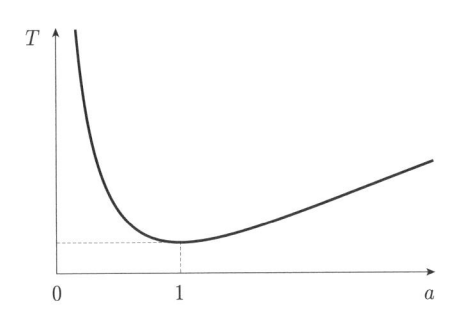

図 4.31　経過時間 T の V 字型経路の傾き a への依存性.

$$T = 2\int_0^{X/2} dx \frac{\sqrt{1+a^2}}{\sqrt{2gax}} = 2\sqrt{\frac{X}{g}}\sqrt{\frac{1+a^2}{a}} \tag{4.253}$$

が得られる.

経過時間 T は経路の傾き a に依存する．経路の傾きが小さすぎると質点の動きが遅いために経過時間が長くなり，逆に傾きが大きすぎると質点は落下運動に時間をとられてまた経過時間が長くなる．経過時間を短くするには T を傾き a について最小化すればよい（図 4.31）．極値条件は

$$\frac{\partial T}{\partial a} \propto \frac{-1+a^2}{2a^{3/2}\sqrt{1+a^2}} = 0 \tag{4.254}$$

となり，この解は $a=1$ であり，その場合の経過時間は

$$T = 2\sqrt{\frac{2X}{g}} \tag{4.255}$$

となる.

§4.15 【発展】最急降下線

4.15.3 変分法とその応用

上の議論では経路をV字型折れ線に限定し，その傾きを調整することによってその範囲内で経過時間を最小化したが，任意の形状の経路を吟味することを許せば，より短い経過時間を達成することができる．「変分」の考え方では，与えられた経路まわりの任意の微小変化に対して経過時間が極小となるという条件を課して最適解を求める．変分法の導出と最急降下線問題の解法については巻末の数学補足（A.2節）にまとめた．変分法を用いてこの最急降下問題の解を求めると，その最適解 $y(x)$ は媒介変数 θ を用いて

$$x = R(\theta - \sin\theta), \tag{4.256}$$

$$y = R(1 - \cos\theta), \tag{4.257}$$

で表されるサイクロイド曲線（1.7節参照）になることがわかる（図 4.32）．

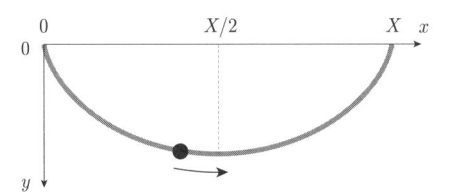

図 4.32 サイクロイド経路上の質点運動．

経過時間を媒介変数 θ を用いて表現すると

$$T = \int_0^{2\pi} d\theta \frac{\sqrt{(dx/d\theta)^2 + (dy/d\theta)^2}}{\sqrt{2gy}}. \tag{4.258}$$

これにサイクロイド曲線の式 (4.256), (4.257) を代入すると，質点が元の高さに戻るまでの移動距離の関係 $2\pi R = X$ を用いて

$$T = 2\pi\sqrt{\frac{R}{g}} = \sqrt{\frac{2\pi X}{g}} \tag{4.259}$$

となる．V字型経路の場合の最短経過時間（式 (4.255)）と比較すると

$$\frac{\sqrt{\pi}}{2} \approx 0.89 \tag{4.260}$$

だけ短くなっている．

§4.16 【発展】拘束系の運動

4.16.1 ラグランジアン形式

　空間次元が高い場合や質点の数が多い場合など 複雑な系の力学を扱う場合には，直接ニュートンの運動方程式を取り扱うよりもラグランジアン (Lagrangian) 形式とよばれる方法を用いるほうが解析が容易になることがある．変分法に関連して数学補足（A.2 節）でも議論されるが，ここでは拘束系 (constrained system) への適用を例にしてラグランジアン形式を簡単に説明する．

　ポテンシャル U による力を受けた質量 m の質点のニュートンの運動方程式は

$$m\frac{d\boldsymbol{v}}{dt} = -\frac{\partial U}{\partial \boldsymbol{r}} \tag{4.261}$$

と書ける．この節では速度を $v_x(t)=\dot{x}(t), v_y(t)=\dot{y}(t), v_z(t)=\dot{z}(t)$ のようにドットを使って表す．速度ベクトルは運動エネルギー $K=(1/2)m(\dot{x}^2+\dot{y}^2+\dot{z}^2)$ を用いると

$$\boldsymbol{v} = (v_x, v_y, v_z) = \frac{1}{m}\left(\frac{\partial K}{\partial \dot{x}}, \frac{\partial K}{\partial \dot{y}}, \frac{\partial K}{\partial \dot{z}}\right) \tag{4.262}$$

と表現できる．独立な 6 変数 $x,y,z,\dot{x},\dot{y},\dot{z}$ の関数

$$L(x,y,z,\dot{x},\dot{y},\dot{z}) = K(\dot{\boldsymbol{r}}) - U(\boldsymbol{r}) \tag{4.263}$$

をジョゼフ・ルイ・ラグランジュにちなんでラグランジアンという．$v_x = (1/m)\partial K/\partial \dot{x} = (1/m)\partial L/\partial \dot{x}$ が成り立つので

$$m\frac{dv_x}{dt} = \frac{d}{dt}\frac{\partial L}{\partial \dot{x}} \tag{4.264}$$

となる．さらに，

$$-\frac{\partial U}{\partial x} = \frac{\partial L}{\partial x} \tag{4.265}$$

の関係が成り立つ．したがって，ニュートンの運動方程式の x 成分

$$m\frac{dv_x}{dt} = -\frac{\partial U}{\partial x} \tag{4.266}$$

はラグランジアンを用いると

$$\frac{d}{dt}\frac{\partial L}{\partial \dot{x}} = \frac{\partial L}{\partial x} \tag{4.267}$$

§4.16 【発展】拘束系の運動

と表現することができる．y, z 成分も含めると

$$\frac{d}{dt}\frac{\partial L}{\partial \dot{x}} = \frac{\partial L}{\partial x}, \quad \frac{d}{dt}\frac{\partial L}{\partial \dot{y}} = \frac{\partial L}{\partial y}, \quad \frac{d}{dt}\frac{\partial L}{\partial \dot{z}} = \frac{\partial L}{\partial z} \tag{4.268}$$

と書ける．この方程式をオイラー＝ラグランジュの方程式 (Euler–Lagrange equation) という．オイラー＝ラグランジュの方程式はニュートンの運動方程式と等価な式であるが，このオイラー＝ラグランジュの運動方程式を用いたほうが運動方程式が容易に導出できることがある．その例に曲線上や曲面内に運動が拘束される場合がある．直交座標 x, y, z の代わりに極座標などの一般化座標 q_i を用いてラグランジアンを $L(q_i, \dot{q}_i)$ のように表現すると，一般化座標 q_i の時間変化もオイラー＝ラグランジュの方程式

$$\frac{d}{dt}\frac{\partial L}{\partial \dot{q}_i} = \frac{\partial L}{\partial q_i}$$

を満たすことがわかる．一般化座標を上手く選ぶと方程式が簡略化され運動の解析が容易になる．

例 1. 振り子の運動

図 4.33 のような，重さが無視できる長さ l の棒の先端に，質量 m の物体をつけた振り子を考える．棒を用いることによって質点は常に半径 l の円周上に拘束されている．（糸の振り子の場合、大振幅になると糸がたるみ，質点は円周軌道から離れる．）振り子の振れ角を θ とすると，変位は $x = l\sin\theta, z = -l\cos\theta$ と表現できる．$v_x = \dot{x} = l\cos\theta\dot{\theta}, v_z = \dot{z} = l\sin\theta\dot{\theta}$ を用いて，運動エネルギー $K = (1/2)mv_x^2 + (1/2)mv_z^2$ を計算すると

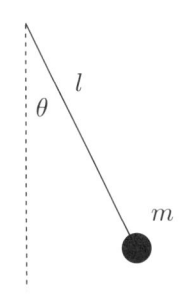

図 4.33 振り子の運動．

$$K = \frac{1}{2}(ml^2\cos^2\theta \cdot \dot{\theta}^2 + ml^2\sin^2\theta \cdot \dot{\theta}^2) = \frac{1}{2}ml^2\dot{\theta}^2$$

となる．位置エネルギーは $U = mgz = -mgl\cos\theta$ である．運動エネルギーと位置エネルギーを $\theta, \dot{\theta}$ を用いて表現できたので，ラグランジアンは $L = 1/2ml^2\dot{\theta}^2 + mgl\cos\theta$ となる．オイラー＝ラグランジュの方程式は

$$\frac{d}{dt}\frac{\partial L}{\partial \dot{\theta}} = ml^2\frac{d^2\theta}{dt^2}, \quad \frac{\partial L}{\partial \theta} = -mgl\sin\theta. \tag{4.269}$$

したがって
$$\frac{d^2\theta}{dt^2} = -\frac{g}{l}\sin\theta \tag{4.270}$$
が得られる．この方法では，棒の張力をあらわに考慮する必要がなく，計算過程が簡略化されている．ただし，オイラー＝ラグランジュの方程式では，必ずしも位置の次元をもった量を変数にするとは限らない(今の場合の変数は角度)ので，ニュートンの運動方程式のような質量×加速度＝力の形にならない場合もある．

　振幅が十分小さい，すなわち $\theta \ll 1$ の場合は，$\sin\theta \approx \theta$ と近似でき，単振動の式 $d^2\theta/dt^2 = -(g/l)\theta$ に一致する．このとき，振幅によらない周期 $T = 2\pi\sqrt{l/g}$ の振動解が得られる．振れ角が大きくなると，次節で示すように，周期は $2\pi\sqrt{l/g}$ より長くなる．この運動では全エネルギー $E = (1/2)ml^2(d\theta/dt)^2 - mgl\cos\theta$ が保存される．E が mgl より小さい場合には，$\theta = \pi$ に到る途中の $E = -mgl\cos\theta_0$ を満たす θ_0 で $d\theta/dt$ が 0 になり，最大の振れ角が θ_0 の振動解になる．E が mgl より大きい場合は，真上の位置 θ_0 でも角速度 $d\theta/dt$ が 0 でなく，回転状態になる．

例 2. らせん軌道上の運動

　らせん軌道上に拘束された運動を考える．重力は鉛直下向きにはたらいているとする．図 4.34 のようならせん状に回転するスクリューコースターの運動がこれに対応する．3 次元空間内で x 方向に延びる，半径が R，波長が $2\pi/k$ のらせん軌道は
$$(x, y, z) = (x, R\sin kx, -R\cos kx)$$
と表現できる．$x = 0$ がらせんの最低位置となっている．質点の x 座標の時間変化を $x(t)$ とするとらせんに沿った運動は
$$(x(t), R\sin kx(t), -R\cos kx(t))$$
と表現できる．運動エネルギー $K = (1/2)m(v_x^2 + v_y^2 + v_z^2)$ を計算すると $K = (1/2)m\dot{x}^2 + (1/2)mR^2k^2\dot{x}^2$ となる．重力による位置エネルギーは $U = mgz = -mgR\cos kx$ である．したがって，ラグランジアンは
$$L = \frac{1}{2}m(1 + R^2k^2)\dot{x}^2 + mgR\cos kx \tag{4.271}$$

§4.16 【発展】拘束系の運動

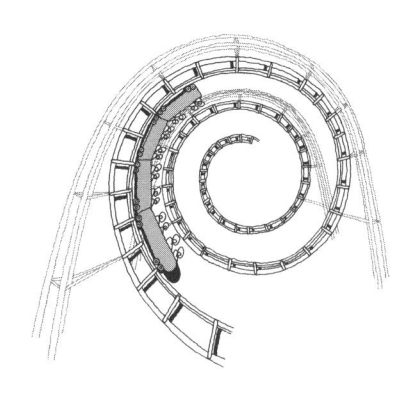

図4.34 スクリューコースター.

と書ける．オイラー＝ラグランジュの方程式は

$$m(1+R^2k^2)\frac{d^2x}{dt^2} = -mgRk\sin kx \tag{4.272}$$

となる．この式は例1の振り子の運動と等価な式となっている．らせんループの最低地点での速度が十分大きいと，質点はループを描いて前進するが，エネルギーが小さいと，回転できず往復運動することになる．ループを描くためにはエネルギー $E = (1/2)m(1+R^2k^2)v_x^2 - mgR\cos kx$ が mgR より大きい値をとることが必要条件である．すなわち、最低位置 $x=0$ での速度 v_x は

$$v_x > \sqrt{\frac{4gR}{1+R^2k^2}} \tag{4.273}$$

でなければならない．

例3. サイクロイド曲線上の振動

図4.35のようなサイクロイド曲線上に拘束された質量 m の質点の運動を考える．質点の位置は $x = R(\theta + \sin\theta), y = R(1-\cos\theta)$ と表せ，運動エネルギーは

$$K = \frac{m}{2}\dot{x}^2 + \frac{m}{2}\dot{y}^2 = mR^2\dot{\theta}^2(1+\cos\theta) \tag{4.274}$$

となる．位置エネルギーは $U = mgy = mgR(1-\cos\theta)$ なので，ラグランジアンは

$$L = mR^2\dot{\theta}^2(1+\cos\theta) - mgR(1-\cos\theta). \tag{4.275}$$

図 4.35 サイクロイド上の振動.

三角関数の倍角の公式 $\sin^2(\theta/2) = (1-\cos\theta)/2, \cos^2(\theta/2) = (1+\cos\theta)/2$ を用いると、
$$L = 2mR^2\dot\theta^2 \cos^2\frac{\theta}{2} - 2mgR\sin^2\frac{\theta}{2}.$$
さらに θ から $q = 4R\sin(\theta/2)$ で q に変数変換する．$\dot q = 2R\dot\theta\cos(\theta/2)$ も使うと
$$L = \frac{1}{2}m\dot q^2 - \frac{mg}{8R}q^2 \tag{4.276}$$
が得られる．

このラグランジアンに、オイラー＝ラグランジュの方程式 $d/dt(\partial L/\partial \dot q) = \partial L/\partial q$ を適用すると
$$m\frac{d^2 q}{dt^2} = -\frac{mg}{4R}q. \tag{4.277}$$
この式は単振動の式と等価な式である．振動の周期は振幅に依らず、常に
$$T = 2\pi\sqrt{\frac{4R}{g}} \tag{4.278}$$
になる．初期条件としてサイクロイド曲線上のどの位置に質点を置いても、質点は上の周期 T で往復運動をする．単振り子と異なり、等時則が振幅に依らず厳密に成り立っている．周期はサイクロイド曲線を生成する円の半径 R によって変わる．

4.16.2 大振幅の振り子の振動

この節では、図 4.36 のような大振幅の振り子の運動を調べる．この場合、解は正弦関数などの初等関数では表せないが、楕円関数 (elliptic function) を用いると解が表現できる．楕円関数のより詳しい説明は数学補足 A.3 節にある．

運動方程式は
$$\frac{d^2\theta}{dt^2} = -\frac{g}{l}\sin\theta. \tag{4.279}$$

§4.16 【発展】拘束系の運動

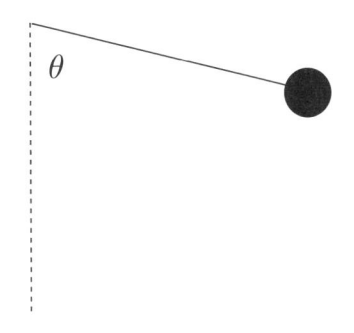

図 4.36 大振幅の振り子の運動.

最大振幅のときの角度を θ_0 とすると,エネルギー保存則は

$$\frac{1}{2}ml^2\left(\frac{d\theta}{dt}\right)^2 = mgl(\cos\theta - \cos\theta_0) \tag{4.280}$$

と書ける.したがって

$$\frac{d\theta}{dt} = \pm\sqrt{\frac{2g}{l}(\cos\theta - \cos\theta_0)} \tag{4.281}$$

が成り立つ. ± は右向きあるいは左向きに振れている状態での時間変化を表す.

$k = \sin(\theta_0/2)$ とおき,$\sin(\theta/2) = kz$ で θ から z に変数変換する.θ の時間微分と z の時間微分には次の関係が成り立つ.

$$\frac{d\theta}{dt} = \frac{2k}{\cos(\theta/2)}\frac{dz}{dt}. \tag{4.282}$$

さらに,

$$\cos\theta_0 = 1 - 2\sin^2(\theta_0/2) = 1 - 2k^2, \quad \cos\theta = 1 - 2\sin^2(\theta/2) = 1 - 2k^2z^2$$

と

$$\cos(\theta/2) = \sqrt{1 - \sin^2(\theta/2)} = \sqrt{1 - k^2z^2}, \quad \cos\theta - \cos\theta_0 = 2k^2(1 - z^2)$$

の関係を用いると,

$$\frac{dz}{dt} = \pm\frac{\cos(\theta/2)}{2k}\sqrt{\frac{2g}{l}(\cos\theta - \cos\theta_0)} = \pm\sqrt{\frac{g}{l}}\sqrt{(1-z^2)(1-k^2z^2)} \tag{4.283}$$

が成り立つ．変数分離形に書くと，右向きに動いているときは

$$\frac{dz}{\sqrt{(1-z^2)(1-k^2z^2)}} = \sqrt{\frac{g}{l}}dt \tag{4.284}$$

となる．$t=0$ のとき，$z=0$ すなわち $\theta=0$ と仮定し，積分を実行すると

$$\int_0^z \frac{dx}{\sqrt{(1-x^2)(1-k^2x^2)}} = \sqrt{\frac{g}{l}}t = I \tag{4.285}$$

が得られる．$z=1$ が一番右に振れた状態を表す．左辺の積分を第 1 種楕円積分 (elliptic integral) とよぶ．z を積分値 I の関数として表したものを sn 関数とよぶ．すなわち，この積分の関係式を

$$z = \mathrm{sn}(I)$$

と書き表す．sn 関数はヤコビの楕円関数の一つで，k を母数とよぶ．sn 関数を使うと，z を時間 t の関数として書ける．

$$z = \mathrm{sn}(\sqrt{g/l}t, k). \tag{4.286}$$

$k \to 0$ の極限で sn 関数の形は sin 関数の形に等しくなる．角度 θ に戻すと

$$\sin(\theta/2) = k\mathrm{sn}(\sqrt{g/l}t, k). \tag{4.287}$$

すなわち

$$\theta = 2\sin^{-1}\{k\mathrm{sn}(\sqrt{g/l}t, k)\} \tag{4.288}$$

と表すことができる．k が十分小さいと，$\theta_0 \approx 2k$ で $\sin^{-1}x \approx x, \mathrm{sn}(x) \approx \sin x$ なので，上の式は

$$\theta = \theta_0 \sin(\sqrt{g/l}t) \tag{4.289}$$

となり，単振動の式に漸近する．

図 4.37(a) に $\theta_0 = \pi/2$ と $\theta_0 = (9/10)\pi$ の場合の $\theta(t)$ の時間変化を示す．θ_0 が大きくなると正弦曲線からかなりずれ，特にピーク近くでは時間変化が緩やかになる．これは，振り子が真上に近づくと回転速度が遅くなり，$\theta(t)$ の時間変化が小さくなることに対応している．

$t=0$ から周期 T の $1/4$ 経過すると，最大振幅 $\theta = \theta_0$ あるいは $z=1$ になるので

$$\int_0^1 \frac{dx}{\sqrt{(1-x^2)(1-k^2x^2)}} = \sqrt{\frac{g}{l}}\frac{T}{4} \tag{4.290}$$

§4.16 【発展】拘束系の運動

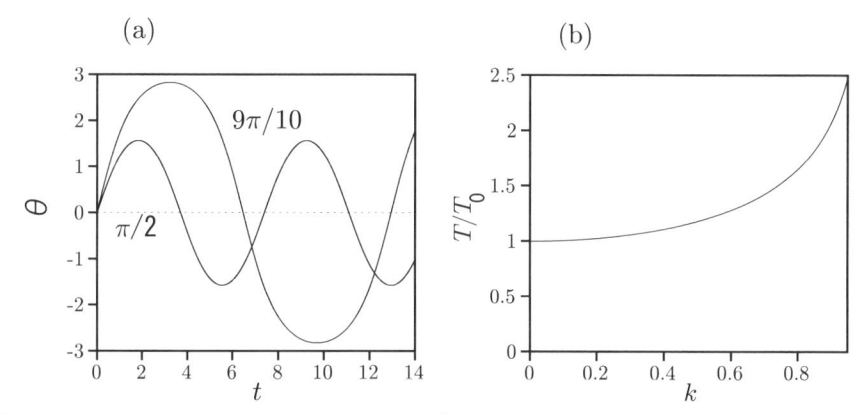

図 4.37 (a) $\theta_0 = \pi/2$ と $\theta_0 = 9\pi/10$ での振れ角 $\theta(t)$ の時間変化. (b) $k = \sin(\theta_0/2)$ と周期 T/T_0 の関係. ただし, $T_0 = 2\pi\sqrt{l/g}$ である.

が成り立つ. 左辺の積分を第1種完全楕円積分 (complete elliptic integral) とよび, $K(k)$ と表記する. したがって, 周期は

$$T = 4\sqrt{\frac{l}{g}} K(k) \tag{4.291}$$

と表すことができる. $k = \sin(\theta_0/2)$ で K を展開すると

$$K(k) = \frac{\pi}{2}\left(1 + \frac{1}{16}\theta_0^2 + \cdots\right) \tag{4.292}$$

となる. この展開を用いると, 周期は

$$T = 2\pi\sqrt{\frac{l}{g}}\left(1 + \frac{1}{16}\theta_0^2 + \cdots\right) \tag{4.293}$$

と展開できる. 振り子の周期 T は振幅 θ_0 とともに長くなり, $\theta_0 = \pi$ ($k = 1$) で発散する. 図 4.37(b) に T/T_0 と k の関係を示す. ただし, T_0 は単振動の周期 $T_0 = 2\pi\sqrt{l/g}$ である.

§4 の章末問題

問題 1 水平な床の上に質量 M_1 の物体 1 をおき，その上に質量 M_2 の物体 2 をおく．物体 2 と物体 1 の最大静止摩擦係数は $\mu_{\max 2}$，物体 1 と床の最大静止摩擦係数は $\mu_{\max 1}$ とする．上の物体 2 を力 F で水平に引いたとき，物体 2 だけがすべり出す条件と，物体 1 と 2 が同時に動き出す条件を示せ．(4.2 節)

問題 2 半径 20μm の霧滴に対してストークスの法則（式 (4.28)）が成り立つとして，霧滴の終端速度を求めよ．空気の粘性率を 1.8×10^{-5} (N/m^2)s とする．(4.3 節)

問題 3 体重 50kg の人がスカイダイビングして落下していくときの終端速度を，人体を半径 20cm の円柱と考えて計算せよ[3]．ここではパラシュートの重さは無視し，比例定数 $\lambda = 0.5$，空気の密度 $\rho = 1.2$kg/m^3 として式 (4.33)，式 (4.44) を用いて計算せよ．次に，半径 5m のパラシュートを開いたときの終端速度を求めよ．この終端速度は，空気抵抗の無視できる場合にどの程度の高さから飛び降りた時の速さに相当するか．(4.3 節)

問題 4 初速度 $v(0)$ から粘性抵抗と慣性抵抗の 2 種類の抵抗力を同時に受けて減速する場合の速度の変化を求めよ．質量を m，抵抗力を $F = -\alpha v - \beta v^2$ として計算せよ．(4.3 節)

問題 5 バネ定数 k のバネにつながれた質量 m の質点の位置 x が従う運動方程式を微分方程式の形で表し，その運動方程式の一般解を求めよ．(4.4 節)

問題 6 ひもの長さ 20 cm の振り子の周期を求めよ．月面上では重力加速度は地球上の 1/6 倍になる．月面上ではこの振り子の周期はいくらになるか．(4.4 節)

問題 7 バネ定数 k のバネ N 本を並列または直列につないで質量 m の物体をつりさげたときの振動数をそれぞれ求めよ．(4.4 節)

---

[3] ちなみに，2012 年オーストリア人冒険家が地上約 39,000m の上空から宇宙服を着てスカイダイビングし，最高落下速度，時速約 1,340km を記録した．大気が希薄で空気抵抗が小さいことを利用した結果である．2014 年には米国グーグル社幹部が約 41,000 m からのスカイダイビングに成功して記録を塗り替えている．

第4章 質点の運動

問題 8 長さ l のひもの先に質量 m, 半径 a の小球をつけて, 粘性率 η の流体中に入れる. 速度 u の小球に対してはたらく力はストークスの法則 (4.28) $F = -6\pi a \eta u$ で与えられるとして, 振れ角の小さい範囲での減衰振動の運動方程式を求めよ. ここで小球が振動せずに単調減衰するようになる質量 m と半径 a の条件を求めよ. (4.5 節)

問題 9 ドーム球場を設計するにあたって打球の到達領域を見積もった. バッターの打球の初速度を時速 150km としたとき, 打球が真上に飛んだときに到達する高さ, 45 度に飛んだときの水平到達距離を空気抵抗は無視して求めよ. (4.9 節)

問題 10 万有引力の法則と運動法則のもとで, 太陽から惑星への距離 r の逆数 $u \equiv 1/r$ が角度 θ に対して式 (4.185)

$$\frac{d^2 u}{d\theta^2} + u = \frac{Hm^2}{L^2}$$

の関係を満たす. この微分方程式を解くことによって, 惑星が楕円軌道を描くことを確認せよ. (4.11 節)

問題 11 質量 m の質点をある点から水平距離 X だけ離れた別の点に移動させるにあたって, 鉛直平面内の経路に沿って重力加速度 g のもとで摩擦のない運動をさせる. (4.15 節)

(1) $X = 1$km の場合に, サイクロイド経路での経過時間と, この運動の水平方向の平均時速を求めよ.

(2) 半径 $X/2$ の半円の経路に沿った場合の経過時間を求めよ. ここでは

$$\int_0^\pi \frac{1}{\sqrt{\sin \theta}} d\theta \approx 5.244$$

の積分値を利用してよい. その経過時間を V 字型経路での最短経過時間 (式 (4.255)), サイクロイド経路での経過時間 (式 (4.259)) と数値比較せよ.

問題 12 質量 m_1 と m_2 の物体を長さ ℓ のロープでつなぎ, 定滑車の両側につるし, 落下運動をさせる. このときの運動方程式をラグランジアンを用いて求めよ. ヒント: 質量 m_1 の質点の位置 (高さ) を x_1, 定滑車の位置 (高さ) を h とすると, 質点 2 の位置は $x_2 = 2h - \ell - x_1$ となる. (4.15 節)

第5章 非慣性系の運動

本章では非慣性系（加速度系）における運動を論じる．非慣性系では慣性力とよばれるみかけの力が現れる．回転系では，慣性力として遠心力とコリオリ力が現れる．潮の満ち引きに関連する潮汐力も慣性力とみなせる．

§5.1 相対運動と慣性力

一定速度で動く座標系

2.3節で議論したように，一定の速度で動く座標系を慣性系とよび，二つの慣性系の座標変換をガリレイ変換とよぶ．任意の慣性系で同じニュートンの運動方程式が成り立つ．たとえば，一定の速度 v_0 で走っている電車に乗っている人が，電車の中で物体を下に落下させると，

$$x = x_0, z = z_0 - (1/2)gt^2 \tag{5.1}$$

のように直線運動する．この現象を地上（静止系）で観測すると

$$x = x_0 + vt, z = z_0 - (1/2)gt^2 \tag{5.2}$$

のような放物運動になる．位置と速度は異なるが，加速度はどちらの系でも $a_z = -g$ となり，力は $-mg$ で変わらない．

> **□ ガリレイ不変性と相対性理論**
>
> ガリレイ変換では速度ベクトルは $\boldsymbol{v} = \boldsymbol{v}' + \boldsymbol{v}_0$ のように変換される．静止した空気中では音波はあらゆる方向に一定の速度，音速 v で伝搬する．単位ベクトル $\mathbf{e}_r$ の方向への音の伝搬を，x 方向に速度 v_0 で動いている K′ 系で観察すると，音の伝搬速度は
>
> $$\boldsymbol{v}' = v\mathbf{e}_r - v_0\mathbf{e}_x$$
>
> となる．ただし，$\mathbf{e}_x$ は x 方向の単位ベクトルである．K′ 系では音の伝搬速度が方向によって異なることがわかる．K′ 系では空気は $-v_0$ の速度で動いている．すなわち風が吹いている．風上方向に音が伝搬するときの音速は $v - v_0$ と小さくな

り，風下に音が伝搬するときは音速は $v+v_0$ と速くなる．このことは実際に確認できる．

1887年，アルバート・マイケルソンとエドワード・モーリーは，音と同じように光の伝搬速度が座標系によって異なった値をとるかどうかを地球の公転運動を利用して調べた．その結果，光の速度は静止系でも動いている系でも常に一定値をとることがわかった．これは光の伝搬はガリレイ変換に従わないことを意味している．アインシュタインは逆にこの光速一定の法則を原理にして，特殊相対性理論を打ち立てた．物体の速度が光速に近い状況ではガリレイ不変性に基づいたニュートン力学も正しくなくなり，相対性理論に基づいた相対論的力学におき換わる．しかし，光速より十分小さい日常的な条件のもとではニュートン力学は十分実用性がある．この本ではガリレイ不変性に基づいたニュートン力学を説明する．

加速度系

一方，加速する電車や上昇するエレベータなどのように，加速度 $\boldsymbol{a}_0$ で加速する座標系では加速度は次式のように変換される．

$$\boldsymbol{a} = \boldsymbol{a}' + \boldsymbol{a}_0. \tag{5.3}$$

ただし，$\boldsymbol{a}$ は静止系の加速度，$\boldsymbol{a}'$ は加速度系での加速度を表す．静止している系での運動方程式 $m\boldsymbol{a} = \boldsymbol{F}$ に代入すると

$$m\boldsymbol{a}' = \boldsymbol{F} - m\boldsymbol{a}_0 \tag{5.4}$$

となり，右辺にはみかけの力 $-m\boldsymbol{a}_0$ すなわち慣性力 (inertial force) が現れる．加速する系を非慣性系 (noninertial frame) という．非慣性系での時間変化を d'/dt で表すと，非慣性系での運動方程式は

$$m\frac{d'^2\boldsymbol{r}}{dt^2} = \boldsymbol{F} - m\boldsymbol{a}_0 \tag{5.5}$$

となる．

飛行機が離陸するとき，斜め前向きに大きな加速度が生じる．飛行機に乗っている人には斜め後ろ向きの力 $-m\boldsymbol{a}_0$ がはたらき，座席に押しつけられる．同様に，図5.1のように，列車が急に加速 ($a_0 > 0$) や減速 ($a_0 < 0$) すると，重力と慣性力を受けつり革は傾く．その傾きの角度 θ は，重力，慣性力とつり革の張力のつり合い条件から $\tan\theta = a_0/g$ となる．

§5.1 相対運動と慣性力

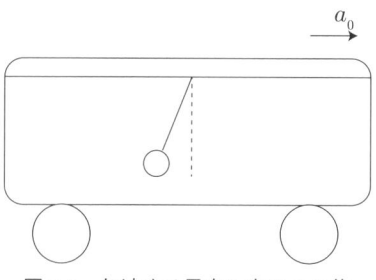

図 5.1 加速する電車の中のつり革.

エレベータの綱が切れると，エレベータが重力加速度 g で落下する．中にいる人（質量を m とする）には重力 mg と同じ大きさの慣性力が上向きにはたらき，無重力状態になる．積極的に無重力状態をつくる目的で，飛行中の航空機のエンジンを止め，数十秒間重力加速度 g に任せて放物運動させることがある．この航空機内では物体も乗組員も浮き上がり，みかけ上重力を受けないような運動を示す．宇宙ステーションも地上 400km 程度上空にあるだけなので，地上と重力の大きさはそれほど変わらない．この重力のもとで落下運動をするため，宇宙ステーション内はみかけ上無重力状態になり，物体も乗組員も浮き上がる．地球の質量を $M_\oplus$，宇宙ステーションと地球の中心との距離を R とすると，万有引力は $F = GM_\oplus m/R^2$ である．向心加速度は $a = GM_\oplus/R^2$ で，慣性力 $-ma_0 = -GM_\oplus m/R^2$ となり，万有引力をちょうど打ち消す．エンジンを止めて落下している飛行機と同じ状態であるが，水平速度が十分大きいので，図 5.2 のように地面に落下せず地球を周回する円運動が維持される．

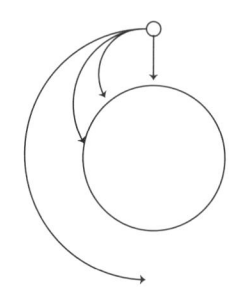

図 5.2 水平速度が大きくなったときの万有引力下の落下運動.

第5章 非慣性系の運動

□ 微小重力環境

　自由落下状態や宇宙ステーションでは，みかけ上の無重力状態が実現できる．理論的には宇宙ステーションの重心の位置でのみ重力と慣性力がつり合うので，そこから位置がずれるとわずかな加速度が生じる．そのほかの要因もあり，完全に重力を0にできないので，「無重力」ではなく「微小重力」(microgravity) という言葉が使われる．微小重力環境を実現することによって，地上ではできないような材料合成が可能になる．たとえば，地上では得られないような均一性をもった高品質の半導体の結晶が得られる．また，微小重力状態でのさまざまな生物の研究も行われている．たとえば，このような微小重力環境では，骨からカルシウムが溶出して，著しい骨量減少が生ずることが知られている．高齢者の骨粗鬆症では1年間に1〜1.5％骨密度が減少するが，宇宙飛行では若年者でも1カ月に1〜1.5％骨密度が減少するといわれている．

　自由落下で生じる微小重力下での燃焼の実験も興味深い．ロウソクに火をともし，箱のふたをして，箱ごと自由落下させる．微小重力下のロウソクの炎をコマ送りで詳しく観察すると，図5.3に示すように，落下しはじめる直前まで長く伸びていた炎が，落下の瞬間急に半分以下の長さに縮み，火勢が衰える．微小重力下では空気の流れが悪くなって酸素の供給が不足するためと考えられる．重力がある状態では，炎のまわりの空気が熱せられ，浮力の効果のために軽くなり上昇気流が生じる．上昇気流によって炎が上に伸びる．また，その上昇気流により，ろうそくの下方にあった酸素濃度の高い空気がろうそくに供給され，ろうそくの炎が大きくなる．ふだんあまり気に留めないが，ものがよく燃えるためには重力が必要なのである．

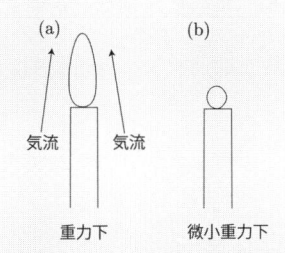

図5.3　(a) 重力下，(b) 微小重力環境下でのろうそくの炎の模式図．

§5.2 遠心力とコリオリ力

角速度 ω で回転している系を回転系という．回転系では遠心力とコリオリ力の2種類の慣性力が現れる．

5.2.1 遠心力

静止系からみて，角速度 ω，半径 r の円運動している質量 m の質点には，$mr\omega^2$ の中心力がはたらいている．この運動を角速度 ω で回転する座標系から見ると，質点は原点から r の距離の位置で静止している．回転座標系では，中心力とつり合う外向きで大きさが $mr\omega^2$ の力がはたらいていなければならない．この慣性力を遠心力とよぶ．遠心力は回転座標系という加速度系に現れるみかけの力である．

たとえば，自動車に乗って高速でカーブを曲がると，車に乗っている人には外向きに遠心力 $mr\omega^2 = mv^2/r$ がはたらく．ここで r はカーブの曲率半径，v は車の速度を表す．高速道路では，道路の曲率半径の標識が出ていることがある．曲率半径 r が小さい急カーブでは大きな遠心力がはたらき，カーブを曲がりきれなくなるので，速度 v を落として遠心力を下げる必要がある．

5.2.2 コリオリ力

回転系で動いている物体には遠心力に加えてコリオリ力 (Coriolis force) がはたらく．最初にこの力を導いたガスパール・ギュスターヴ・コリオリにちなんでコリオリ力とよぶ．コリオリ力の一般的な導出は次節で行うが，この節ではコリオリ力を直観的に理解するために，原点から一定の速度 $\boldsymbol{v} = (v_x, v_y)$ で進む質点を考察する．静止系では，質点は微小時間 Δt の間に $\boldsymbol{r} = (v_x \Delta t, v_y \Delta t) = \boldsymbol{v}\Delta t$ の位置まで直進する．これを角速度 $\omega > 0$，すなわち反時計回りに回転する円盤に乗った系から観測する．図5.4のように，Δt の間に円盤は角度 $\omega \Delta t$ だけ反時計回りに回転するので，回転系では質点は直進するのではなく，時計回り方向に角度が $\Delta \theta = \omega \Delta t$ ずれていくように見える．原点からの距離は $\Delta r = |\boldsymbol{v}|\Delta t$ なので，回転系の直進運動から $\Delta r \Delta \theta = \omega |\boldsymbol{v}| \Delta t^2$ 右方向にずれていく．時間とともに Δt^2 で変位が生じるので，回転系では，右向きに加速度 a が生じて $(1/2)a\Delta t^2$ ずれたように見える．すなわち，回転系では $ma = 2m\omega |\boldsymbol{v}|$ の慣性力がはたらいたと解釈する．力の

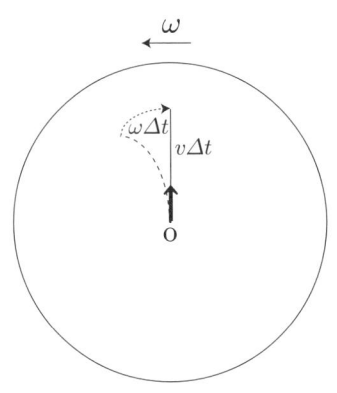

図 5.4 コリオリ力の直観的な説明. 実線は慣性系での垂直方向の運動で,点線は回転系で垂直方向に動くと仮想した質点の運動を慣性系で見た軌跡.

方向は速度ベクトル (v_x, v_y) に垂直右方向なので,慣性力をベクトル表示すると $(2m\omega v_y, -2m\omega v_x)$ となる.この慣性力をコリオリ力とよぶ. z 軸方向の回転角速度 ω のベクトル $\boldsymbol{\omega} = (0, 0, \omega)$ を角速度ベクトルとよぶ.回転系での速度を $\boldsymbol{v}$ とすると,コリオリ力はベクトル積の形 $2m\boldsymbol{v} \times \boldsymbol{\omega}$ で表すことができる.この式は磁場 $\boldsymbol{B}$ 中の電荷 q の荷電粒子にはたらくローレンツ力 $q\boldsymbol{v} \times \boldsymbol{B}$ とよく似た形をしている.

回転系での質量 m の質点には,遠心力とコリオリ力がはたらく.それ以外に,外力 $\boldsymbol{F} = (F_x, F_y)$ がはたらいている場合の運動方程式は

$$m\frac{d^2 x}{dt^2} = F_x + mx\omega^2 + 2mv_y\omega,$$
$$m\frac{d^2 y}{dt^2} = F_y + my\omega^2 - 2mv_x\omega, \tag{5.6}$$

となる.

気圧勾配力が外力としてはたらく身近な例に台風がある.台風は熱帯低気圧であり,低気圧では中心に行くほど圧力が下がる.中心方向に圧力勾配による力がはたらき,風が吹く.地球の自転は地軸のまわりに 1 日 1 回回転する.地軸方向の自転の角速度ベクトルの大きさを Ω とする.台風のように地表面に沿った運動のみを考えるときは,この地軸方向の角速度ベクトルの地表面に直交する成分が問題になる.図 5.5 に示すようにその大きさ ω は地球の自転の角速度ベクトル $\boldsymbol{\Omega}$ の z 成分の大きさなので,緯度 ϕ と $\omega = \Omega \sin\phi$ の関係にある.

地球の自転のため北半球では $\omega > 0$ である.赤道上では 0, 北極に向かうほ

§5.2 遠心力とコリオリ力

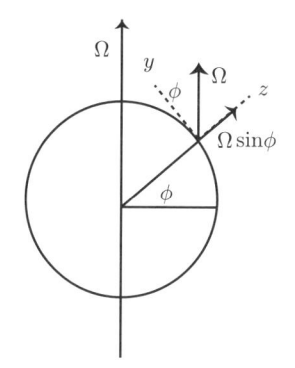

図 5.5 角速度ベクトルと緯度の関係.

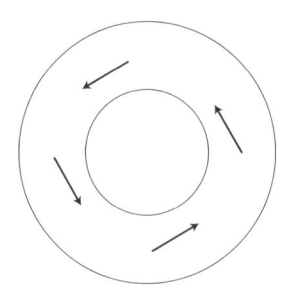

図 5.6 台風の風の方向.

ど角速度は大きくなり，北極では $\phi = \pi/2$ なので Ω となる．南半球では $\phi < 0$ なので $\omega < 0$ となる．

コリオリ力は，$\omega > 0$ のとき，風を右方向にずらす方向にはたらく．最初圧力勾配に従って中心向きに風が吹いていても，北半球では右向きにずれていき，図 5.6 のように反時計回りの方向に風が吹くようになる．反時計回りの風には外向きのコリオリ力がはたらく．外向きのコリオリ力と内向きの圧力勾配がつり合って一定速度状態になる．これを地衡風とよぶ．南半球に行くと，$\omega < 0$ になるので，圧力勾配とつり合うために，風は時計回りに吹く．現実には，地面と風向きと逆方向に摩擦力がはたらき，摩擦力，コリオリ力，圧力勾配がつり合った状態で定常になる．

台風における風の動きを質点の力学で理解するために，角速度 ω で回転する回転系で，中心方向への力 $F(r)$ のほかに，粘性抵抗 $-k\boldsymbol{v}$ とコリオリ力を受けている質量 m の質点の運動を考える．ただし，遠心力は簡単のため無視する．力のつり合いの式は

を満たすので

$$v_x = \frac{-F(r)k}{k^2+4m^2\omega^2}\left(\frac{x}{r}+\frac{y}{r}\frac{2m\omega}{k}\right),$$
$$v_y = \frac{-F(r)k}{k^2+4m^2\omega^2}\left(\frac{y}{r}-\frac{x}{r}\frac{2m\omega}{k}\right). \tag{5.8}$$

粘性抵抗が 0 すなわち $k=0$ のときは，

$$(v_x, v_y) = \frac{F(r)}{2m\omega}\left(\frac{-y}{r}, \frac{x}{r}\right).$$

すなわち反時計回りの円周方向にのみ成分をもつ速度ベクトルになる．k が十分大きくなると

$$(v_x, v_y) \approx \left(\frac{-F(r)x}{kr}, \frac{-F(r)y}{kr}\right)$$

に近づく．速度の大きさは小さくなり，中心方向に向かう速度ベクトルになる．この結果を台風の場合で解釈すると，台風が海上にいるときよりも陸地に上陸したほうが摩擦力が大きくなるので，同じ圧力勾配でも風速は弱くなり，風向きはより中心方向に変わることを表している．

　コリオリ力は地球規模の大気の流れや海流にも影響を与える．北半球の赤道付近ではコリオリ力のため東よりの貿易風が吹き，中緯度付近では偏西風が形成される．その大規模な風により海水が駆動され，海流が生じる．海流の流れもコリオリ力の影響を受ける．コリオリ力は $\Omega\sin\phi$ に比例するので，緯度が高くなるほど強くなる．緯度によるコリオリ力の変化により太平洋や大西洋の西側（ユーラシア大陸やアメリカ大陸の東側）で海流が強くなる．これを惑星ベータ効果とよぶ．黒潮やメキシコ湾流などの大陸の東側を流れる海流が強くなるのはこのためである．

5.2.3　フーコーの振り子

　コリオリ力の緯度依存性を利用して，ジャン・ベルナール・レオン・フーコーはパリのパンテオンの天井から吊るした長さ 67m の糸に 28kg のおもりをつけた振り子で地球の自転を実証した．初期に振り子を x 方向など一定の方向

§5.2 遠心力とコリオリ力

に振動させても，コリオリ力がはたらくために少しずつ振動方向が回転していく．振り子の運動方程式は，遠心力を無視すると

$$\frac{d^2x}{dt^2} = -\frac{g}{l}x + 2v_y\omega, \tag{5.9}$$

$$\frac{d^2y}{dt^2} = -\frac{g}{l}y - 2v_x\omega \tag{5.10}$$

となる．振動方向が $(\cos\omega_1 t, \sin\omega_1 t)$ のように角速度 ω_1 でゆっくりと回転すると仮定して，解の形を

$$x = A\cos(\omega_1 t)\sin(\omega_0 t), \quad y = A\sin(\omega_1 t)\sin(\omega_0 t) \tag{5.11}$$

とおく．振り子の周期は数秒程度で振動面の回転の周期は1日程度なので，$\omega_1 \ll \omega_0 = \sqrt{g/l}$ が成り立つ．この近似のもとで，

$$\frac{d^2x}{dt^2} \approx -2A\omega_1\omega_0\sin(\omega_1 t)\cos(\omega_0 t) - \omega_0^2 A\cos(\omega_1 t)\sin(\omega_0 t),$$
$$v_y \approx A\omega_0\sin(\omega_1 t)\cos(\omega_0 t) \tag{5.12}$$

が成り立つ．式 (5.9) は

$$-2A\omega_1\omega_0\sin(\omega_1 t)\cos(\omega_0 t) \approx 2\omega A\omega_0\sin(\omega_1 t)\cos(\omega_0 t) \tag{5.13}$$

で近似される．したがって，$\omega_1 = -\omega$ が成り立つ．これは，回転系の回転角速度と逆の角速度で振動面が回転することを意味している．ϕ を緯度とすると，ω は $\sin\phi$ に比例し，周期は $T = 24/\sin\phi$ 時間になるので，北極では24時間すなわち1日で振動面が1周する．図5.7に示すように地球外からみると振り子

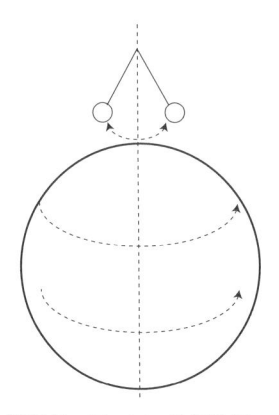

図 **5.7** フーコーの振り子．

は同じ振動面内を振動しているが，地球に乗った観測者は1日に1回転するので，地球上では振動面が逆向きに1日1回転しているようにみえるというわけである．一方，緯度が低くなるにつれωが小さくなり，赤道ではフーコーの振り子は回転しない．逆にこの振動面の回転速度を観測することでその地点の緯度がわかる．

§5.3　回転座標系での運動方程式

この節では，より一般的に回転座標系での運動方程式を導出する．静止系をSとし，原点Oを通る軸のまわりで角速度ωで回転している系をS'とする．大きさがωでこの回転軸の方向を向いたベクトルを角速度ベクトル$\boldsymbol{\omega}$で表す．回転系S'で止まっているベクトル$\boldsymbol{B}$は静止系では軸のまわりで角速度ωで回転する．図5.8のように，ベクトル$\boldsymbol{B}$と回転軸のなす角をθとすると，微小時間Δtの間に$|\Delta \boldsymbol{B}| = |\boldsymbol{B}|\sin\theta(\omega\Delta t)$だけベクトル$\boldsymbol{B}$が変化する．ベクトルの変化の方向は回転軸および$\boldsymbol{B}$の垂直方向なので，ベクトル$\boldsymbol{B}$の静止系での時間変化は

$$\frac{d\boldsymbol{B}}{dt} = \boldsymbol{\omega} \times \boldsymbol{B} \tag{5.14}$$

となる．

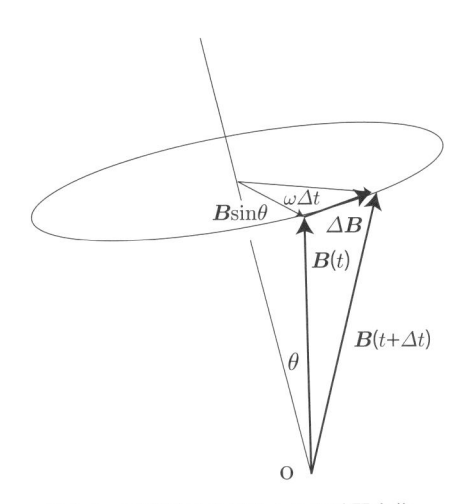

図5.8　回転系でのベクトルの時間変化．

§5.3 回転座標系での運動方程式

次に回転系で時間変化するベクトル $\boldsymbol{B}(t)$ を考える．これ以降，回転系での時間微分を表す時には d'/dt の記号を用いることにする．（後の剛体の運動の章でもこの記号を使う．）静止系での時間変化 $d\boldsymbol{B}/dt$ は，上の回転による時間変化の項に，回転系での時間変化 $d'\boldsymbol{B}/dt$ の項が加わるので，

$$\frac{d\boldsymbol{B}}{dt} = \frac{d'\boldsymbol{B}}{dt} + \boldsymbol{\omega} \times \boldsymbol{B} \tag{5.15}$$

が成り立つ．上の式は一般のベクトルに対して成り立つので，位置ベクトルに関しても

$$\frac{d\boldsymbol{r}}{dt} = \frac{d'\boldsymbol{r}}{dt} + \boldsymbol{\omega} \times \boldsymbol{r} \tag{5.16}$$

が成り立つ．たとえば，回転系で止まっている点の運動を静止系で観察するとその速度は

$$\boldsymbol{v} = \boldsymbol{\omega} \times \boldsymbol{r} \tag{5.17}$$

となる．式 (5.16) を静止系でもう 1 回時間微分すると

$$\frac{d^2\boldsymbol{r}}{dt^2} = \frac{d}{dt}\frac{d'\boldsymbol{r}}{dt} + \boldsymbol{\omega} \times \frac{d\boldsymbol{r}}{dt}. \tag{5.18}$$

この式の右辺第 1 項は式 (5.15) の $\boldsymbol{B}$ に $d'\boldsymbol{r}/dt$ を代入することにより

$$\frac{d}{dt}\frac{d'\boldsymbol{r}}{dt} = \frac{d'^2\boldsymbol{r}}{dt^2} + \boldsymbol{\omega} \times \frac{d'\boldsymbol{r}}{dt}.$$

一方，右辺第 2 項は

$$\boldsymbol{\omega} \times \frac{d\boldsymbol{r}}{dt} = \boldsymbol{\omega} \times \left(\frac{d'\boldsymbol{r}}{dt} + \boldsymbol{\omega} \times \boldsymbol{r} \right)$$

となる．したがって，静止系と回転系の加速度ベクトルの関係は

$$\frac{d^2\boldsymbol{r}}{dt^2} = \frac{d'^2\boldsymbol{r}}{dt^2} + 2\boldsymbol{\omega} \times \frac{d'\boldsymbol{r}}{dt} + \boldsymbol{\omega} \times (\boldsymbol{\omega} \times \boldsymbol{r}) \tag{5.19}$$

となる．静止系での運動方程式が

$$m\frac{d^2\boldsymbol{r}}{dt^2} = \boldsymbol{F}$$

で表されるときは，回転系での運動方程式は

$$m\frac{d'^2\boldsymbol{r}}{dt^2} = \boldsymbol{F} - m\boldsymbol{\omega} \times (\boldsymbol{\omega} \times \boldsymbol{r}) - 2m\boldsymbol{\omega} \times \frac{d'\boldsymbol{r}}{dt} \tag{5.20}$$

となる．右辺第 2 項が遠心力，第 3 項がコリオリ力を表す．

緯度が ϕ の地点の地表面の経度方向を x 座標，緯度方向を y 座標，高さ方向を z 座標とすると，図 5.5 に示すように地軸の方向は $(0, \cos\phi, \sin\phi)$ となり，角速度ベクトルは $\boldsymbol{\omega} = (0, \Omega\cos\phi, \Omega\sin\phi)$ となる．したがって，コリオリ力は

$$-2m\boldsymbol{\omega} \times \boldsymbol{v} = (2m\Omega\sin\phi v_y - 2m\Omega\cos\phi v_z, -2m\Omega\sin\phi v_x, 2m\Omega\cos\phi v_x) \tag{5.21}$$

と表される．

運動が水平方向に限定されている場合は，$v_z = 0$ なので (x, y) 面内のコリオリ力は

$$(2m\Omega\sin\phi v_y, -2m\Omega\sin\phi v_x) \tag{5.22}$$

と表され，前節と同じ結果が得られる．

運動が水平方向に限定されていないときは式 (5.21) を用いる必要がある．鉛直方向の運動の例として高さ h からの自由落下を考える．このとき x, y 方向の速度 v_x, v_y は無視できる．$\boldsymbol{F} = (0, 0, -mg)$ なので

$$\frac{d'^2 x}{dt^2} = -2\Omega\cos\phi \frac{d'z}{dt}, \tag{5.23}$$

$$\frac{d'^2 y}{dt^2} = 0, \tag{5.24}$$

$$\frac{d'^2 z}{dt^2} = -g \tag{5.25}$$

となる．式 (5.25) の解は $z = h - (1/2)gt^2$ となる．これを式 (5.23) に代入すると，$d'^2 x/dt^2 = 2\Omega gt\cos\phi$ となり，

$$x(t) = \frac{1}{3}\Omega gt^3 \cos\phi \tag{5.26}$$

が得られる．この式は，地球の自転のために質点は東の方にずれることを表している．鉛直方向の運動では，ずれの大きさは $\cos\phi$ に比例する．水平方向の運動と異なり，北極で 0 になり，赤道で最大になる．

§5.4 潮汐力

地球上の物体（質量 m）は主として地球（質量 $M_\oplus$）から万有引力を受けているが，月（質量 M_M）からの万有引力も無視できない場合がある．ある固定

§5.4 潮汐力

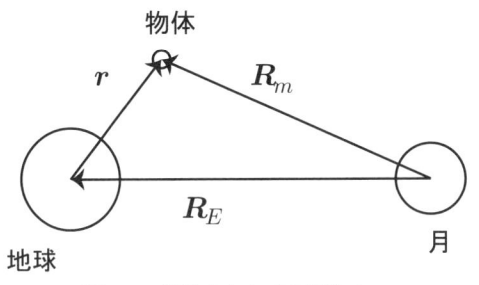

図 5.9 慣性力としての潮汐力.

された原点からの，物体，地球，月の位置ベクトルをそれぞれ r_m, r_E, r_M とする．図 5.9 のように，地球からみた物体の位置ベクトルを $r = r_m - r_E$, 月からみた物体の位置ベクトルを $R_m = r_m - r_M$, 月からみた地球の位置ベクトルを $R_E = r_E - r_M$ と表す．物体が地球から受ける万有引力は大きさは $GM_\oplus m/|r|^2$ で方向は $-r/|r|$ なので，ベクトルで表すと $-GM_\oplus m r/r^3$ となる．同様に物体が月から受ける力は $-GM_M m R_m/R_m^3$ と表せる．したがって，物体の運動方程式は

$$m\frac{d^2 r_m}{dt^2} = -\frac{GM_\oplus m}{r^3} r - \frac{GM_M m}{R_m^3} R_m \tag{5.27}$$

となる．ここで，$|r| = r$, $|R_m| = R_m$ と表した.

一方，地球も月から万有引力を受けている．月から受ける万有引力のもとでの地球の運動方程式は

$$M_\oplus \frac{d^2 r_E}{dt^2} = -\frac{GM_\oplus M_M}{R_E^3} R_E \tag{5.28}$$

となる．ここで，$|R_E| = R_E$ と表した．通常，万有引力のために月は地球のまわりに楕円運動していると考えられているが，厳密には地球と月の重心のまわりに月も地球も楕円運動をしている．したがって，地球も加速度運動をしており，地球上の物体はこの加速度系にのっているので慣性力を受ける．

式 (5.28) から，地球の加速度は $a_0 = -(GM_M/R_E^3) R_E$ となることがわかる．地球という加速度系からみるとみかけの力 $-m a_0$ が加わる．したがって，地球上での物体の運動方程式は

$$m\frac{d^2 r}{dt^2} = -\frac{GM_\oplus m}{r^3} r - GM_M m \left(\frac{R_m}{R_m^3} - \frac{R_E}{R_E^3} \right) \tag{5.29}$$

第5章 非慣性系の運動

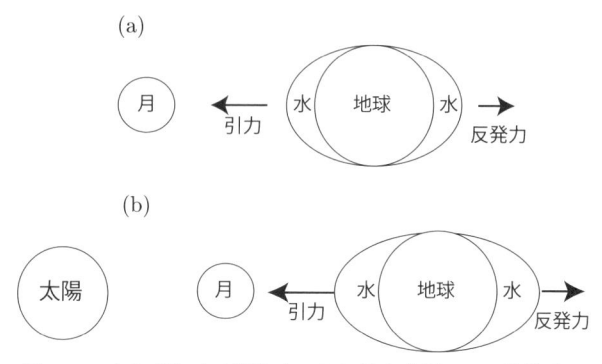

(a)

月　←引力　水 地球 水　→反発力

(b)

太陽　　月　←引力　水 地球 水　→反発力

図5.10 (a) 月による潮汐力. (b) 月と太陽による潮汐力.

となる．この式の右辺の第2項が潮汐力 (tidal force) を表す．

潮汐力の効果を知るために，まず，地球，物体，月が一直線上にある場合を考える．力の方向は，月に向かう単位ベクトル $-\bm{R}_m/R_m$ の方向なので，その方向の大きさのみ考えればよい．このとき，潮汐力の大きさは $GM_M m(1/R_m^2 - 1/R_E^2)$ となる．図5.10(a) のように物体が月の側に来ると，$R_m < R_E$ なので月に引かれる方向に潮汐力がはたらく．逆に物体が月と反対側に来ると，$R_m > R_E$ なので月に反発される方向に潮汐力がはたらく．地球が海水で覆われているとすると，月に引かれたところでは海水面が上がる．これが満ち潮に対応する．月と反対側では反発力がはたらくが，地球から離れる方向なのでやはり海水面が上がり満ち潮になる．反対に，地球と月を結ぶ直線と直交する方向に物体がある場合は，潮汐力は地球の中心方向にはたらくので，海水面が下がり引き潮になる．

地球を北極側から見ると，潮汐力は海水面を楕円状に変形する力のようにみえる．地球は1日1回自転しているので，1日に2回ずつ満ち潮と引き潮が生じる．場所によって満潮時刻が異なるので海水面に高低差が生じ，潮流が発生する．鳴門海峡や関門海峡などの海峡部では二つの海が狭い海峡部でつながっているので，大きな海水面の勾配が生じて潮流が強くなる．潮流が強くなると，鳴門の渦潮など，渦が発生しやすくなる．

月だけでなく，太陽による潮汐力もはたらく．太陽による潮汐力は月による潮汐力より小さいが無視できない．太陽と月と地球が直線上に並ぶ満月および新月のときには，図5.10(b) のように月による潮汐力と太陽による潮汐力が強め合い，干満の差が大きくなる．これを大潮とよぶ．逆に，太陽，地球，月が

§5.4 潮汐力

直角をなす半月のときには，太陽による潮汐力と月による潮汐力が打ち消し合うようにはたらくので干満の差が小さくなる．

　恒星や惑星などの大きな天体（主星）に衛星などの小天体が近づいたとき，ある限界より近づきすぎると，潮汐力により小天体が主星の方向に引き延ばされ破壊される．この限界距離をロッシュ限界という．ロッシュ限界は主星の半径に比例する．シューメーカーレヴィ第9彗星が1994年に木星に衝突した際，彗星がロッシュ限界の内側に入り潮汐分裂する様子が観測された．土星の環の成因は完全にはわかっていないが，土星に近づきすぎた衛星などの小天体が土星から強い潮汐力を受け破壊された結果生じたものではないかと考えられている．

―――――――――――― §5 の章末問題 ――――――――――――

問題 1 時速 144km で動いている自動車が急ブレーキをかけて 5 秒で止まった．このときの加速度を求め，体重 60kg の人がシートベルトから受ける力を求めよ．（5.1 節）

問題 2 質量 m の物体がバネ定数 k のバネに鉛直につり下げられて，全体がエレベータの中にあるとする．$t \leq 0$ で物体はつり合いの状態にあり，エレベータは静止している．$t > 0$ でエレベータは鉛直方向に一定の加速度 a で上昇する．このとき，エレベータの中の人が観測する物体の運動方程式を示し，その解を求めよ．（5.1 節）

問題 3 角速度 ω で回転するバケツに水が入っている．回転系で静止した水面の形状を求めよ．（ヒント 遠心力によりみかけの重力が決まる．水面はこのみかけの重力の方向に垂直である．）（5.2 節）

問題 4 緯度 49 度のパリでフーコーの振り子の振動面が 1 周するのにかかる時間を求めよ．（5.2 節）

問題 5 緯度 30 度の地点で幅 1km の海峡を海流が 3m/s で北に流れているとき，海峡の東端と西端の海水面の差を求めよ．（ヒント 問題 3 と同じようにコリオリ力と重力の合力と海水面が直交する条件から海水面の傾きを求めよ．）（5.2, 5.3 節）

益川コラム 惑星探査，一般相対論

　ロケットの打ち上げ，惑星探査機の運用などは力学の活躍の舞台である．

　力学のもっとも大きな動機は，太陽系の天体の運動の解明であったことは言うまでもない．惑星の太陽との2体問題では説明できない軌道のずれを説明するために，別の第3の天体を仮定して，その天体の引力の影響を考慮した摂動計算をしたことによって，海王星や冥王星が発見されたことは力学の一つの勝利と言ってもよいだろう．実際，1781年にウィリアム・ハーシェルによって発見された天王星は，ニュートン力学から予想される軌道からずれた軌道を運行していることが明らかになった．フランスの天文学者ユルバン・ルヴェリエは，未知の惑星の存在を仮定すればその摂動で天王星の軌道が説明できることを示した．

　一方，イギリスのジョン・クーチ・アダムズも独立に新しい惑星を予言していた．1846年には，ドイツのヨハン・ガレによってルヴェリエの予想した場所に海王星が発見された．ルヴェリエは水星の近日点移動も「ヴァルカン」と呼ばれる新たな惑星の存在で説明できるのではと考えたがこれは正しくなく，アインシュタインの一般相対論によって初めて説明されることになる（本文147ページ参照）．また，近年特に観測技術が進歩しており，太陽系外に多くの惑星が発見されるなど，力学の活躍はきりがない．

　他方，現代的技術の進歩は，ここで学ぶ力学の先を必要としている．たとえば，惑星探査機の軌道の同定，コントロールでは，軌道に対する補正，信号の遅延などについて一般相対論のレベルで計算する必要がある．また，GPS（Global Positioning System, 全地球測位網）でも高精度の時計の同期が必要であり，そのために一般相対論による補正が組み込まれている．このように高度な現代物理学が，現代の技術，そして社会を形作り，支えているのである．

第6章　質点系の運動

本章では複数の質点を含む系の運動を論じる．重心と相対運動に分離する方法を説明した後，衝突問題，連成振動，相互同期，カオスなど複数の質点系に現れる多様な運動を論じる．

§6.1　2個の質点の運動

これまで1個の質点の運動を考えてきた．この章では複数の質点の運動を考える．この節では簡単のため，2個の質点の運動を取りあげる．2個の質点の運動は重心運動と相対運動に分離すると解析が容易になる．

6.1.1　重心と重心の運動

2個の質点の質量をm_1，m_2，位置ベクトルを$\boldsymbol{r}_1$，$\boldsymbol{r}_2$とする．2個の質点の重心を

$$\boldsymbol{R} = \frac{m_1 \boldsymbol{r}_1 + m_2 \boldsymbol{r}_2}{m_1 + m_2} \tag{6.1}$$

で定義する．図6.1(a)のように重心の位置ベクトルは質量で重みをつけた二つの質点の位置ベクトルの平均である．

太陽と地球の場合，太陽は地球に比べて10万倍も大きいので，重心の位置Gはほとんど太陽の中心Oと一致している．具体的には，OGの距離は太陽の半径の0.1％（約450km）である．一方，月は地球の1/81の重さで，月までの距離は38万km程度である．重心の位置は380000/82km= 4630kmで地球の

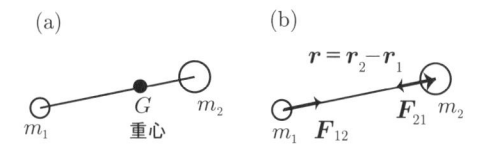

図6.1　(a) 2質点系の重心．(b) 相対座標と内力．

半径 6400km の 72% のところにある．

全質量を $M = m_1 + m_2$ とすると，重心の速度，加速度，全運動量は，それぞれ

$$\bm{V} = \frac{d\bm{R}}{dt} = \frac{m_1\bm{v}_1 + m_2\bm{v}_2}{M} \tag{6.2}$$

$$\frac{d\bm{V}}{dt} = \frac{m_1\bm{a}_1 + m_2\bm{a}_2}{M} \tag{6.3}$$

$$\bm{P} = M\bm{V} = m_1\bm{v}_1 + m_2\bm{v}_2 \tag{6.4}$$

となる．各質点には，この質点以外からはたらく外力 $\bm{F}_1$, $\bm{F}_2$ と，質点間にはたらく内力がかかる．図 6.1(b) のように，質点 1 が 2 から受ける内力を $\bm{F}_{12}$, 質点 2 が 1 から受ける内力を $\bm{F}_{21}$ と表す．内力 $\bm{F}_{12}$, $\bm{F}_{21}$ には作用反作用の法則より $\bm{F}_{12} = -\bm{F}_{21}$ が成り立つ．

それぞれの質点の運動方程式は

$$m_1 \frac{d^2\bm{r}_1}{dt^2} = \bm{F}_1 + \bm{F}_{12}, \ m_2 \frac{d^2\bm{r}_2}{dt^2} = \bm{F}_2 + \bm{F}_{21} \tag{6.5}$$

と書ける．2 式の和から重心の運動方程式

$$M\frac{d\bm{V}}{dt} = \bm{F}_1 + \bm{F}_2 \tag{6.6}$$

が得られる．このように重心の運動方程式の右辺には外力のみが現れる．

6.1.2 相対運動

一つの質点からみたもう一つの質点の運動を相対運動という．この節では，相対座標，相対速度を $\bm{r} = \bm{r}_2 - \bm{r}_1$, $\bm{v} = \bm{v}_2 - \bm{v}_1$ で定義する．外力がない場合には，$\bm{F}_{12} = -\bm{F}_{21}$ なので

$$\frac{d^2\bm{r}}{dt^2} = \frac{\bm{F}_{21}}{m_2} - \frac{\bm{F}_{12}}{m_1} = \left(\frac{1}{m_2} + \frac{1}{m_1}\right)\bm{F}_{21}. \tag{6.7}$$

$\mu = m_1 m_2/(m_1 + m_2)$ とおくと

$$\mu \frac{d^2\bm{r}}{dt^2} = \bm{F}_{21} \tag{6.8}$$

が成り立つ．μ を換算質量 (reduced mass) とよぶ．相対運動の運動方程式には慣性質量として換算質量が現れる．

§6.1　2個の質点の運動

例1　連星の運動

近い距離にある二つの星が両者の重心のまわりを互いに回っている天体を連星という．夜空の星の約 1/4 が連星だといわれている．一般には 2 個の恒星の質量は異なり，明るい方を主星，暗い方を伴星とよぶ．図 6.2(b) のように等しい質量 m をもつ連星が，一定の距離 r 離れて互いのまわりを回っている場合を考える．その円運動の角速度 ω を求める．換算質量は $\mu = m^2/(m+m) = m/2$ で，運動方程式は

$$\mu \frac{d^2 \boldsymbol{r}}{dt^2} = -\frac{Gm^2}{r^3}\boldsymbol{r} \tag{6.9}$$

となる．円軌道の場合，$\mu r \omega^2 = Gmm/r^2$ の関係から，$\omega = \sqrt{Gm^2/(\mu r^3)} = \sqrt{2Gm/r^3}$ となる．r は重心からの距離ではなく，二つの星の間の距離である．質量 m_1, m_2 が $m_1 \neq m_2$ である一般的な場合は，$\mu = m_1 m_2/(m_1 + m_2)$ なので，運動方程式は

$$\frac{d^2 \boldsymbol{r}}{dt^2} = -\frac{G(m_1 + m_2)}{r^3}\boldsymbol{r} \tag{6.10}$$

となり，円軌道の回転角速度は $\omega = \sqrt{G(m_1 + m_2)/r^3}$ で表される．相対運動の従う運動方程式は，1 個の質点の運動方程式と同じ形をしており，第 4 章で議論した惑星のケプラー運動の解析は，式 (6.10) の相対運動の解析をしていたと解釈することができる．

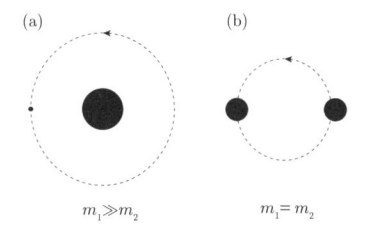

図 6.2　(a) 惑星系．(b) 連星系．

例2　壁にバネでつながれた 2 個の質点

図 6.3 のような壁とバネ定数 k のバネでつながれた 2 個の質点 1 と 2 の運動を考える．質点 1 と 2 の間はバネ定数 k' のバネでつながれている．2 質点の質量はともに m とする．質点 1 と 2 のつり合いの位置からのずれを x_1, x_2 とすると，運動方程式は

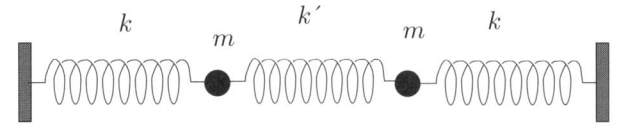

図 6.3 壁にバネでつながれた 2 個の質点.

$$m\frac{d^2 x_1}{dt^2} = -kx_1 + k'(x_2 - x_1), \tag{6.11}$$

$$m\frac{d^2 x_2}{dt^2} = -kx_2 - k'(x_2 - x_1) \tag{6.12}$$

となる.式 (6.11) と式 (6.12) の和から,重心 $X = (x_1 + x_2)/2$ の運動方程式

$$M\frac{d^2 X}{dt^2} = -2kX \tag{6.13}$$

が得られる.この式は $\omega = \sqrt{k/m}$ の単振動を表す.一方,式 (6.12) から式 (6.11) を引くと,相対運動の運動方程式

$$m\frac{d^2 r}{dt^2} = -(k + 2k')r \tag{6.14}$$

が得られる.この式は $\omega = \sqrt{(k + 2k')/m}$ の単振動を表す.2 個の質点はこの二つの単振動の重ね合わせで表される.振動数が異なる運動を重ね合わせるとうなりのような波形になる.ここで説明した系は後の節で論じる連成振動の一例である.

6.1.3 全運動エネルギー

運動エネルギーも重心運動と相対運動に分解できる.相対速度 $\boldsymbol{v}$ を用いると

$$\boldsymbol{v}_2 = \boldsymbol{v}_1 + \boldsymbol{v}$$

と書ける.これを $M\boldsymbol{V} = m_1 \boldsymbol{v}_1 + m_2 \boldsymbol{v}_2$ に代入すると

$$\boldsymbol{v}_1 = \boldsymbol{V} - m_2 \frac{\boldsymbol{v}}{M}. \tag{6.15}$$

同様に,$\boldsymbol{v}_1 = \boldsymbol{v}_2 - \boldsymbol{v}$ を $M\boldsymbol{V} = m_1 \boldsymbol{v}_1 + m_2 \boldsymbol{v}_2$ に代入することにより

$$\boldsymbol{v}_2 = \boldsymbol{V} + m_1 \frac{\boldsymbol{v}}{M}.$$

2 個の質点の全運動エネルギーは

$$K = \frac{1}{2}m_1 v_1^2 + \frac{1}{2}m_2 v_2^2 = \frac{1}{2}m_1\left(\boldsymbol{V} - \frac{m_2\boldsymbol{v}}{M}\right)^2 + \frac{1}{2}m_2\left(\boldsymbol{V} + \frac{m_1\boldsymbol{v}}{M}\right)^2 \quad (6.16)$$

となり，右辺を計算すると

$$K = \frac{1}{2}(m_1 + m_2)V^2 + \frac{m_1 m_2^2 + m_1^2 m_2}{2M^2}v^2 = \frac{1}{2}MV^2 + \frac{1}{2}\mu v^2. \quad (6.17)$$

すなわち，全運動エネルギーが重心運動の運動エネルギーと相対運動の運動エネルギーの和になっていることがわかる．

§6.2 多数の質点の運動

6.2.1 重心運動と相対運動

この節では N 個の質点系の運動を考える．質量 $m_1, m_2, \ldots, m_N$ をもつ質点が位置ベクトル $\boldsymbol{r}_1, \boldsymbol{r}_2, \ldots, \boldsymbol{r}_N$ の位置にあるとする．図 6.4 のように，2 質点系の場合と同様に N 個の質点系の重心の位置ベクトルは，質量で重みをつけて平均した位置ベクトルで表現できる．

$$\boldsymbol{R} = \frac{m_1 \boldsymbol{r}_1 + \cdots + m_N \boldsymbol{r}_N}{m_1 + \cdots + m_N} = \frac{\sum m_i \boldsymbol{r}_i}{M}. \quad (6.18)$$

重心の速度ベクトルは

$$\boldsymbol{V} = \frac{d\boldsymbol{R}}{dt} = \frac{\sum m_i \boldsymbol{v}_i}{M}. \quad (6.19)$$

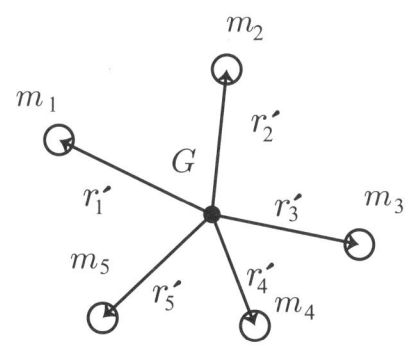

図 6.4　N 質点系の重心と相対座標．

多数の質点系の場合，相対運動を表す基準点として重心をとることが多い．図 6.4 のように，重心 G から見た相対座標および相対速度を $\bm{r}'_i = \bm{r}_i - \bm{R}, \bm{v}'_i = \bm{v}_i - \bm{V}$ と表す．その定義から，相対座標，相対速度に関して

$$\sum m_i \bm{r}'_i = 0, \quad \sum m_i \bm{v}'_i = 0 \tag{6.20}$$

が成り立つ．

$\bm{F}_i$ を i 番目の質点にはたらく外力とし，質点 j が質点 i に及ぼす内力を $\bm{F}_{ij}$ と表す．作用反作用の法則から $\bm{F}_{ij} = -\bm{F}_{ji}$ となる．したがって，内力の総和は 0 になる．すわなち

$$\sum_i \sum_j \bm{F}_{ij} = 0. \tag{6.21}$$

重心の運動方程式は

$$M \frac{d\bm{V}}{dt} = \sum m_i \frac{d\bm{v}_i}{dt} = \sum_i \left(\bm{F}_i + \sum_j \bm{F}_{ij} \right) \tag{6.22}$$

と表され，この第 2 項は内力の総和であるから 0 になる．したがって

$$M \frac{d\bm{V}}{dt} = \sum_i \bm{F}_i \tag{6.23}$$

のように，重心の運動方程式の右辺には外力項だけが現れる．

全運動量 P は各質点の運動量の和なので

$$P = \sum_{i=1}^N m_i \bm{v}_i = M\bm{V}. \tag{6.24}$$

外力の和が 0 なら $dP/dt = Md\bm{V}/dt = 0$ なので全運動量は保存される．すなわち，N 質点間のみで力がはたらくときは，質点系の全運動量は保存される．

たとえば，太陽，惑星，そのほかの小天体で構成される太陽系全体は重力で力を及ぼし合って互いに公転運動をしているが，ほかの天体系からの影響を無視すると，太陽系全体の運動量は保存され，一定の速度で一定方向に動いている．（しかし，さらに大きな時間空間スケールでみると，太陽系も銀河系の一員で，銀河の重力による回転運動を行っている．）空気や水などの気体や液体は 10^{23} のオーダーの数の多数の分子からできている．非常に多数の質点の系と考えることができる．分子スケールでは互いに内力で衝突し合い，乱雑な運動をしている．1 個 1 個の分子の運動は日常的には感じることはないが，その重心運動は空気の流れ（風）や水の流れとして観測される．

6.2.2 全運動エネルギーと全角運動量

2個の質点系と同様に，全運動エネルギーおよび全角運動量を重心運動のものと相対運動のものに分解することができる．

全運動エネルギー

各質点の速度は $\boldsymbol{v}_i = \boldsymbol{V} + \boldsymbol{v}'_i$ なので，全運動エネルギーは

$$K = \sum \frac{1}{2} m_i \boldsymbol{v}_i^2 = \sum \frac{1}{2} m_i (\boldsymbol{V} + \boldsymbol{v}'_i)^2 \tag{6.25}$$

となる．計算を進めると

$$K = \sum \frac{1}{2} m_i \boldsymbol{V}^2 + \sum (m_i \boldsymbol{v}'_i) \cdot \boldsymbol{V} + \sum \frac{1}{2} m_i \boldsymbol{v}'^2_i = \frac{1}{2} M \boldsymbol{V}^2 + \sum \frac{1}{2} m_i \boldsymbol{v}'^2_i \tag{6.26}$$

と表され，全運動エネルギーは重心運動のエネルギーと相対運動のエネルギーの和となる．通常の物体は多数の原子や分子の集合体である．この集合体を多数の質点系と考えるといわゆる物体の運動エネルギーは重心運動のエネルギーである．それに対して，相対運動のエネルギーは内部エネルギーともよばれ，分子の熱運動に起因する熱エネルギーに対応する．

全角運動量

同様に，全角運動量も式 (6.20) を用いると

$$\begin{aligned} \boldsymbol{L} &= \sum_i \boldsymbol{r}_i \times m_i \boldsymbol{v}_i = \sum_i (\boldsymbol{R} + \boldsymbol{r}'_i) \times m_i (\boldsymbol{V} + \boldsymbol{v}'_i) \\ &= \boldsymbol{R} \times M\boldsymbol{V} + \boldsymbol{R} \times \sum_i m_i \boldsymbol{v}'_i + \sum_i m_i \boldsymbol{r}'_i \times \boldsymbol{V} + \sum_i \boldsymbol{r}'_i \times m_i \boldsymbol{v}'_i \\ &= \boldsymbol{R} \times M\boldsymbol{V} + \sum_i \boldsymbol{r}'_i \times m_i \boldsymbol{v}'_i \end{aligned} \tag{6.27}$$

と計算でき，重心運動の角運動量 $\boldsymbol{L}_G = \boldsymbol{R} \times M\boldsymbol{V}$ と相対運動の角運動量 $\boldsymbol{L}' = \sum \boldsymbol{r}'_i \times m_i \boldsymbol{v}'_i$ の和になる．

全角運動量に対する方程式

全角運動量の時間変化を計算すると

$$\frac{d\boldsymbol{L}}{dt} = \sum \frac{d\boldsymbol{r}_i}{dt} \times m_i \boldsymbol{v}_i + \sum \boldsymbol{r}_i \times \frac{d(m_i \boldsymbol{v}_i)}{dt} = \sum \boldsymbol{r}_i \times (\boldsymbol{F}_i + \boldsymbol{F}_{i1} + \cdots + \boldsymbol{F}_{iN}). \tag{6.28}$$

内力に関しては作用反作用の法則より $\boldsymbol{F}_{ji} = -\boldsymbol{F}_{ij}$ が成り立つ．内力 $\boldsymbol{F}_{ij}$ の方向はベクトル $\boldsymbol{r}_i - \boldsymbol{r}_j$ に平行なので，ベクトル積 $(\boldsymbol{r}_i - \boldsymbol{r}_j) \times \boldsymbol{F}_{ij}$ は 0 になる．和をとる順序を変えることにより

$$\sum_i \sum_j \boldsymbol{r}_i \times \boldsymbol{F}_{ij} = \sum_j \sum_i \boldsymbol{r}_j \times \boldsymbol{F}_{ji} = \frac{1}{2} \sum_i \sum_j (\boldsymbol{r}_i \times \boldsymbol{F}_{ij} + \boldsymbol{r}_j \times \boldsymbol{F}_{ji})$$
$$= \frac{1}{2} \sum_i \sum_j (\boldsymbol{r}_i - \boldsymbol{r}_j) \times \boldsymbol{F}_{ij} = 0 \qquad (6.29)$$

となる．したがって

$$\frac{d\boldsymbol{L}}{dt} = \sum \boldsymbol{r}_i \times \boldsymbol{F}_i \qquad (6.30)$$

が成り立ち，全角運動量も外力による力のモーメントの和のみによって変化することがわかる．すなわち，物体全体の回転を考えるときは分子間力などの内力を考えなくてもよい．

重心の角運動量の従う方程式は

$$\frac{d\boldsymbol{L}_G}{dt} = \boldsymbol{R} \times M \frac{d\boldsymbol{V}}{dt} = \boldsymbol{R} \times \sum \boldsymbol{F}_i \qquad (6.31)$$

なので，相対運動の角運動量 $\boldsymbol{L}' = \boldsymbol{L} - \boldsymbol{L}_G$ の従う方程式は

$$\frac{d\boldsymbol{L}'}{dt} = \sum \boldsymbol{r}'_i \times \boldsymbol{F}_i \qquad (6.32)$$

となる．全角運動量の従う運動方程式は重心の角運動量の運動方程式と相対運動の角運動量の運動方程式に分解することができる．これらの式は第 7 章で剛体の運動を議論するときにも用いられる．

□ 宙返りと力学法則

　水泳の飛び込み競技や体操競技では宙返りやひねりを入れて飛ぶ．体のひねりや宙返りは人の体が質点や剛体ではなく，変形の自由度があるから可能になる．空気抵抗を無視すると，体の重心の運動には重力だけが外力としてはたらき，重心の運動方程式は $M dV_z/dt = -Mg$ となる．体は複雑な動きをしていても，重心位置は単純な放物運動を示す．走り高跳びでも，選手が飛び上がった後は，選手の姿勢に関係なく，重心はほぼ正確に放物線軌道を描く．重心の最高の位置はジャンプの際の初速度で決まる．初速度が大きければ高い位置まで上がれるが，ジャンプ力には限界がある．走り高跳びの背面跳びは，重心位置が多少低くても，うまく体を曲げることによりバーをうまく越えるテクニックである．図 6.5(a) のように重心位置は

バーを越えていなくても，体はバーの上を越えることも原理的には可能である．

猫を仰向けにして静かに空中で放しても，図6.5(b)のように体をうまくひねって半回転して足から着地する．角運動量が保存する系にもかかわらず回転運動が生じるのは一見不思議である．猫は足を体の中心軸から外へ伸ばしたり縮めたりして回転運動をうまく制御しているようである．その原理を理解するために，前足，後ろ足を二つの質量 m_1, m_2 の質点で代表させて考えてみる．まず前足を縮めて後足を伸ばす．前足の体の中心軸からの距離を l_1，角速度 ω_1，後ろ足の体の中心軸からの距離を l_2，角速度 ω_2 とする．角運動量保存則 $m_1 l_1^2 \omega_1 + m_2 l_2^2 \omega_2 = 0$ が成り立つとき，$\omega_1 = -(m_2 l_2^2)/(m_1 l_1^2) \omega_2$ となるので，l_1 を l_2 より十分小さくし，後ろ足を反時計回りに少し回転すると，前足（上半身）が大きく時計回りに回転する．すなわち，下半身を反時計回りに数度程度まわすことによって，上半身を時計回りに180度程度回転させることができる．次の段階で，逆に前足を体の中心から伸ばし，後ろ足を縮めた状態で，前足を反時計回りに数度程度回すことにより，後ろ足（下半身）を大きく時計回りに180度程度回す．この2段階で両足は（体も）180度時計回りに回転し，足から着地できるようになる．

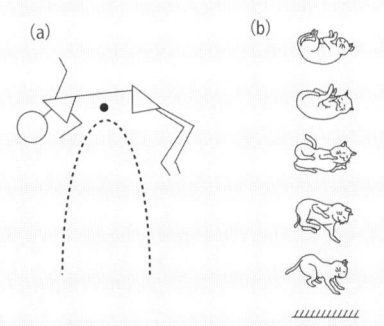

図6.5 (a) 走り高跳び．黒丸はバー，点線は重心の軌道を表す．(b) ねこの宙返り．

§6.3 【発展】ビリアル定理

多数の質点系で成り立つ関係式の一つに，ビリアル定理 (Virial theorem) とよばれる長時間平均量に関する法則がある．次の量 G を考える．

$$G = \sum_i \boldsymbol{p}_i \cdot \boldsymbol{r}_i. \tag{6.33}$$

ここで，$\boldsymbol{p}_i$ は質点 i の運動量で，$\boldsymbol{r}_i$ は質点 i の位置ベクトルを表す．G の時間微分は

$$\frac{dG}{dt} = \sum_i \left(\frac{d\boldsymbol{p}_i}{dt} \cdot \boldsymbol{r}_i + \boldsymbol{p}_i \cdot \frac{d\boldsymbol{r}_i}{dt} \right) = \sum_i m_i \boldsymbol{v}_i^2 + \sum_i \boldsymbol{f}_i \cdot \boldsymbol{r}_i. \tag{6.34}$$

$\boldsymbol{f}_i$ は質点 i にはたらく外力と内力の和を表す．運動が周期的である場合，左辺の長時間平均 $\lim_{\tau \to \infty}(1/\tau)\int_0^\tau (dG/dt)dt = \lim_{\tau \to \infty}\{G(\tau) - G(0)\}/\tau$ は 0 になる．一方，右辺第 1 項は全運動エネルギー K の 2 倍である．したがって，式 (6.34) を長時間平均することによって

$$\overline{K} = -\frac{1}{2}\overline{\sum_i \boldsymbol{r}_i \cdot \boldsymbol{f}_i} \tag{6.35}$$

が成り立つ．$\overline{A}$ は A の長時間平均を表す．この関係をビリアル定理とよぶ．

理想気体の場合は左辺の運動エネルギーの長時間平均は，内部エネルギーを表す．温度 T のときの内部エネルギーは $(3/2)Nk_BT$ となる．ここで，k_B はボルツマン定数を表す．一方，図 6.6 のような 1 辺 L の立方体の箱に閉じ込められた相互作用のない分子集団の場合，右辺に現れる力は $x = 0, x = L, y = 0, y = L, z = 0, z = L$ の位置にある 6 個の壁から受ける力のみである．分子集団全体が壁から受ける力の総和は，圧力と壁の面積 L^2 の積であり，その力の方向は壁に直交している．たとえば，$x = L$ の壁から受ける力による式 (6.35) の右辺への寄与は

$$-\frac{1}{2}\overline{\sum_i \boldsymbol{r}_i \cdot \boldsymbol{f}_i} = -\frac{1}{2}\int_0^L \int_0^L L \cdot (-P) dy dz = \frac{L}{2}\int_0^L \int_0^L P dy dz = \frac{PL^3}{2} \tag{6.36}$$

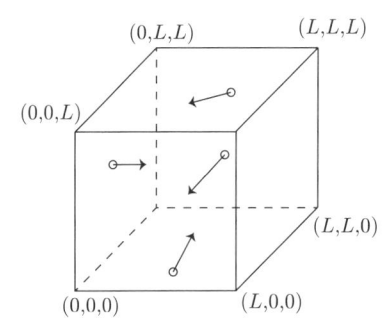

図 6.6　一辺 L の箱の中の理想気体分子．

§6.3 【発展】ビリアル定理

となる．6個の壁からの寄与を加えると

$$-\frac{1}{2}\overline{\sum_i \bm{r}_i \cdot \bm{f}_i} = -\frac{1}{2}\int_0^L \int_0^L \{(0 \cdot P - L \cdot P)dxdy$$
$$+ (0 \cdot P - L \cdot P)dxdz + (0 \cdot P - L \cdot P)dydz\}$$
$$= \frac{3PV}{2}. \tag{6.37}$$

ここで P は圧力，$V = L^3$ は体積を表す．したがって，ビリアル定理から

$$\frac{3}{2}Nk_BT = \frac{3}{2}PV$$

が得られる．この式は理想気体の状態方程式

$$PV = Nk_BT \tag{6.38}$$

を表す式になっている．

重力相互作用する星の集団などでは

$$\bm{f}_i = \sum_j \frac{Gm_im_j(\bm{r}_j - \bm{r}_i)}{|\bm{r}_j - \bm{r}_i|^3} \tag{6.39}$$

となり，

$$\sum_i \bm{r}_i \cdot \bm{f}_i = \sum_i \sum_j \frac{Gm_im_j(\bm{r}_j - \bm{r}_i) \cdot \bm{r}_i}{|\bm{r}_j - \bm{r}_i|^3} = -\frac{1}{2}\sum_{i,j} \frac{Gm_im_j}{|\bm{r}_j - \bm{r}_i|} = U \tag{6.40}$$

は重力のポテンシャルエネルギーを表す．ビリアル定理により

$$\bar{K} = -\frac{1}{2}\bar{U} \tag{6.41}$$

の関係が成り立つ．すなわち，全運動エネルギーの長時間平均は全重力エネルギーの長時間平均の $(-1/2)$ 倍に等しい．

■ ダークマター

天体物理学では，星の集団を重力相互作用する多数の質点系として扱うことがある．この重力多体問題の大規模数値計算を用いて，銀河，星団，太陽系などの構造や進化の理論的研究が行われている．

1934年フリッツ・ツビッキーはビリアル定理をかみのけ銀河に適用し，光学的に

観測できるよりも 400 倍も大きい質量が銀河に存在すると推測した．1970 年代に，ヴェラ・ルービンは，水素原子から放出される光のドップラー効果を利用して，銀河の回転速度を見積もった．回転速度がわかれば，遠心力と重力のつり合いの関係から質量分布がわかる．たとえば，密度が銀河の中心からの半径 r のみの関数 $\rho(r)$ と仮定すると，半径 r の中にある質量は $M = \int_0^r \rho(r) 4\pi r^2 dr$ なので，遠心力と重力のつり合いの式は

$$\frac{mv^2}{r} = mr\omega^2 = Gm \frac{\int_0^r \rho(r) 4\pi r^2 dr}{r^2}$$

となる．$\omega(r)$ は半径 r の地点での回転の角速度を表す．中心に質量が集中していると，$\omega^2 \propto 1/r^3$ となり，ケプラーの第3法則を表す．もし，$\rho(r) \propto 1/r^n$ のようにべき乗則に従っているなら，回転速度は $\omega^2 \propto 1/r^n$ と表される．一方，星の直接的な観測により，物質の質量が推定できる．ルービンの観測によると，光学的に観測できる物質の約 10 倍の物質がないと銀河の回転速度が説明できない．この未知の質量源に対して，ダークマター（dark matter，暗黒物質）という名前がつけられた．その後も，光学的に観測できない物質，ダークマターの存在を示唆するさまざまな観測結果が報告されている．ビッグバン宇宙論における宇宙の膨張や宇宙の大規模構造の形成にもこのダークマターの存在が重要な役割を果たす．2003 年からの宇宙背景放射を観測する WMAP 衛星の観測から，宇宙全体の物質エネルギーのうち22%がダークマターで，水素やヘリウムなど星をつくっている物質は4%程度しかないと見積もられている．残りの74%はダークエネルギー（暗黒エネルギー）とよばれるエネルギーである．ダークマターの実体については，ニュートリノ，小規模なブラックホール，超対称性理論に基づく素粒子ニュートラリーノなど候補はいくつか挙がっているがまだはっきりしたことはわかっていない．

§6.4 衝突と分裂

以下の節では質点系の具体的問題を論じる．この節では衝突と分裂の問題を取り上げる．

6.4.1 衝突問題と反発係数

最初に衝突問題を考える．衝突の際，質点間には短い時間の間に撃力がはたらくが，撃力は作用反作用の法則を満たす内力なので全運動量は保存される．二つの質点が衝突する場合，運動量保存則だけでは衝突後の速度が決ま

§6.4 衝突と分裂

らない．アイザック・ニュートンは二つの振り子のおもりを衝突させる実験を行い，衝突の前後における相対速度 $v_1 - v_2$ および $v_1' - v_2'$ が一定の比をなすこと，およびその比は球の材質で異なることを見出した．この比を反発係数 (coefficient of restitution) とよぶ．はね返り係数とよばれることもある．

反発係数は，衝突の前後の二つの物体の速度を v_1, v_2, v_1', v_2' とするとき，遠ざかる速さと接近する速さの比

$$e = -\frac{v_1' - v_2'}{v_1 - v_2} \tag{6.42}$$

で定義される．$e = 1$ の場合を弾性衝突 (elastic collision) とよび，$0 < e < 1$ の場合を非弾性衝突 (inelastic collision) とよぶ．ニュートンはさまざまな材質の球体間で反発係数を計測し，鋼鉄球では1程度，ガラス球では15/16，硬い毛糸の球では5/9の値を得た．$e = 1$ の弾性衝突のときのみ，全運動エネルギーが保存される．

6.4.2 弾性衝突

質量 m_1 の物体が速度 v_1 で，静止している質量 m_2 の物体に弾性衝突する問題を考える．衝突後の速度をそれぞれ v_1', v_2' と表す．運動量保存則と反発係数の定義により

$$\begin{aligned} m_1 v_1 &= m_1 v_1' + m_2 v_2' \\ v_1 &= v_2' - v_1' \end{aligned} \tag{6.43}$$

が成り立つ．これらの式より

$$v_2' = \frac{2 m_1 v_1}{m_1 + m_2}, \quad v_1' = \frac{(m_1 - m_2) v_1}{m_1 + m_2} \tag{6.44}$$

が成り立つ．衝突後の全運動エネルギーを計算すると

$$E = \frac{1}{2} m_1 v_1'^2 + \frac{1}{2} m_2 v_2'^2 = \frac{1}{2} m_1 \frac{(m_1 - m_2)^2 v_1^2 + 4 m_1 m_2 v_1^2}{(m_1 + m_2)^2} = \frac{1}{2} m_1 v_1^2 \tag{6.45}$$

となる．これは衝突前の運動エネルギーと等しく，エネルギーが保存されていることを示している．

重い物体と軽い物体の衝突

質量 M の重い物体と質量 m の軽い物体が，速度 $v_1 = V$ と $v_2 = -v$ で弾性衝突し，衝突後の速度が v_1' と v_2' となったとする．

運動量保存則より，$MV + m(-v) = Mv_1' + mv_2'$ が成り立ち，弾性衝突のため，$v_2' - v_1' = v_1 - v_2 = V + v$ が成り立つ．$M \gg m$ の条件下で，この連立方程式を解くと

$$v_2' = \frac{2MV + Mv - mv}{M+m} \approx 2V + v,$$
$$v_1' = \frac{MV - mV - 2mv}{M+m} \approx V. \tag{6.46}$$

この結果は，重い物体の速度は変化せず，「軽い物体は重い物体の速度の2倍+軽い物体の速度」ではね返ることを表している．

重ねた2個の物体と床との衝突

質量 M の上に質量 m の軽い物体をのせた状態で，二つの物体を高さ h から自由落下させる．ただし，$M \gg m$ と仮定する．地面に衝突する直前の二つの物体の速度は $v = \sqrt{2gh}$ である．質量 M の物体が地面と弾性衝突した直後，速度は上向きに変わるが，その大きさは $v = \sqrt{2gh}$ である．さらにその直後に，二つの物体は速度 v と $-v$ で弾性衝突する．この2回目の衝突後，上にある軽い物体の速度は，式(6.46)により，上向きに $v_2' \approx 3v = 3\sqrt{2gh}$ となる．このため，軽い物体は最大高さ $v_2'^2/(2g) = 9h$ まで上昇する．つまり，最初の高さの9倍までも高くはね上がる．実際に図6.7のように，小さなスーパーボールを大きなスーパーボールの上に重ねて自由落下させると，上にのせた小さなスーパーボールがかなり高くはね上がることが確認できる．

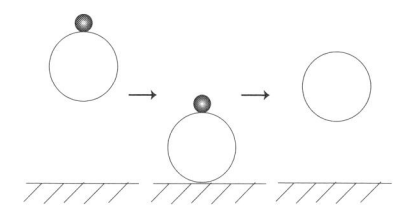

図 6.7 重ねた大小二つの物体が自由落下し，床と衝突し，その後，はね返る過程．

§6.4 衝突と分裂

■ スウィングバイ

　惑星の公転軌道を利用することにより，燃料をほとんど使わずに，宇宙探査機を加速することができる．小質量の探査機がケプラー運動をしている大質量の惑星と相互作用(衝突)することにより加速される．このような，万有引力を利用して宇宙探査機の軌道方向を変えて探査機を加速する方法をスウィングバイとよぶ．

　図 6.8 に惑星に固定した座標系からみた探査機の軌道を示す．惑星の太陽のまわりの公転軌道を点線で示している．探査機は下から相対速度 u_i で惑星に近づき，惑星の引力で引き寄せられる．惑星に対する探査機の重力エネルギーは正なので，探査機は双曲線軌道を描き，軌道の方向が変わる．惑星からみると重力圏に入射してくる速度と出ていく速度は変わらないので，探査機が離れていく相対速度 u_f の大きさは $|u_i|$ と等しい．しかし，惑星自身が太陽のまわりを公転運動している．その速度を V とすると，静止系から見た衝突前の探査機の速度ベクトルは $v_i = u_i + V$ で，衝突後の速度ベクトルは $v_f = u_f + V$ となる．惑星を通り過ぎた後に，惑星の公転方向とほぼ同じ方向に探査機の軌道が向くように衝突させると，探査機の速度は，惑星に接近するときに比べて惑星の公転速度分足された速度になり，探査機は加速されることになる．1977 年に打ち上げられたボイジャー 1 号と 2 号は木星に接近し，スウィングバイをおこない，加速することにより土星に接近した．ボイジャー 2 号はさらに天王星と海王星の観測を行った．その後，ボイジャー 1 号, 2 号は太陽系を離れつつある．

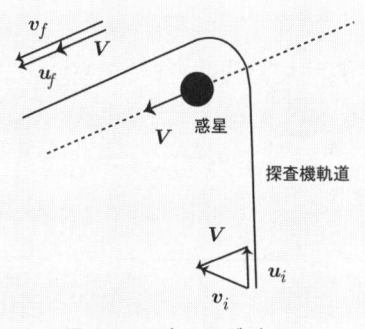

図 6.8　スウィングバイ．

6.4.3　非弾性衝突

　非弾性衝突のときは全運動エネルギーは減少する．減少したエネルギーは熱エネルギーすなわち物質を構成する分子の運動エネルギーなどに変換される．

重い物体と軽い物体との非弾性衝突

大きな質量 M の物体が速度 $v_1 = V$ で速度 $v_2 = -v$ の小さな質量 m の物体と非弾性衝突し、衝突後に速度が v_1' と v_2' になったとする。ただし、$M \gg m$ と仮定する。運動量保存則 $MV + m(-v) = Mv_1' + mv_2'$ と反発係数の定義 $e = (v_2' - v_1')/(V + v)$ より

$$v_2' = \frac{Me(V+v) + MV - mv}{M+m} \approx V + e(V+v) \tag{6.47}$$

となる。つまり、大きな質量の物体の速度 V と衝突の相対速度 V と v の反発係数 e 倍の和の速度ではね返る。直感的に理解するために、大質量の物体の速度 V で動く系からみると、小質量の物体の速度は $V + v$ になる。反発係数が e で壁に当たるようなものなので、衝突後、$e(V+v)$ の速度になる。これを静止系からみると、$V + e(V+v)$ となる。

例 野球のバッティング

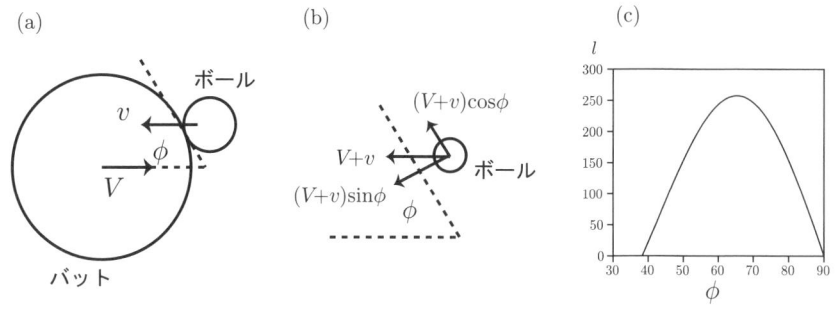

野球のバッティングでピッチャーの投げたボールをバットで打つ場合を考える。ピッチャーのボールが v、バットのスウィングの速さが V、反発係数を e とする。ボールとバットの速度ベクトルは x 方向であるが、ボールはバットの真正面から少し上にずれた点で衝突すると仮定する。図 6.9 のように、衝突面が水平面からなす角度を ϕ とする。バットの速度 V で動く系からみると、衝突面に $V + v$ で x の正方向からボールが当たる。その速度の衝突面に平行な成分は $(V+v)\cos\phi$ で、衝突面に垂直な成分は $(V+v)\sin\phi$ になる。衝突面に垂直な成分が反発係数 e ではね返り、$e(V+v)\sin\phi$ となる。衝突面に平行な成分には力

図 6.9　(a) ボールとバットの衝突（断面図）。(b) 速度 V で動く系からみたボールの衝突。(c) 角度 ϕ と飛距離 l の関係。

がはたらかないと仮定すると, $(V+v)\cos\phi$ で変化がない. 静止系でみた衝突後のボールの水平方向の速度は $v_x = e(V+v)\sin\phi\sin\phi - (V+v)\cos\phi\cos\phi + V$ で, 鉛直方向の速度は $v_y = e(V+v)\sin\phi\cos\phi + (V+v)\cos\phi\sin\phi$ となる. 衝突後, ボールが放物運動して地面に落下する地点は $l = 2v_x v_y/g$ である. ボールがバットに当たる位置で決まる角度 ϕ を変えると, 飛距離が変わる. v として時速120km, V として時速100kmを仮定する. 硬式野球では反発係数が0.41–0.44を満たすものだけが公式ボールとされているので, ここでは e の値として0.42を仮定する. 飛距離 l を ϕ の関数として描いたものが図6.9(c)である. $\phi = 65$ 度程度の角度で衝突すると, 257mの最大飛距離が得られる. これは十分ホームランになる距離である.

非弾性衝突と相対運動

1質点と2個の質点からなる系の衝突問題を用いて, 非弾性衝突のメカニズムを考える. 図6.10のように, 質量 M, 速度 v_1 の物体が, バネ定数 k のバネでつながれた二つの質量 m の質点系に左から弾性衝突すると仮定する. 弾性衝突直後, 2質点系の左の質点は速度 $v_2' = 2Mv_1/(M+m)$ で動き出す. 一方, 質量 M の物体の速度は $v_1' = (M-m)v_1/(m+M)$ となる. バネでつながれた2質点系には運動量 $P = mv_2' = 2mMv_1/(m+M)$ が与えられたことになる. その結果, 2質点系の重心の速度は $V = P/(2m) = Mv_1/(m+M)$ となる. 2質点系との1質点の実効的反発係数は

$$e = -\frac{(M-m)v_1/(m+M) - Mv_1/(M+m)}{v_1} = \frac{m}{M+m} < 1 \quad (6.48)$$

と計算される. すなわち, 質点の集まりを一つの物体とみなすことによって非弾性衝突が現れる. 衝突前の運動エネルギーは $(1/2)Mv_1^2$. 衝突後の質量 M

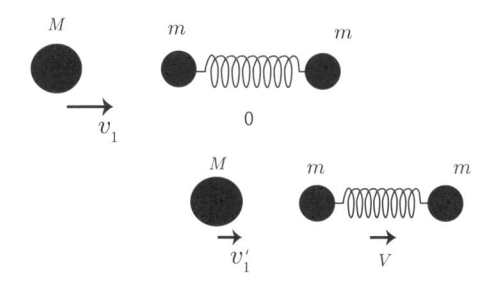

図 6.10 質量 M と質量 m の 2 個の質点系の衝突.

の質点の運動エネルギーは $(1/2)Mv_1'^2 = (1/2)M(M-m)^2v_1^2/(M+m)^2$. 衝突後の 2 質点系の重心の運動エネルギーは $(1/2)(2m)M^2v_1^2/(M+m)^2$. その差は 2 質点系の相対運動のエネルギー $(1/2)m(v_2'-V)^2 + (1/2)m(0-V)^2 = mM^2v_1^2/(m+M)^2$ に等しい.非弾性衝突により,運動エネルギーの一部が相対運動のエネルギーすなわち内部エネルギーに移行したことを意味している.

6.4.4 分裂

反発係数 e が 0 の衝突では衝突後の 2 個の物体の速度が等しくなるので,2 個の物体が 1 個に融合したと解釈することもできる.このとき運動量保存則は成立するが,運動エネルギーは減少する.その逆の過程である 1 個の物体が 2 個あるいは多数の物体に分裂する場合もある.2 段式や 3 段式ロケットで下段のロケットが切り離される過程や,動いている車から物を投げるのも力学的には分裂問題と解釈できる.一つの物体が二つに分裂する問題でも運動量保存則は成立するが,運動エネルギーの和は保存しない.分裂後の全エネルギーは分裂前より大きく,何らかのエネルギーの注入がないと分裂は起こらない.

核分裂では静止した質量 M の原子核が質量 m_1 と m_2 の二つの原子核に分裂する.その速度を v_1, v_2 とすると,運動量保存則より $m_1v_1 + m_2v_2 = 0$ の関係が成り立つ.アルベルト・アインシュタインによって最初提唱された,質量欠損のエネルギー $\Delta mc^2 = (M - m_1 - m_2)c^2$ が運動エネルギーになる.すなわち,$(1/2)m_1v_1^2 + (1/2)m_2v_2^2 = (M - m_1 - m_2)c^2$ が成り立つ.この二つの式より

$$v_1 = \left(\frac{2m_2(M - m_1 - m_2)c^2}{m_1m_2 + m_1^2} \right)^{1/2}, \quad v_2 = -\left(\frac{2m_1(M - m_1 - m_2)c^2}{m_1m_2 + m_2^2} \right)^{1/2}. \tag{6.49}$$

逆にいうと質量欠損のエネルギー生成 $(M - m_1 - m_2)c^2$ がないと核分裂できない.ウラン 235 が質量数 95 と 139 の二つの原子核に核分裂する場合,165MeV(264×10^{-13}J) 程度のエネルギーが生成される.このとき出てくる二つの原子核の速度は上式によると約 1.4×10^7m/s と 0.96×10^7m/s である.この速度は光速 3×10^8m/s の 1/30 程度である.

6.4.5 ロケットの加速

ロケットは燃料ガスを後方に高速度で噴射することにより加速する.最初に

§6.4 衝突と分裂

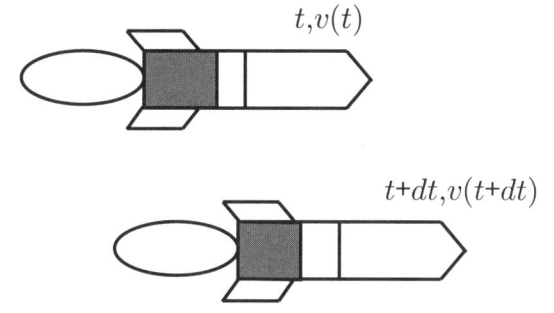

図 6.11 ロケットの加速．燃料タンク内の燃料を灰色で示している．

水平方向に加速する場合を考える．ガスの噴出過程をロケットからガス粒子群が分離される過程と解釈すると，この問題は分裂問題の1種とも解釈できる．

図6.11のように，時刻 t のロケットの質量を $M(t)$ とする．燃料ガスを噴出することによりロケットの質量は時間とともに減少する．毎秒質量 m の燃料ガスがロケットに対して速度 v_0 で噴射されると仮定する．時刻 t のロケットの速度を $v(t)$ と表すと，時刻 $t+dt$ でのロケットの質量は $M-mdt$，速度は $v(t+dt)$ となる．t から $t+dt$ の間に放出されたガスの質量は mdt で，静止系からみたガスの速度は $v(t)-v_0$ である．時刻 t と $t+dt$ の間で成り立つ運動量保存則は

$$M(t)v(t) = (M(t)-mdt)v(t+dt) + mdt(v(t)-v_0) \qquad (6.50)$$

と表される．$v(t+dt) = v(t) + (dv/dt)dt$ とテイラー展開して，式 (6.50) に代入し $(dt)^2$ の項を無視すると

$$M(t)\frac{dv}{dt}dt - mv_0 dt = 0$$

が得られる．ロケットの質量は $M(t) = M(0) - mt$ なので

$$\frac{dv}{dt} = \frac{mv_0}{M(t)} = \frac{mv_0}{M(0)-mt} \qquad (6.51)$$

となる．この微分方程式を積分すると

$$v(t) = -v_0 \log(M(0)-mt) + C. \qquad (6.52)$$

初期値として $v(0) = 0$ とすると，$C = v_0 \log M(0)$ となるので

$$v(t) = v_0 \log\left\{\frac{M(0)}{M(0)-mt}\right\}. \qquad (6.53)$$

この解は $t = M(0)/m$ で速度は無限大になる．これはロケットの全質量を消費しきった場合である．ロケット本体の質量 M_0 は初期質量 $M(0)$ より小さいので，燃料がなくなる時間は $t = (M(0) - M_0)/m$ である．このときの速度は，$v = v_0 \log(M(0)/M_0)$ となる．

dt の間に，運動エネルギーは

$$\Delta K = \frac{1}{2}(mdt)(v - v_0)^2 + \frac{1}{2}(M(t) - mdt)(v + \Delta v)^2 - (1/2)M(t)v^2$$
$$\approx (1/2)mdtv_0^2 \tag{6.54}$$

変化する．最後の式の導出では，$(mdt)^2$ や Δv^2 を無視した．この結果は，全運動エネルギーが増加することを意味する．燃料に含まれている化学エネルギーの一部が，燃焼を通じて運動エネルギーに変換されたと考えられる．

一方，ロケットが毎秒質量 m の燃料ガスをロケットに対して速度 v_0 で噴射しながら上昇する場合には，運動量 P は次式に従って減少する．

$$\frac{dP}{dt} = -Mg.$$

運動量の変化を表す式は

$$(M(t) - mdt)v(t + dt) + mdt(v(t) - v_0) - M(t)v(t) = -M(t)gdt \tag{6.55}$$

におき換わる．ロケットの質量は $M(t) = M(0) - mt$ なので，加速度は

$$\frac{dv}{dt} = \frac{mv_0}{M(0) - mt} - g. \tag{6.56}$$

$mv_0/M(0)$ が g より小さいと，最初からロケットは上昇できない．時刻 t での上昇速度は

$$v(t) = v_0 \log\left(\frac{M(0)}{M(0) - mt}\right) - gt \tag{6.57}$$

となり，高さは

$$h(t) = v_0 \left(t - \frac{M(0)}{m}\right) \log\left(\frac{M(0)}{M(0) - mt}\right) + v_0 t - (1/2)gt^2 \tag{6.58}$$

と求められる．

§6.5　連成振動

複数の振動子系が相互作用を及ぼしながら振動するとき，連成振動 (coupled vibration) とよぶ．連成振動は数学的には連立線形微分方程式で表され，行列の固有値と固有ベクトルを使った方法で解が得られる．

行列の固有値と固有ベクトル

行列の固有値と固有ベクトルを簡単に説明する．2×2 型の行列

$$A = \begin{pmatrix} a_{11} & a_{12} \\ a_{21} & a_{22} \end{pmatrix}$$

の固有値 λ と固有ベクトル (x, y) は

$$\begin{pmatrix} a_{11} & a_{12} \\ a_{21} & a_{22} \end{pmatrix} \begin{pmatrix} x \\ y \end{pmatrix} = \lambda \begin{pmatrix} x \\ y \end{pmatrix} \tag{6.59}$$

を満たすものとして定義される．一般に，ベクトル (x, y) は行列 A によって，別のベクトルに変換されるが，特別な方向のベクトル (x, y) に対しては変換されたベクトルと元のベクトルは同じ方向を向き，その大きさは λ 倍になる．この特別な方向のベクトルを固有ベクトルとよび，λ を固有値という．2×2 型行列には二つの固有ベクトルの方向がある．2次元ベクトル空間を二つの固有ベクトルを使って表現するといろいろ便利なことがある．上式は

$$\begin{pmatrix} a_{11} - \lambda & a_{12} \\ a_{21} & a_{22} - \lambda \end{pmatrix} \begin{pmatrix} x \\ y \end{pmatrix} = \begin{pmatrix} 0 \\ 0 \end{pmatrix} \tag{6.60}$$

と等価である．この式が $(0, 0)$ 以外の解 (x, y) をもつためには左辺の行列の行列式が 0 になる必要がある．なぜなら，行列式が 0 でなければ逆行列が存在するのでその逆行列を両辺にかけると $(x, y) = (0, 0)$ になるからである．行列式が 0 の条件より

$$\begin{vmatrix} a_{11} - \lambda & a_{12} \\ a_{21} & a_{22} - \lambda \end{vmatrix} = 0$$

すなわち，

$$\lambda^2 - (a_{11} + a_{22})\lambda + (a_{11}a_{22} - a_{12}a_{21}) = 0 \tag{6.61}$$

の解として固有値は求められる．対称行列すなわち $a_{12} = a_{21}$ の場合は，固有値は

$$\lambda = \frac{a_{11} + a_{22} \pm \sqrt{(a_{11} - a_{22})^2 + 4a_{12}^2}}{2}$$

と表され,常に実数となることがわかる.

6.5.1　2質点系の連成振動

壁とバネでつながれた2個の質点

図 6.12 のような壁とバネでつながれた同じ質量の 2 質点系を考える.質点 1 は左の壁とバネ定数 k のバネでつながれ,質点 2 は右の壁とバネ定数 k のバネでつながれ,さらに質点 1 と 2 の間はバネ定数 k' のバネでつながれている.運動方程式はそれぞれの質点にかかる力から

$$\begin{aligned}
m\frac{d^2 x_1}{dt^2} &= -kx_1 + k'(x_2 - x_1), \\
m\frac{d^2 x_2}{dt^2} &= -kx_2 - k'(x_2 - x_1)
\end{aligned} \quad (6.62)$$

となる.この連立微分方程式の解を求めるため,次の形の解を仮定する.

$$x_1 = C_1 \sin(\omega t + \alpha), \quad x_2 = C_2 \sin(\omega t + \alpha). \quad (6.63)$$

運動方程式から

$$\begin{aligned}
-\omega^2 m C_1 &= -kC_1 + k'(C_2 - C_1), \\
-\omega^2 m C_2 &= -kC_2 - k'(C_2 - C_1).
\end{aligned} \quad (6.64)$$

左辺に移項すると

$$\begin{aligned}
(\omega^2 m - k - k')C_1 + k'C_2 &= 0, \\
k'C_1 + (\omega^2 m - k - k')C_2 &= 0.
\end{aligned} \quad (6.65)$$

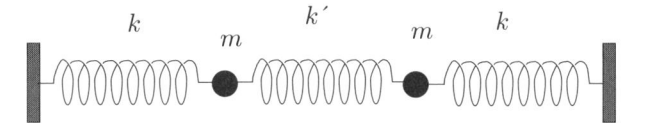

図 6.12　バネでつながれた 2 質点系の連成振動.

§6.5 連成振動

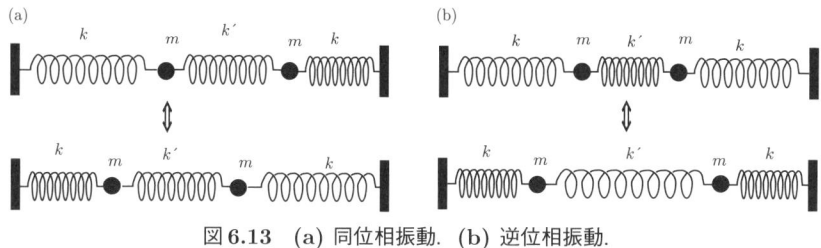

図 6.13 (a) 同位相振動. (b) 逆位相振動.

すなわち,

$$\begin{pmatrix} \omega^2 m - k - k' & k' \\ k' & \omega^2 m - k - k' \end{pmatrix} \begin{pmatrix} C_1 \\ C_2 \end{pmatrix} = \begin{pmatrix} 0 \\ 0 \end{pmatrix} \quad (6.66)$$

が得られる. $C_1 = C_2 = 0$ 以外の解が存在するためには, 行列式が 0 でなければならない. すなわち,

$$(\omega^2 m - k - k')^2 - k'^2 = 0. \quad (6.67)$$

この方程式の解は

$$\omega^2 = \frac{k}{m}, \ \omega^2 = \frac{k + 2k'}{m} \quad (6.68)$$

となる. $\omega^2 = k/m$ の場合, $C_1 = C_2$ が成り立つ. 一方, $\omega^2 = (k+2k')/m$ の場合, $C_1 = -C_2$ が成り立つ. 数学的には $m\omega^2$ が固有値, (C_1, C_2) は固有ベクトルに対応する.

$C_1 = C_2$ の場合は, 図 6.13(a) のように, 二つの質点が同じ向きに動く同位相運動を表す. このとき, 中央のバネは伸び縮みしないので存在しないのと等価になる. したがって, 振動数は 1 質点の単振動のものと等しい. 一方 $C_1 = -C_2$ の場合は, 図 6.13(b) のように, $x_1 = -x_2$ となる. これは, 二つの質点が逆向きに動く逆位相運動を表している. このとき, 重心の位置は動かない. この二つの振動を基準振動という. 一般に二つの基準振動の振動数は異なる.

式 (6.62) のような微分方程式の右辺に x_1 と x_2 の 1 次式のみ現れる線形微分方程式の一般解は, 基本解に定数を掛けて足したもの, すなわち線形和で表される. これを重ね合わせの原理という. 2 個の質点の運動の場合も二つの基準振動の線形和で表される. すなわち, 解の一般形は

$$x_1 = A \sin(\sqrt{k/m}\, t + \alpha_A) + B \sin(\sqrt{(k+2k')/m}\, t + \alpha_B),$$

$$x_2 = A\sin(\sqrt{k/m}t + \alpha_A) - B\sin(\sqrt{(k+2k')/m}t + \alpha_B) \qquad (6.69)$$

と表せる．係数 A, α_A, B, α_B は初期条件 $x_1(0), x_2(0), v_1(0), v_2(0)$ により一意的に決定される．二つの基準振動の振動数は異なるので，その和である連成振動は図 6.14 のような二つの周期運動が重なり合ったうなりのような準周期運動 (quasi-periodic motion) となる．

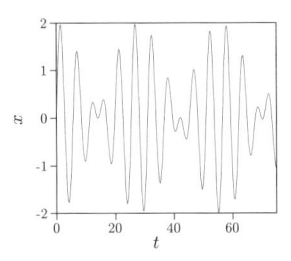

図 **6.14** 準周期運動 $x = \sin t + \sin\sqrt{3/2}\,t$.

2 重振り子

図 6.15 のように二つの振り子をつないだものを 2 重振り子 (double pendulum) とよぶ．簡単のため，二つの糸の長さはともに l で，二つの質点の質量も同じ値 m をとると仮定する．真下につり下げられた状態からの二つの質点の変位をそれぞれ x_1, x_2 とする．x_1, x_2 が l に比べて十分小さいと仮定すると，上側の糸の張力は $2mg$ で，下の糸の張力は mg となる．上の質点にかかる x 方向

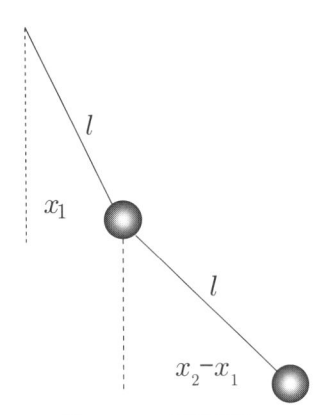

図 **6.15** 2 重振り子.

§6.5 連成振動

の力は，上の糸による復元力 $-2mgx_1/l$ と下の糸による復元力 $mg(x_2-x_1)/l$ の和となる．一方，下の質点にかかる力は $-mg(x_2-x_1)/l$ である．したがって運動方程式は

$$m\frac{d^2x_1}{dt^2} = -\frac{2mgx_1}{l} + \frac{mg(x_2-x_1)}{l},$$
$$m\frac{d^2x_2}{dt^2} = -\frac{mg(x_2-x_1)}{l} \tag{6.70}$$

と書ける．基準振動を求めるために，$x_1 = C_1\sin(\omega t+\alpha)$, $x_2 = C_2\sin(\omega t+\alpha)$ とおく．この式を上式に代入すると

$$-m\omega^2 C_1 = \frac{mg}{l}\{-2C_1 + (C_2-C_1)\},$$
$$-m\omega^2 C_2 = \frac{mg}{l}(C_1-C_2). \tag{6.71}$$

この連立方程式が 0 でない解をもつためには，係数のつくる行列式が 0 でなければならない．すなわち，

$$\left(\omega^2 - 3\frac{g}{l}\right)\left(\omega^2 - \frac{g}{l}\right) - \left(\frac{g}{l}\right)^2 = 0. \tag{6.72}$$

この方程式を解くと

$$\omega = \sqrt{\frac{g}{l}(2\pm\sqrt{2})}. \tag{6.73}$$

$\omega = \sqrt{g(2-\sqrt{2})/l}$ のとき，図 6.16 のように，$C_1 = (\sqrt{2}-1)C_2 \approx 0.414C_2$ となり同位相の振動を表す．一方，$\omega = \sqrt{g(2+\sqrt{2})/l}$ のとき，図 6.16(b) のよ

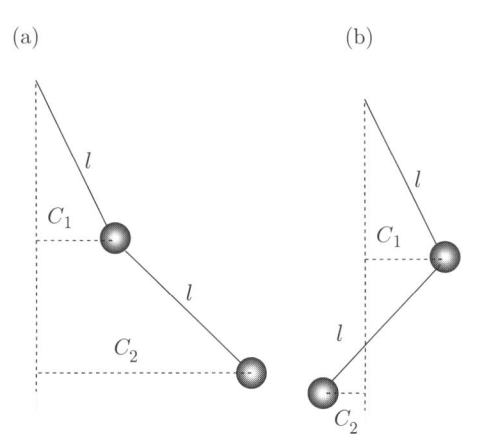

図 6.16　2 重振り子．(a) 同位相振動．(b) 逆位相振動．

うに，$C_1 = -(\sqrt{2}+1)C_2 \approx -2.414C_2$ となり，逆位相の振動を表す．固有ベクトル (C_1, C_2) の各成分の比 $C_1 : C_2$ はそれぞれの基準振動での x_1 と x_2 の振幅の比を表している．一般の初期条件のもとでは，この二つの基準振動の線形和（重ね合わせ）で 2 重振り子の運動が表現される．

6.5.2 【発展】N 質点系の連成振動と波動方程式

多数の質点系の連成振動の例として，図 6.17 のように，質量 m の N 個の質点がバネ定数 k のバネで互いにつながれている系を考える．両端は壁に固定されていると仮定する．バネの自然長を l とする．静止状態では，$(N+1)l$ 離れた二つの壁の間に等間隔に質量 m の質点が N 個置かれている．両端の境界条件は，0 番目と $N+1$ 番目の点が壁の位置に固定されていると考える．i 番目の質点にかかる力は右のバネによる力 $k(x_{i+1} - x_i)$ と左のバネによる力 $-k(x_i - x_{i-1})$ の和となる．したがって，つり合いの位置からの変位 x_i に関する運動方程式は

$$m\frac{d^2 x_i}{dt^2} = k(x_{i+1} - 2x_i + x_{i-1}) \tag{6.74}$$

となる．両端の固定境界条件は $x_{N+1} = x_0 = 0$ と表すことができる．

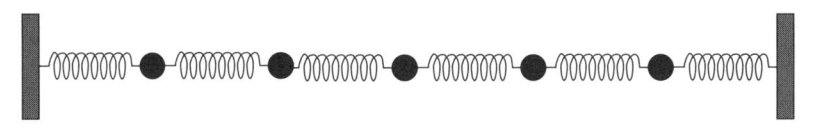

図 6.17 N 質点系の連成振動．両端は固定されている．

この方程式には $x_i(t) = C \sin(\omega t + \alpha) \sin(Ki + \beta)$ の解がある．実際，式 (6.74) の左辺に代入すると，$md^2 x_i/dt^2 = -mC\omega^2 \sin(\omega t + \alpha) \sin(Ki + \beta)$ が得られる．一方，右辺に代入すると，$k(x_{i+1} - 2x_i + x_{i-1}) = kC \sin(\omega t + \alpha) \sin(Ki + \beta)(2\cos K - 2)$ なので，$\omega = \sqrt{2k(1 - \cos K)/m}$ を満たせば解になることがわかる．固定境界条件のもとでは，$x_{N+1} = x_0 = 0$ が成り立つ．$i = 0$ のとき，任意の時刻で $x_0 = 0$ となることから，$\sin \beta = 0$，すなわち $\beta = 0$ が得られる．$i = N+1$ で，任意の時刻 t において $x_{N+1} = 0$ が成り立つためには $\sin\{K(N+1)\} = 0$，すなわち $K(N+1)$ が π の整数倍 $n\pi$ でなければならない．この条件から

$$K = K_n = \frac{n\pi}{N+1} \tag{6.75}$$

が成立する．ここで，n は 1 から N までの整数をとる．$\alpha = 0$ または $\pi/2$ とおいた $A_n \sin(\omega_n t) \sin(K_n i)$ と $B_n \cos(\omega_n t) \sin(K_n i)$ がこの系の基準振動になる．この全部で $2N$ 個ある基準振動の重ね合わせで，連成振動は完全に表現できる．すなわち，

$$x_i(t) = \sum_{n=1}^{N} \{A_n \sin(\omega_n t) + B_n \cos(\omega_n t)\} \sin(K_n i). \tag{6.76}$$

A_n と B_n は初期変位 $x_i(0)$ および初速度 $v_i(0) = dx_i(0)/dt$ によって一意的に決まる．

この N 個の質点の連成振動の連続体極限 (continuum limit) を考えよう．すなわち，壁間の距離 $L = (N+1)l$ を一定とした条件下で N を十分大きくする．N が十分大きく，$0 < n/N \ll 1$ のときは，$\omega_n = \sqrt{2k(1-\cos K_n)/m} \approx \sqrt{k/m} K_n$ となり，基準振動は $A_n \sin(K'vt) \sin(K'z)$ および $B_n \cos(K'vt) \times \sin(K'z)$ と近似できる．ここで，$z = li$ は i 番目の質点の位置を表し，$K' = K_n/l = n\pi/\{(N+1)l\}$，$v = \omega_n l/K_n = \sqrt{k/ml}$ である．$K' = n\pi/L$ は正弦波の波数を表し，$2\pi/K' = 2L/n$ が正弦波の波長を表す．

次に，運動方程式の連続体極限を考える．壁間の距離 $L = (N+1)l$ を一定にした条件下で N を十分大きくすると，質点間の間隔 $l = L/(N+1)$ は小さくなる．$n \ll N$ の振動を考えると，x_i の空間変動はゆっくり変化するので，$x_i(t) = X(z,t)$ のように空間を連続化する近似を行ってもよい．このとき，$x_{i+1} = X(z+l), x_{i-1} = X(z-l)$ と表現でき，$X(z+l)$ などを z のまわりでテイラー展開すると

$$\begin{aligned}
&x_{i+1} - 2x_i + x_{i-1} \\
&= X(z+l) - 2X(z) + X(z-l) \\
&= X(z) + \frac{\partial X}{\partial z}l + \frac{1}{2}\frac{\partial^2 X}{\partial z^2}l^2 - 2X(z) + X(z) - \frac{\partial X}{\partial z}l + \frac{1}{2}\frac{\partial^2 X}{\partial z^2}l^2 \\
&= \frac{\partial^2 X}{\partial z^2}l^2
\end{aligned} \tag{6.77}$$

が得られる．この近似式を運動方程式に代入すると，

$$m\frac{\partial^2 X}{\partial t^2} = kl^2 \frac{\partial^2 X}{\partial z^2}. \tag{6.78}$$

m/l は単位長さあたりの質量，すなわち密度 ρ を表す．一方，バネ定数は長さに反比例するので，$\kappa = kl$ は弾性体の弾性の強さを表すヤング率に対応する．

ρ と κ を用いると, 運動方程式は

$$\frac{\partial^2 X}{\partial t^2} = \frac{\kappa}{\rho}\frac{\partial^2 X}{\partial z^2} = v^2 \frac{\partial^2 X}{\partial z^2} \tag{6.79}$$

となる. この式は速度 $v = \pm\sqrt{\kappa/\rho}$ で伝搬する音波 (sound wave) あるいは弾性波 (elastic wave) の波動方程式を表している. この波動方程式は右に伝搬する正弦波解 $X = \sin K'(z - vt + \alpha)$ と左に伝搬する正弦波解 $X = \sin K'(z+vt-\alpha)$ を基本解にもつ. ここで, K' は正弦波の波数, $\lambda = 2\pi/K'$ は正弦波の波長を表す. $z = 0$ で固定境界条件 $X(0) = 0$ が課されていると, $z = 0$ で伝搬波が反射し, 右に伝搬する解と左に伝搬する解が重ね合わされ, 定在波 $X = A\sin K'(z-vt+\alpha) + A\sin K'(z+vt-\alpha) = 2A\sin K'z \cos\{K'(vt-\alpha)\}$ が得られる. α を 0 と $\pi/2$ とおくと, 二つの基本解, $\sin(K'z)\cos(K'vt)$ および $\sin(K'z)\sin(K'vt)$ が得られる. $z = L$ での固定境界条件 $X(L) = 0$ を満たすためには $K' = n\pi/L$ でなければならない. これらの結果は連成振動の基準振動の連続体極限と同じものである.

固定境界条件の場合の波動方程式の基準振動解は $A\sin(K'z)\sin(K'vt)$ と $B\sin(K'z)\cos(K'vt)$ であり, 波長 $\lambda = 2\pi/K'$ の定在波動を表している. この定在波の重ね合わせで, 一般解は次のように展開できる.

$$X(z,t) = \sum_{n=1}^{\infty}\left(A_n \sin\frac{n\pi vt}{L} + B_n \cos\frac{n\pi vt}{L}\right)\sin\frac{n\pi z}{L}. \tag{6.80}$$

A_n と B_n は初期変位 $X(z,0)$ と初速度 $\partial X(z,0)/\partial t$ によって一意的に決まる. $t = 0$ とおくと

$$X(z,0) = \sum_{n=1}^{\infty} B_n \sin\frac{n\pi z}{L}, \tag{6.81}$$

$$\frac{\partial X(z,0)}{\partial t} = \sum_{n=1}^{\infty} \frac{n\pi v}{L} A_n \sin\frac{n\pi z}{L}. \tag{6.82}$$

これらの式のように, $f(0) = f(L) = 0$ を満たす任意の関数 $f(z)$ を $\sin(n\pi z/L)$ の無限級数で展開することをフーリエ級数展開といい, その展開定数をフーリエ係数とよぶ. 式 (6.81), 式 (6.82) の両辺に $\sin(m\pi z/L)$ を掛けて, 0 から L まで積分することにより,

$$\int_0^L X(z,0)\sin\left(\frac{m\pi z}{L}\right)dz = \frac{L}{2}B_m,$$

§6.5 連成振動

$$\int_0^L \frac{\partial X(z,0)}{\partial t} \sin\left(\frac{m\pi z}{L}\right) dz = \frac{L}{2} \frac{m\pi v}{L} A_m \tag{6.83}$$

が得られる．ただし，

$$\int_0^L \sin\left(\frac{n\pi z}{L}\right) \sin\left(\frac{m\pi z}{L}\right) dz$$
$$= \int_0^L \frac{1}{2} \left\{ \cos\left(\frac{(n-m)\pi z}{L}\right) - \cos\left(\frac{(n+m)\pi z}{L}\right) \right\} dz = \frac{L}{2} \delta_{n,m} \tag{6.84}$$

となることを用いた．$\delta_{n,m}$ はクロネッカーのデルタ，すなわち n と m が異なる整数のときは 0，同じ整数のときは 1 となる記号である．したがって，A_n と B_n は初期変位と初速度が決まれば

$$A_n = \frac{2}{n\pi v} \int_0^L \frac{\partial X(z,0)}{\partial t} \sin\left(\frac{n\pi z}{L}\right) dz,$$
$$B_n = \frac{2}{L} \int_0^L X(z,0) \sin\left(\frac{n\pi z}{L}\right) dz \tag{6.85}$$

のように一意的に決まる．

このように連成振動と波動現象とは密接に関係している．波動現象および波動方程式は水の波，音波，地震波，電磁波などさまざまな物理現象に出てくる重要な方程式である．

□ スリンキーの自由落下と N 質点系の連成振動

スリンキーとよばれるばねのおもちゃがある．伸び縮みしながら階段を下りるといった面白い動きをする．スリンキーの上端を固定し，自重によって自然に伸びた状態にしてから上端を放して自由落下させる．運動が速いので肉眼では確認しづらいが，運動をビデオで撮ってスローモーションで再生すると，図 6.18(a) に模式的に示すように，上端からバネが縮みながら落下してゆく様子が見られる．このとき，上端が下端に届くまでの短いが有限の時間の間，下端の位置は空中に浮いた状態で変化しない．N 個の質点をバネ定数 k のバネでつないだ系を重力場の中に縦に置いた連成振動系もよく似た運動をする．図 6.18(b) は $N=10$ の系の上端を放した後の質点の位置をマークで示している．この図は質点の質量 $m=1$，バネ定数 $k=1$，重力加速度 $g=0.09$，バネの自然長を $a=1$ として，数学補足 A.5 節で説明する数値計算法を使って数値計算した結果である．時刻 $t=8$ 程度まで下端の位置が変化していないことがわかる．上端を放したという情報がバネの変形の波の形で下に伝搬するが波の伝搬速度が有限なので，下端に波が伝わるまで，重力とバネ

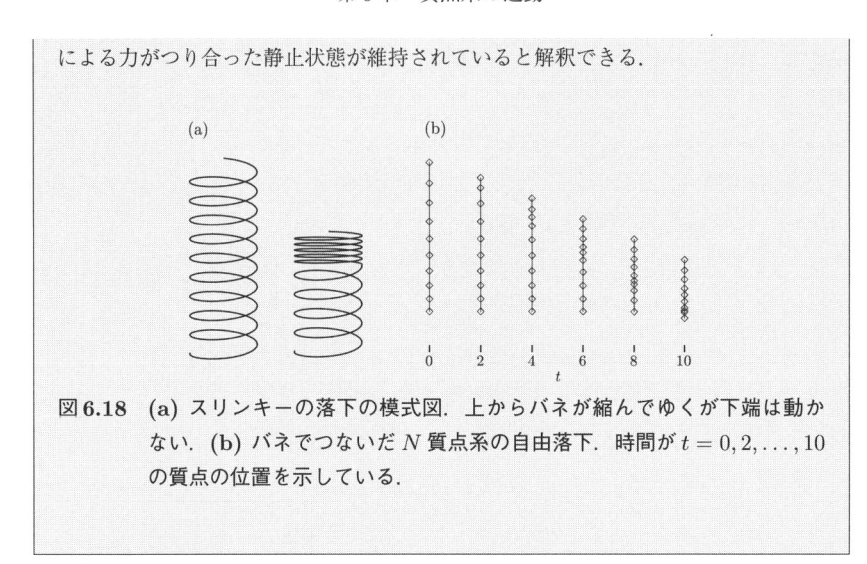

による力がつり合った静止状態が維持されていると解釈できる.

図 6.18 (a) スリンキーの落下の模式図. 上からバネが縮んでゆくが下端は動かない. (b) バネでつないだ N 質点系の自由落下. 時間が $t = 0, 2, \ldots, 10$ の質点の位置を示している.

§6.6 【発展】相互同期

前節で議論した連成振動では,全エネルギーは保存され,振動のふるまいは初期条件によって決まる. 一方, 4.8 節で紹介したエネルギーが供給される系での自励振動では, 時間が十分経過すると, 初期条件に依存しない一定の振幅と振動数をもつ振動状態に落ち着く. この十分時間が経過して落ち着いた状態の周期軌道をリミットサイクル (limit cycle) とよぶ. 振動数が異なる自励振動が互いに相互作用を及ぼし合うと, 互いの振動数がそろう現象が生じることがある. これを相互同期 (mutual synchronization あるいは mutual entrainment) とよぶ.

17 世紀, クリスティアーン・ホイヘンスは壁にかけた二つの振り子時計の振れが同期する現象を発見した. このとき, 一方の振り子が右に振れると, 他方の振り子は左に振れる逆位相型の同期が生じた. 4.8 節でもふれた, 哺乳類のサーカディアンリズムの中枢である視交叉上核は多数の神経細胞から構成されている. 各神経細胞は分離された状態でもほぼ 24 時間程度の周期の自励振動を示すことが実験で確かめられている. 分離された状態では, 各細胞の周期は一致しないが, 細胞間の結合により相互同期し, 視交叉上核全体で一定の周期のリズムを刻むようになる.

§6.6 【発展】相互同期

本節では，4.8節で述べたファン・デル・ポール方程式を2個結合した系を考える．近似計算でもある程度取り扱えるが，ここでは数値計算の結果を用いて相互同期現象を説明する．数値計算の方法については数学補足 A.5 節で説明する．運動方程式は

$$\frac{d^2 x_1}{dt^2} = (\mu - x_1^2)\frac{dx_1}{dt} - \omega_{01}^2 x_1 + k(x_2 - x_1),$$
$$\frac{d^2 x_2}{dt^2} = (\mu - x_2^2)\frac{dx_2}{dt} - \omega_{02}^2 x_2 + k(x_1 - x_2) \tag{6.86}$$

と書かれる．μ は増幅度，ω_{01} は1番目，ω_{02} は2番目の自励振動子の自然振動数，k は結合定数を表す．ここでは，$\omega_{01} = 1$，$\mu = 0.1$，$k = 0.03$ の場合の数値計算の結果を例にして相互同期現象を説明する．4.8節で説明したように，結合がなく ($k = 0$)，μ が小さいときは $x_i = \sqrt{2\mu}\sin\omega_{0i}t$ が良い近似になっている．このとき，$v_i = dx_i/dt = \sqrt{2\mu}\omega_{0i}\cos\omega_{0i}t$ となる．ここで，自励振動の位相 ϕ_i を $\phi_i = \omega_{0i}t = \sin^{-1}\{x_i/\sqrt{x_i^2 + (v_i/\omega_{0i})^2}\}$ で定義し，振動数 ω_i を位相の時間微分の長時間平均 $\overline{d\phi_i/dt}$ で定義する．

図6.19(a) は2番目の自励振動子の自然振動数が $\omega_{02} = 1$ で，初期値が $x_1(0) = 0.1, x_2(0) = 0.09, dx_1/dt = dx_2/dt = 0$ の場合の十分時間が経過した後の x_1 と x_2 の時間変化を表す．実線が x_1，破線が x_2 を表すが，同位相で同期して $x_1 = x_2$ となっているので一つの曲線にみえている．図6.19(b) は $\omega_{02} = 1$ で，図6.19(a) と同じであるが，初期値が $x_1(0) = 0.1, x_2(0) = -0.1, dx_1/dt = dx_2/dt = 0$ の場合の十分時間が経過した後の x_1 と x_2 の時間変化を表す．この初期値では $x_1(t)$ の山の位置が $x_2(t)$ の谷の位置になっており，逆位相型の

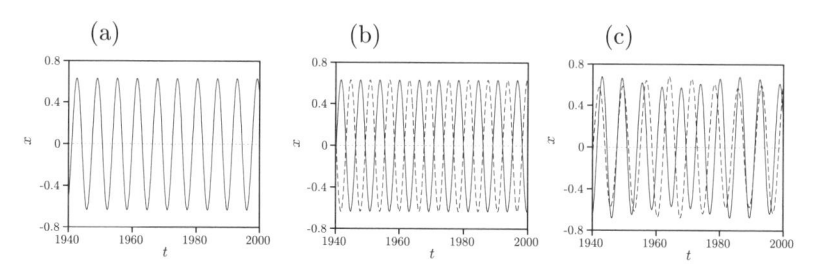

図 **6.19** ファン・デル・ポール方程式の結合系．パラメータは $\mu = 0.1, \omega_{01} = 1, k = 0.03$ である．$x_1(t)$ の時間変化（実線）および $x_2(t)$ の時間変化（破線）を示している．**(a)** $\omega_{02} = 1$, $x_1(0) = 0.1$, $x_2(0) = 0.09$. **(b)** $\omega_{02} = 1$, $x_1(0) = 0.1$, $x_2(0) = -0.1$. **(c)** $\omega_{02} = 0.85$.

同期が生じていることがわかる．この結合系の場合，同位相型と逆位相型の同期はともに安定状態で，初期値の違いでどちらか一方の同期状態に最終的に落ち着く．このような二つの最終状態がともに安定状態になる場合を双安定 (bistable) とよぶ．一般の自励振動の結合系では，同位相型あるいは逆位相型のみが安定状態になる場合も多い．自励振動子2の自然振動数 ω_{02} が $\omega_{01} = 1$ からずれていくと，二つの振動の位相差が大きくなる．位相差が比較的小さいときは，二つの振動の振動数は一致している．しかし，$|\omega_{02} - \omega_{01}|$ が大きくなりすぎると，振動数がそろう同期状態が存在しなくなる．図 6.19(c) は $\omega_{02} = 0.85$ での $x_1(t)$（実線）と $x_2(t)$（破線）を示している．自然振動数の差が大きすぎるため同期できず，二つの振動の振動数は異なる値をとっている．そのため，実線と破線ではピークの数が異なり，相互作用のためうなりのような波形が現われている．

ω_{02} を 0.00005 ずつ変化させて，二つの振動の位相差 $\Delta\phi = \phi_1 - \phi_2$ と $\Delta\omega = \omega_1 - \omega_2$ を数値計算から求めた．図 6.20(a) は ω_{02} と $\Delta\phi = \phi_1 - \phi_2$ の関係を示す．$\omega_{02} = \omega_{01} = 1$ のとき，$\Delta\phi = 0$ と $\Delta\phi = \pm\pi$ の二つの同期解が存在する．同位相型同期解の位相差を実線で，逆位相型同期解の位相差を破線で表している．ω_{02} が図 6.20(a) の ω_{c1} と ω_{c2} の間では同位相同期解と逆位相同期解がともに安定である．ω_{02} がさらに ω_{01} から離れると，同位相型同期解はなくなり，逆位相解のみ安定に存在する状態に転移する．さらに $|\omega_{02} - \omega_{01}|$ が大きくなると，逆位相型同期解も存在しなくなり，非同期状態になる．図 6.20(b) は ω_{02} と結合系での $\Delta\omega = \omega_1 - \omega_2$ の関係を示している．$\Delta\omega$ は ω_{c3} と ω_{c4} の間の同期状態では 0 である．非同期状態になると $\Delta\omega$ は 0 でなくなる．

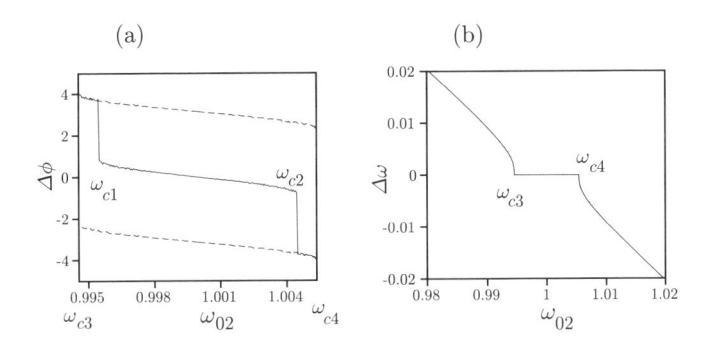

図 6.20　同期非同期転移．ω_{02} と (a)$\Delta\phi$ および (b)$\Delta\omega$ との関係．

転移点の近くで，$|\Delta\omega|$ は 0 から急激に大きくなる．この転移を同期非同期転移 (synchronization–desynchronization transition) とよぶ．

§6.7　伸縮前進運動

6.4.5 項でロケットの推進の力学を説明したが，エネルギーを使った能動的な前進運動にはほかに自動車などの車輪を使った運動や動物の歩行などの生物ロコモーション (biological locomotion) などがある．前進運動のメカニズムはそれぞれ異なる．車の運動は後の 7.4.3 項で説明する．この節では，簡単な 2 質点系の連成振動モデル式を考え，伸縮運動から一方向の前進運動が生じるメカニズムを議論する．実際の人の二足歩行では，足を地面から持ち上げるので，重力下の 2 次元運動を考える必要がある．また足を地面に下ろすときの床との衝突も考えなければならない．ここではこのような複雑な問題を避けるため，簡単化してすり足歩行のような 1 次元の運動を考える．

図 6.21 のように，二つの質点を前足と後ろ足と考える．（後の式 (6.87) で $a = 0$ とおくと，二つの質点を右足と左足と解釈してもよい．）二足歩行では右足と左足に交互に重心をおく．あまり気にしないが，歩行ではこの重心移動が重要である．前足に重心をかけながら，二足間隔を収縮させると，重心がかかっていない後ろ足は摩擦力が小さいため前方に進む．このとき，前足には後

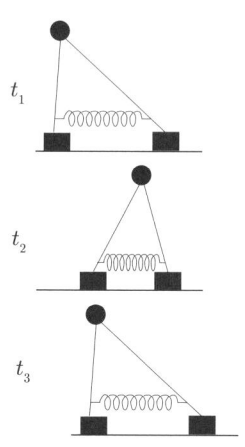

図 6.21　伸縮前進運動のモデル．上から下に時間が進む．

ろ向きの力がはたらくが，重心がかかっている前足の最大静止摩擦力が大きいために動けない．次の段階では，後ろ足に重心をかけ，二足間隔を伸ばす．今度は後ろ足に大きな摩擦力がはたらき静止状態が保たれる．前足の方は摩擦力が小さいので前方に進む．この過程を繰り返すと，伸縮運動から前進運動が生まれる．

この過程を運動方程式で表現する．質量 m の二つの質点の位置を x_1, x_2 とする．その間はバネ定数 k のバネでつながれており，バネの自然長が $a - F\sin\omega t$ のように振動数 ω で周期的に時間変化すると仮定する．重心の位置の時間変化のために，垂直抗力は質点 1 では $N_1 = N(1 - \beta\sin\omega t)$，質点 2 では $N_2 = N(1 + \beta\sin\omega t)$ のように変化すると仮定する．質点が動いているときは動摩擦力 $\mu N_{1,2}$，静止しているときは静止摩擦力がはたらくと考える．最大静止摩擦力は $\mu_{\max} N_{1,2}$ と表せる．すべっているときの運動方程式は

$$m\frac{d^2 x_1}{dt^2} = k(x_2 - x_1 - a + F\sin\omega t) - \mu N(1 - \beta\sin\omega t),$$
$$m\frac{d^2 x_2}{dt^2} = -k(x_2 - x_1 - a + F\sin\omega t) - \mu N(1 + \beta\sin\omega t) \quad (6.87)$$

と書ける．質点 1 にはたらく力と質点 2 にはたらく力は，作用反作用の法則から逆向きで大きさは等しい．このため，右辺第 1 項の力の符号は質点 1 と 2 で逆になっている．右辺第 2 項は動摩擦力を表している．内力のみの系では全運動量は保存されるので $t = 0$ で全運動量が 0 なら前進できない．$t = 0$ で全運動量が 0 でなくても，摩擦力がはたらくと，通常は運動量が減少し止まる．ここでは，垂直抗力をうまく時間変化させることで前進運動が可能になることを示す．上の式では表現されていないが，静止状態において力が最大静止摩擦力 $\mu_{\max} N$ 以下ならその静止状態が保たれるとして計算する．例として，

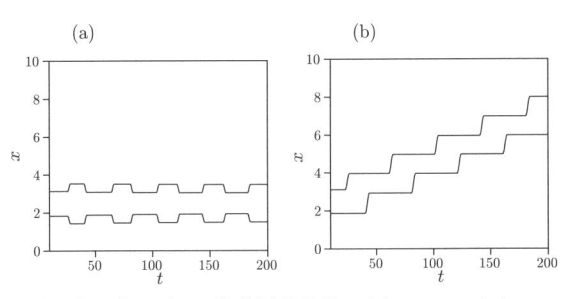

図 **6.22** 伸縮前進運動モデルの数値計算結果．**(a)** $\beta = 0$．**(b)** $\beta = 0.6$．

$\mu = 0.25, \mu_{\max} = 0.6, m = 1, a = 1.5, \omega = 20\pi/40, k = 1$ とおいて，数値計算した結果を示す．図6.22(a),(b) は x_1, x_2 の時間変化を表す．もし重心の位置を変えなければ（すなわち $\beta = 0$），図6.22(a)のような単純な伸縮運動をするが，平均的には前にも後ろにも進まない．図6.22(b) は $\beta = 0.6$ の場合で，前進運動が生じていることがわかる．x_1 が止まっているときに x_2 が前進し，x_2 が止まっているときに x_1 が前進している．バネの伸縮運動のエネルギーが並進運動へ変換したと考えられる．この場合は垂直抗力の振動数と伸縮の振動数が等しいが，もし垂直抗力の時間変化の振動数とバネの伸縮運動の振動数が異なると，前進と後退が周期的に生じ一方向の前進運動は生じない．摩擦力のパラメータ振動とバネの伸縮運動が共振して一方向の前進運動が生じたと解釈することもできる．

§6.8　カオス

力学の問題の中には，エネルギー保存則や角運動量保存則などを利用して1変数の問題に帰着させて解析的に解ける場合や，連成振動の場合のように基準振動に分解して解ける場合がある．そのほかにも可積分系 (integral system) とよばれる解析的に解ける特別な力学系もある．しかし，一般の多自由度や多質点系の力学問題は解析的に解けない場合のほうが多い．ニュートンの運動方程式が与えられているので，数値計算により解を求めることはできる．数値計算の結果，質点の運動が予想外に複雑な軌道を描く場合がある．すなわち，運動法則の方程式が決まっているにも関わらず，軌道が複雑で，時間が十分経過した後の位置や速度を精度よく予測できないといったことが起こる．この複雑な運動をカオスとよぶ．多数の質点系の運動は一般にカオス運動になる可能性がある．

☐ 3体問題と小惑星の運動

太陽系の惑星が描く楕円軌道はニュートンの運動方程式を解析的に解くことで求められた．しかし，3個の天体が互いに万有引力を及ぼし合いながら運動するときの軌道は一般に特定の関数で表現できない．アンリ・ポアンカレは，積分法でこの3体問題の解析解が得られないことを数学的に証明した．太陽のような主星と木星のような従星が重心のまわりを円軌道を描いているとき，質量が無視できる第3の

小さな天体の運動を求める問題を制限3体問題とよぶ．制限3体問題の解析解も一般に得られないが，ジョセフ・ルイ・ラグランジュは制限3体問題の5個の平衡点（主星，従星との相対位置が変わらない点）を求めた．

太陽系には惑星，衛星のほかに小惑星や彗星など多くの小天体が存在する．小惑星は現在数十万個以上発見されており，多くは火星と木星の間に存在する．木星は太陽系の中で最大の惑星で，小惑星は太陽のほかに主として木星と重力相互作用する．太陽と木星のような主星と従星の質量比が24.96倍以上の場合には，木星と太陽と小惑星で正三角形をつくる位置（ラグランジュ点）は制限3体問題の安定な平衡点である．実際に木星軌道上のラグランジュ点付近にはトロヤ群とよばれる小惑星の集団が存在し，太陽，木星とで常に正三角形の安定な相対配置を保っている．一方，小惑星の公転周期が木星の公転周期と1:2や2:5のような整数比になる位置には，小惑星があまり存在しない（カークウッドの間隙）．周期が整数比になっていると共鳴効果によって木星との重力相互作用が強くなり，軌道が不安定化するためと考えられている．「はやぶさ」が探査した小惑星イトカワは地球近傍にある小惑星で，地球や火星にも接近し，その万有引力の影響を受け，カオス運動をすると考えられている．

【発展】2重振り子とカオス

前節で示したように，振幅が小さい2重振り子は連成振動として扱うことにより，解を求めることができた．しかし振幅が大きくなり，回転と振動が混ざるようになると複雑なカオス運動を示すようになる．実際に2重振り子をつくってカオス運動の実験を行うこともできる．回転軸での摩擦抵抗を低減する工夫を加えると，比較的長くカオス運動を観察することができる．

2重振り子は拘束された運動の例なので，ラグランジアンを用いて運動方程式が導出できる．図6.23のように，長さl，質量mの振り子1の先に，長さl，質量mの振り子2がついていると仮定する．振り子1の振れ角を鉛直下向きから測ってθ_1とし，振り子2の振れ角をθ_2とする．質点1のx,y座標は$(l\sin\theta_1, -l\cos\theta_1)$，質点2の$x,y$座標は$(l\sin\theta_1+l\sin\theta_2, -l\cos\theta_1-l\cos\theta_2)$と表せるので運動エネルギー$K$は

$$K = \frac{1}{2}ml^2\dot{\theta_1}^2 + \frac{1}{2}ml^2(\dot{\theta_1}^2 + \dot{\theta_2}^2) + ml^2\dot{\theta_1}\dot{\theta_2}\cos(\theta_1-\theta_2) \tag{6.88}$$

と書ける．一方，位置エネルギーは$U = -mgl\cos\theta_1 - mg(l\cos\theta_1 + l\cos\theta_2)$なので，ラグランジアン$L = K - U$は

§6.8 カオス

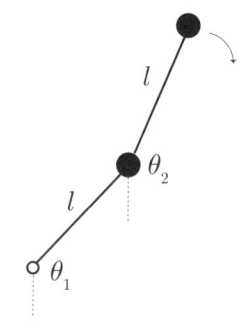

図 **6.23** 大振幅 2 重振り子.

$$L = \frac{1}{2}ml^2\dot{\theta}_1^{\,2} + \frac{1}{2}ml^2(\dot{\theta}_1^{\,2}+\dot{\theta}_2^{\,2}) + ml^2\dot{\theta}_1\dot{\theta}_2\cos(\theta_1-\theta_2) + mgl(2\cos\theta_1+\cos\theta_2). \tag{6.89}$$

オイラー＝ラグランジュの方程式

$$\frac{d}{dt}\frac{\partial L}{\partial \dot{\theta}_1} = \frac{\partial L}{\partial \theta_1}, \quad \frac{d}{dt}\frac{\partial L}{\partial \dot{\theta}_2} = \frac{\partial L}{\partial \theta_2} \tag{6.90}$$

を計算すると

$$\begin{aligned}
2ml^2\frac{d^2\theta_1}{dt^2} + ml^2\cos(\theta_1-\theta_2)\frac{d^2\theta_2}{dt^2} + ml^2\sin(\theta_1-\theta_2)\dot{\theta}_2^{\,2} &= -2mgl\sin\theta_1, \\
ml^2\frac{d^2\theta_2}{dt^2} + ml^2\cos(\theta_1-\theta_2)\frac{d^2\theta_1}{dt^2} - ml^2\sin(\theta_1-\theta_2)\dot{\theta}_1^{\,2} &= -mgl\sin\theta_2.
\end{aligned} \tag{6.91}$$

この運動方程式は一般に解けない．しかし，運動方程式を数値計算してその軌道や時間変化を求めることができる．図 6.24(a) は初期値が $\theta_1 = \theta_2 = 0.1, \dot{\theta}_1 = \dot{\theta}_2 = 0$ のときの θ_2 の時間変化を表している．この初期値では，二つの微小な周期運動の重ね合わせで近似的に表現できる．振幅が小さい微小振動は一般にこのような連成振動として表現できる．一方，初期値を $\theta_1 = \pi, \theta_2 = \pi, \dot{\theta}_1 = -0.1, \dot{\theta}_2 = 0.1$ のように，真上に上げた状態に近い値にとると，図 6.24(b) のようなカオス的な時間変化を示す．時計回りの回転（回転速度 $\dot{\theta}_2 < 0$）と，反時計回りの回転 ($\dot{\theta}_2 > 0$) がランダムに入れ替わり，カオス的な運動をしていることがわかる．

第6章 質点系の運動

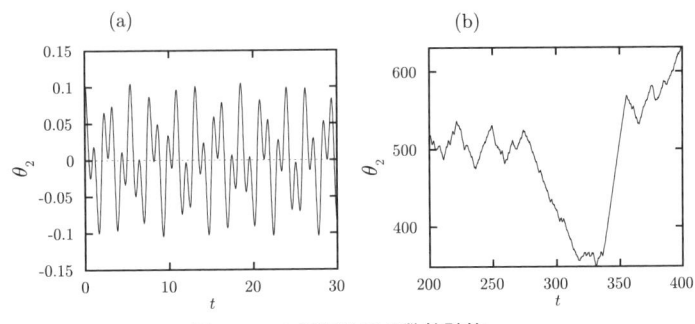

(a)

(b)

図 6.24　2重振り子の数値計算.

☐ 磁石振り子

2重振り子のカオスに似た現象が磁石をつけた振り子にもみられる．図 6.25 に磁石振り子の図を示す．下の振り子の頭の部分に磁石がついている．この下の振り子は電池により駆動されており，空気抵抗のもとでも振動が持続する．この振り子の運動は単振動に近い．その周囲（上と左右）に 360 度回転できる回転子が 3 個付いている．この三つの回転子はほぼ独立に動く．回転子の先端にも磁石がついており，下の振り子が近づくと同じ磁極の磁石が接近するため反発する．この反発力のために，上（左右）の回転子の回転運動が減速したり，回転方向が反転したりする．逆に，ある方向に回転しているときに，下の振り子が同方向から接近して反発力がはたらくと，上（左右）の回転子の回転が加速される．これらの効果の結果として，上（左右）の回転子の運動がカオス的になる．空気抵抗による減衰があるにも関わらず，下の振り子から加速や減速の力を受け，カオス運動が持続する．複雑で面白い動きがみられるので，インテリア商品として販売されている．

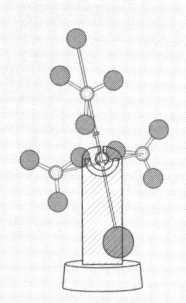

図 6.25　磁石振り子.

§6.8 カオス

カオスの意味

　カオス運動では，初期値がわずかに違う二つの軌道のずれが時間とともに指数関数的に増大する．初期値のわずかなずれが $e^{\lambda t}$ のように急激に増大するので，遠い未来の位置や速度を正確に予測することができない．この不安定性を軌道不安定性という．この軌道のずれの拡大率の長時間平均値（リヤプノフ指数）でカオスを特徴づける．すなわちリヤプノフ指数が正の系をカオスとよぶ．1960年代に，流体力学を単純化した微分方程式系の軌道不安定性を議論したエドワード・ローレンツが「ブラジルの蝶のはばたきがテキサスのトルネードを引き起こす」という比喩を用いたことから，この不安定性は「バタフライ効果」ともよばれている．

　ニュートン力学では，全てのものの未来が決まっており，ラプラスの魔にはその未来が完全にみえているという決定論の話題を第2章に挙げた．しかし，カオスはこの時計仕掛けの機械論的な力学の世界観を揺さぶるものである．ニュートンの運動方程式という決定論的法則が与えられているにも関わらず，結果として現れる運動は規則的ではなく，複雑で長時間予想ができない．逆にいうと運動の長時間後のふるまいに対して確率的な予測しかできなくなる．天気予報が確率的な予想となるのも大気の運動にカオス的な運動成分が含まれているからと解釈できる．最近は計測情報の増加とシミュレーション技術の向上により，1，2日後の天気予報の精度は向上しているが，長期予報は困難である．

　多数の粒子が含まれている系ではさらに運動が複雑になる．多数の分子の集団を多数の剛体球の集まりとして表現することがある．剛体球間の衝突では，衝突パラメータの値のわずかな違いにより，散乱方向が大きく変化する．剛体球間に多数回の衝突があると，散乱方向が予想できなくなりカオス的な運動になる．一つひとつの剛体球の運動は不規則で未来予想ができないが，確率的な運動を仮定すると剛体球集団の平均運動エネルギーなどの統計的性質は予測できるようになる．このような多数の分子集団の統計的性質を研究する分野が統計力学である．

§6 の章末問題

問題 1 質量 m の二つの質点がバネ定数 k のバネにつながれている．二つの質点の相対運動の運動方程式および振動運動の振動数を求めよ．(6.1 節)

問題 2 質量 m と $5m$ をもつ連星が一定の距離 r 離れて円運動している．このときの相対運動の運動方程式を示し，相対運動の角速度を求めよ．(6.1 節)

問題 3 質量 m の質点がバネ定数 k のバネで鉛直方向に 4 個つながれているとする．それぞれの質点の z 座標を上から z_1, z_2, z_3, z_4 とする．バネの自然長は l とする．z_1 が高さ h の位置に固定されている場合，4 個の質点のつり合いの位置を求めよ．次に，$t=0$ で高さ h の位置に固定されていた質点を放した後の重心の運動方程式を示し，重心の位置の時間変化を求めよ．(6.2 節, 6.5 節)

問題 4 多数の分子からなる気体の相対運動のエネルギーは熱エネルギーとよばれる．1 モル (6×10^{23} 個) の分子の運動エネルギーは，$(3/2)RT$ で与えられる．室温での 1 個の窒素分子の速度の大きさはどの程度か．一方，重心の平均速度は風速と解釈できる．平均速度 10m/s の気体の重心運動のエネルギーと相対運動のエネルギー（熱エネルギー）の比を求めよ．ただし，気体定数を $R = 8.3$ J/mol·K，温度を $T = 300$K，窒素分子の質量を 46×10^{-27} kg として計算せよ．(6.2 節)

問題 5 鉛直な壁の支点 O に長さ l の軽い棒 OP が取りつけてある．この棒の支点から $(1/3)l, (2/3)l, l$ の位置にそれぞれ質量 $m, 2m, m$ のおもりが付けられている．OP が鉛直軸となす角度 θ の時間変化を表す微分方程式を全角運動量の運動方程式から求めよ．(6.2 節)

問題 6 物体 1 は質量 m の質点で，物体 2 は同じ質量 m をもつ 2 個の質点系とする．物体 2 の 2 個の質点はバネ定数 k のバネでつながれている．物体 1 と物体 2 が速度 v と $-v$ で正面衝突するとき，物体間の実効的反発係数を求めよ．ただし，質点間の衝突は弾性衝突とする．(6.4 節)

問題 7 質量 m_1 の物体の上に質量 m_2 の物体をのせ，さらにその上に質量 m_3 の物体

第6章 質点系の運動

をのせた状態で高さ h から自由落下させる．ただし，$m_1 \gg m_2 \gg m_3$ と仮定する．床で弾性衝突し，はね返ったあとの，一番上の物体が到達する最大の高さはいくらか．(6.4節)

問題8 質量 M の物体が速度 V で x 方向に運動している．質量の一部 m を $-x$ 方向に速度 v で放出し，二つの物体に分かれたとき，残りの質量 $M-m$ の物体の x 方向の速度 V' を求めよ．このとき分裂前と分裂後の運動エネルギーの変化を計算せよ．(6.4節)

問題9 地球から万有引力を受けて上昇するロケットの加速運動の運動方程式を求めよ．(6.4節)

問題10 質点1は壁とバネ定数 k のバネでつながれていて，質点2と質点1の間は同じバネ定数 k のバネでつながれている2質点系の連成振動を考える．2個の質点の質量はともに m とする．このときの運動方程式と基準振動を求めよ．(6.5節)

第 7 章　剛体の運動

　本章では，剛体のつり合いとさまざまな回転運動を論じる．剛体の回転運動を，回転軸が固定された運動，回転軸の方向が一定の転がり運動，歳差運動，固定点のまわりの回転運動に分けて議論する．コマや自動車の運動など身近な現象も話題にとり入れ，剛体の運動を論じる．

§7.1　剛体のつり合い

7.1.1　剛体とは

　前章までは物体を質量をもった点として扱ってきたが，現実の物体には大きさや空間的な広がりがある．固体は気体や液体と違い，ほぼ決まった大きさや形をもつ．物体の大きさは考慮するが，体積変化や形の変化はないと理想化したものを剛体 (rigid body) とよぶ．質点と違い，物体の回転や向きの変化は考える．剛体は相対距離が時間変化しない質点系と考えることもでき，前章で説明した質点系の性質が使える場合も多い．しかし，質点系のように点の集まりではなく，固体のように連続的に広がった物体として扱う．

7.1.2　剛体のつり合いの条件

剛体の自由度

　1個の質点の位置は座標 (x, y, z) の三つの値を指定すると決まる．このとき，質点の自由度 (degree of freedom) は3という．剛体の場合，その位置は重心の位置で代表させることができ，その自由度は3である．剛体の回転は，回転の軸を決める緯度と経度に対応する2自由度と，その軸のまわりの回転角の1自由度の計3自由度で決定される．剛体の位置と姿勢は，その重心位置の3自由度と回転の3自由度を合わせた6自由度で決まる．

　1個の剛体に複数の力 $\bm{F}_i$ がそれぞれ $\bm{r}_i$ の位置にはたらいているが，力はつり合い，剛体は静止しているとする．剛体は静止しているので，剛体にはたらく力の合計は0となる．すなわち

$$\sum \boldsymbol{F}_i = 0. \tag{7.1}$$

剛体は回転していないので，力のモーメントの和は 0 となる．すなわち

$$\sum \boldsymbol{r}_i \times \boldsymbol{F}_i = 0. \tag{7.2}$$

それぞれの式に x, y, z 成分があるので，力のつり合いの式と合わせて 6 個の式が成立し，6 自由度の値が一意的に決定される．

7.1.3 剛体の重心とつり合い

剛体の重心

物体の全重量 M が一点に集中していると見なせる点を物体の重心という．最初に，野球のバットのような細長い 1 次元の棒状の剛体の重心を考える．棒の密度が場所によって変化する場合も考慮して，場所に依存する線密度 $\rho(x)$ を使う．線密度を用いると，x の近傍の微小区間 dx の質量は $\rho(x)dx$ と表現できる．重心の位置 G に糸をつけて重力と同じ Mg で上向きの力を加えると力のモーメントがつり合うので

$$Mx_G = \int x\rho(x)dx \tag{7.3}$$

が成り立つ．この式から重心の位置は

$$x_G = \frac{\int x\rho(x)dx}{M} \tag{7.4}$$

のように求まる．

同様に，3 次元的な剛体の重心の位置は，力のモーメントのつり合いの関係式から

$$x_G = \frac{\iiint \rho x dx dy dz}{M}, y_G = \frac{\iiint \rho y dx dy dz}{M}, z_G = \frac{\iiint \rho z dx dy dz}{M} \tag{7.5}$$

で与えられる．ここで，$\rho(x,y,z)$ は単位体積あたりの質量（密度）で，積分は次節に補足説明のある体積積分を表す．

例 高さ h，底面の半径 R の円錐の重心の高さ z_G を求める．高さ z での円錐を切ったときの断面の円の半径 $r(z)$ は $(h-z)R/h$ なので

$$z_G = \frac{\int_0^h z\rho\pi r(z)^2 dz}{\int_0^h \rho\pi r(z)^2 dz} = \frac{\int_0^h z(h-z)^2 dz}{\int_0^h (h-z)^2 dz} = \frac{h}{4} \tag{7.6}$$

となり，重心は円錐の高さの 1/4 の位置にある．

7.1.4 剛体のつり合いの例

この節ではいくつかの剛体のつり合いの問題を考察する．

例1. 棒を壁に立てかける

図7.1のように，長さ $2L$ の棒を角度 θ で壁に立てかける．床との間には最大静止摩擦係数 $\mu_{\max}$ の摩擦力がはたらくが，壁との間には摩擦がはたらかないと仮定する．床からの垂直抗力 N_1 と重力がつり合うので，$N_1 = Mg$ が成り立つ．床からの静止摩擦力 F と壁からの垂直抗力がつり合うので $N_2 = F$ が成り立つ．重心のまわりの力のモーメントの和は 0 なので

$$N_2 L \sin\theta + FL\sin\theta = N_1 L \cos\theta. \tag{7.7}$$

これらの式を解くと，$2F\tan\theta = N_1$ となる．F は最大静止摩擦力より小さいので，$F/N_1 < \mu_{\max}$ が成り立つ．したがって，$\tan\theta > 1/(2\mu_{\max})$ が成り立つ必要がある．この角度 ($\theta = \tan^{-1}\{1/(2\mu_{\max})\}$) より小さい角度で棒を立てかけると，棒はすべり始める．

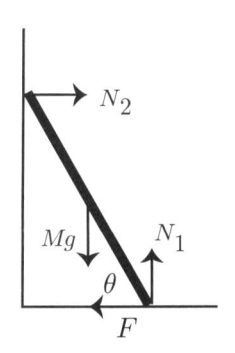

図 7.1 壁に立てかけられた棒．

例2. 直方体を押す

図7.2のように，床に置かれた，底辺の長さ a, 高さ h の直方体の左上端に水平方向の力 F を加えて押す．最大静止摩擦係数を $\mu_{\max}$ とする．F を大きくすると直方体は動き出すが，そのとき水平方向にすべり出すか，あるいは右下端の角（点A）を中心に回転を始めるかのどちらかが起こる．直方体を真横からみていると考え，長方形で議論する．（最初から厚みのない長方形とすると，

235

手前か奥に倒れるので直方体で考える．）床からの垂直抗力は $N = Mg$ で，静止しているときは，摩擦力は $F' = -F$ となる．床からの力の作用点である点 B は右下端の点 A から b だけ離れていると仮定する．つり合っているときは，点 A のまわりの力のモーメントの和は 0 となることから

$$Fh + Nb = Mga/2 \tag{7.8}$$

が成り立つ．したがって，作用点までの距離は $b = a/2 - hF/(Mg)$ と決まる．$b > 0$ なので $F < aMg/(2h)$ が成り立つ必要がある．一方 $|F'| = F \leq \mu_{\max} N$ の関係から $F < \mu_{\max} Mg$ が成り立つ．これらの考察から，2 通りのつり合いの破れ方があることがわかる．$\mu_{\max} < a/(2h)$ の場合は，F を少しずつ大きくしていくと，$F = \mu_{\max} Mg$ で剛体はすべり出す．逆に，$\mu_{\max} > a/(2h)$ の場合には，F を少しずつ大きくしていくと，$F = aMg/(2h)$ で，作用点が右下の点 A に達する．その結果，力のモーメントのつり合い条件が破れ，点 A のまわりに直方体は回転を始める．高さ h が横幅 a に比べて大きい物体ほど，倒れやすくなることは直感とよく合う．

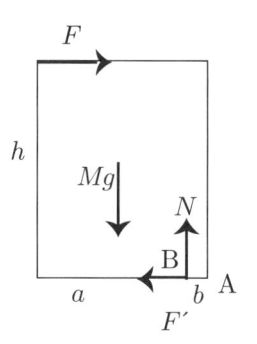

図 7.2 直方体を押す．

例 3. 本を積み上げる

図 7.3 のように，本を横にずらしながら積み上げる問題を考える[1]．どの程度まで横にずらすと本の山は倒れるだろうか．まず，横幅 L の本を一定の長さ Δ ずつずらして N 冊積み上げる場合を考える．それぞれの本の重心は中心位

---

[1] J. ウォーカー，『ハテ・なぜだろうの物理学』，培風館の中の 1 問参照

§7.1 剛体のつり合い

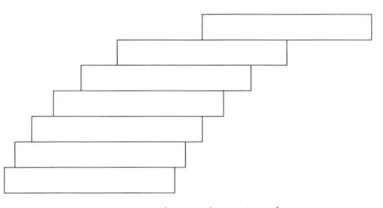

図 **7.3** 本の積み上げ.

置 $L/2$ にあるとすると，i 番目の本の重心は $L/2 + (i-1)\Delta$ にある．本が倒れないためには，2 から N 番目までの本の重心が一番下の本の右端 L より左にある必要がある．$(N-1)$ 冊の本の重心は $\sum_{i=2}^{N}\{L/2 + (i-1)\Delta\}/(N-1) = L/2 + (N/2)\Delta$ なので，$N = (L/\Delta)$ が積み上げられる最大の本の数になる．この方法では，横ずれの大きさの限界 $(N-1)\Delta$ は L を超えない．

ずらす幅を Δ_i のように i に依って変えてよいとすると，さらに横にずらして積み上げることができる．このとき，i 番目の本の重心は $L/2 + \sum_{j=2}^{i}\Delta_j$ にある．$i+1$ 番目から N 番目までの $N-i$ 冊の本の重心は

$$x_{Gi} = \sum_{j=i+1}^{N} \frac{L/2 + \sum_{k=2}^{j}\Delta_k}{N-i} = \frac{L}{2} + \frac{\sum_{j=i+1}^{N}\sum_{k=2}^{j}\Delta_k}{N-i}. \tag{7.9}$$

これが i 番目の本の右端 $L + \sum_{j=2}^{i}\Delta_j$ に達すると倒れる．全ての i で同時に限界になるとき，Δ_i は

$$\frac{1}{m}\{m\Delta_{N-m+1} + (m-1)\Delta_{N-m+2} + \cdots + \Delta_N\} = \frac{L}{2} \tag{7.10}$$

を満たす．ただし，$m = 1, 2, \ldots, N-1$．この式を一番上から順番に解くと

$$\Delta_{N+1-m} = \frac{L}{2m} \tag{7.11}$$

となる．すなわち，一番上が $L/2$，2 番目が $L/4$，3 番目が $L/6$ のように，下層になるほどずれを小さくしていくやり方で積み上げると，横ずれの大きい積み方になる．たとえば，全体として 1 冊分横にずらすには最低 5 冊の本が必要になる．$\sum_{m=1}^{\infty}(1/m)$ は発散するので，この方法を用いると，本の高さが異常に高くなることをいとわなければ，いくらでも横ずれを大きくすることができる．

例 **4.** 片もち梁

一端を固定して，剛体をほぼ水平に保つ構造を片もち梁とよぶ．カンチレ

図 7.4 片もち梁.

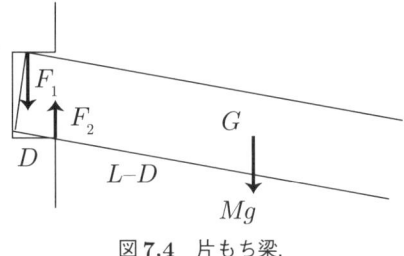

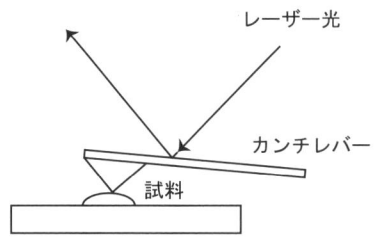

図 7.5 原子間力顕微鏡の原理.

バーともよばれる．水泳の飛込競技の飛び板は片もち梁の一例である．梁にわずかの隙間があると，図 7.4 のように 2 カ所で力 F_1, F_2 がはたらき，ほぼ水平状態が保たれる．剛体の質量を M，水平方向の長さを $2L$，埋め込まれた部分の長さを D としてつり合いの条件を求める．水平方向の摩擦力は考えない．つり合いの式から，$F_2 = F_1 + Mg$，$LF_1 = (L-D)F_2$ が成り立ち，F_1 と F_2 は

$$F_1 = \frac{L-D}{D}Mg, F_2 = F_1 + Mg = \frac{L}{D}Mg \tag{7.12}$$

と求められる．L/D が大きいと，F_2 は Mg よりはるかに大きくなる．長い棒の端を片手で持って水平状態に保つには大きな力が必要になることは日常経験からもわかる．

　固定されていない右端は大きく動く．このことを逆に利用して，走査型原子間力顕微鏡のプローブなどにカンチレバーが使われている．カンチレバーの先端に鋭い探針をつけて，試料表面を走査する．そのときのカンチレバーの変位を図 7.5 のように，照射したレーザー光の反射光の位置から検出する．この光てこ方式により，試料表面のわずかな凸凹が増幅されて，顕微鏡像として観測される．

アーチ構造とトラス構造

　建築物の構造解析には剛体のつり合いが重要になることが多い．一般には自由度が多いので複雑であるが，力と力のモーメントのつり合いの式を多数用いて構造解析がなされる．特徴的な建築物の構造の例にアーチ構造やトラス構造がある．

　石材を半円形に積むと上からの大きな荷重に耐える安定した構造になる．これをアーチ構造とよぶ．(図 7.6(a)) 表面への高圧力が石材の押しつけ合う力に分散される．ダムの壁や橋梁のほかに，身近なところでは，スプレー缶の底に使われている．

　鋼鉄や木材で三角形の骨組みをつくり，この三角形を基本単位として構造物をつくると，軽くて変形しにくい構造になる．これをトラス構造とよぶ．(図 7.6(b)) 橋，鉄塔，クレーンなどによく使われている．

　図 7.6(c) にダンボールの断面の模式図を示す．波型の中芯の紙にライナーとよばれる表裏の紙を貼り合わせてつくられる．上下からの力が中芯のアーチ構造で分散され，ライナーと貼り合わされることでトラス構造のような強い構造になっている．

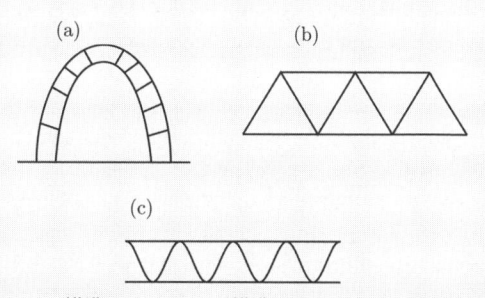

図 7.6 (a) アーチ構造．(b) トラス構造．(c) ダンボールの断面の模式図．

7.1.5　四足問題

　剛体のつり合い条件だけでは力が決定できない場合がある．その代表例に四足問題がある．質量 M の板の四隅に同じ長さ h の足を付けてテーブルをつくる．図 7.7(a) のように，長方形板の縦横の長さはそれぞれ $2b, 2a$ とする．四本の足にかかる垂直抗力 F_1, F_2, F_3, F_4 は次のつり合いの式を満たす．

$$F_1+F_2+F_3+F_4 = Mg, \quad 2aF_2+2aF_4 = aMg, \quad 2bF_4+2bF_3 = bMg. \quad (7.13)$$

四つの未知数に対して方程式は 3 個しかないので，四つの力を一意的に決定で

第7章 剛体の運動

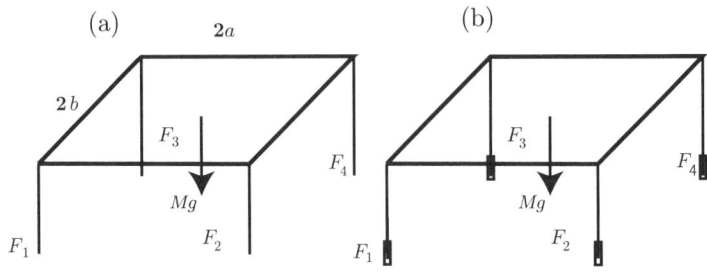

図7.7 四足問題. **(a)** 剛体足. **(b)** クッション付き足.

きない．この非決定問題を四足問題とよぶ．

足が剛体ではなく，図7.7(b)のように変形可能と仮定すると，この問題は解ける．足がバネ定数kのバネでできていると考え，バネの伸びがx_1, x_2, x_3, x_4とすると，$F_1 = kx_1, F_2 = kx_2, F_3 = kx_3, F_4 = kx_4$となる．つり合いの式から，$k(x_1 + x_2 + x_3 + x_4) = Mg, 2ak(x_2 + x_4) = aMg, 2bk(x_4 + x_3) = bMg$が得られる．板が剛体だとすると，板の中心の床からの高さは，$(x_2 + x_3)/2 + h$とも$(x_1 + x_4)/2 + h$とも表現できる．したがって

$$x_1 + x_4 = x_2 + x_3 \tag{7.14}$$

が成り立つ．この条件を加えると，解は次のように一意的に決まる．

$$F_1 = F_2 = F_3 = F_4 = \frac{Mg}{4}. \tag{7.15}$$

四足にかかる力が均等になることがわかる．

同じように，床に置かれた長さLの均一な棒にはたらく垂直抗力の和は棒の重さMgに等しいが，その力の空間分布は決定できない．現実には棒の太さが場所によってすこしずつちがうので，わずかに出っ張った数カ所に力が集中して棒の重さMgを支えることになる．一方，剛体と床の間にクッションを入れると，力は決定できるようになる．クッションの縮む長さを$z(x)$とし，$z(x) = z_0 + (z_L - z_0)x/L$を仮定する．復元力は$kz(x)$なので，復元力の和は

$$\int_0^L kz(x)dx = Mg.$$

棒の左端での復元力のモーメントと重力のモーメントの和は0なので，

$$\int_0^L xkz(x)dx = \frac{L}{2}Mg. \tag{7.16}$$

$a = (z_L - z_0)/L$ とおいて，この積分を実行すると

$$kz_0 L + ka\frac{L^2}{2} = Mg, \quad kz_0\frac{L^2}{2} + ka\frac{L^3}{3} = L\frac{Mg}{2} \tag{7.17}$$

となる．この二つの式より，$a = 0, z_0 = Mg/kL$ が得られる．この場合もクッションの縮みは均等になり，重力を全体で一様に支えるようになる．

硬い床に人が寝る場合も，体の凹凸のため少数の点で体を支えることになり，その少数点に力が集中するため，その部分が痛くなる．硬い床にクッションやふとんを敷いて寝ると，力は均等化されるようになる．

§7.2 　固定軸のまわりの回転と慣性モーメント

この節では，固定された軸のまわりの剛体の回転運動を考える．固定された軸を z 軸とする．剛体は z 軸のまわりを角速度 ω で回転しているとすると，角速度ベクトルは $(0, 0, \omega)$ と表される．剛体を多数の質点の集まりと考える．回転軸からの距離が r_i で位置ベクトルが $\boldsymbol{r}_i = (r_i \cos\theta_i, r_i \sin\theta_i, z_i)$ と表される質量 m_i の質点 i の速度ベクトルは $\boldsymbol{v}_i = (-r_i\omega\sin\theta_i, r_i\omega\cos\theta_i, 0)$ となる．この質点系の全角運動量は次式で表される．

$$L_z = \sum (\boldsymbol{r}_i \times m_i\boldsymbol{v}_i)_z = \sum m_i r_i^2 \omega = I\omega. \tag{7.18}$$

ここで

$$I = \sum m_i r_i^2 \tag{7.19}$$

を慣性モーメント (moment of inertia) とよぶ．通常，剛体は連続体なので，和を積分でおき換えると剛体の慣性モーメント

$$I = \iiint \rho(x, y, z) r^2 dx dy dz \tag{7.20}$$

が得られる．ここで，ρ は点 (x, y, z) での密度で，$r = \sqrt{x^2 + y^2}$ は回転軸からの距離である．慣性モーメントは回転運動に対する剛体の慣性の大きさを表す量である．

回転の運動方程式

質点系の角運動量と同様に，剛体の角運動量は運動方程式

$$\frac{dL_z}{dt} = I\frac{d\omega}{dt} = \sum (\boldsymbol{r} \times \boldsymbol{F}_i)_z = N_z \tag{7.21}$$

に従う．この式が剛体の回転の基礎方程式である．ここで N_z は力のモーメントの z 成分を表す．

例 半径 a で慣性モーメント I の円板の周囲に巻き付けた糸を一定の力 F で引っ張ると

$$I\frac{d\omega}{dt} = Fa \tag{7.22}$$

が得られる．その解は $\omega(t) = \omega(0) + (Fa/I)t$ となり，角速度が時間に比例して増大する．

7.2.1 慣性モーメントの計算

多重積分

慣性モーメントの計算には多重積分が必要になることがある．1 変数の関数 $f(x)$ の積分は，積分区間を Δx で細かく分割し，$f(x)$ と Δx をかけて総和をとること，すなわち

$$\int_a^b f(x)dx \equiv \lim_{\Delta x \to 0} \sum_i f(x_i)\Delta x$$

で定義される．ここで，$x_i = a + i\Delta x, \Delta x = (b-a)/N$ を表す．同様に，2 変数の関数 $f(x,y)$ の積分は，積分領域を $\Delta x \times \Delta y$ の細かい領域に分割し，その面積要素 $\Delta x \Delta y$ にその地点の $f(x,y)$ をかけて総和をとること，すなわち

$$\int_c^d \int_a^b f(x,y)dxdy \equiv \lim_{\Delta x \to 0, \Delta y \to 0} \sum_{i,j} f(x_i,y_j)\Delta x \Delta y \tag{7.23}$$

で定義される．

積分領域が半径 a の円の場合は，半径 r と角度 θ の極座標を変数とした積分のほうが計算が容易になる．半径 a の円を半径 $r_i = i\Delta r$ の円周と角度 $\theta_j = j\Delta\theta$ の原点からの放射状の線で細かく分割すると，細かく分割された部分の面積は $\Delta r \cdot r_i \Delta\theta$ となる．したがって，積分は

$$\lim_{\Delta r \to 0, \Delta\theta \to 0} \sum_{i,j} f(r_i,\theta_j) \Delta r \cdot r_i \Delta\theta = \int_0^a \int_0^{2\pi} f(r,\theta) dr \cdot r d\theta \tag{7.24}$$

となる．特に $f(r,\theta)$ が θ に依存しない場合は

$$\int_0^a \int_0^{2\pi} f(r) r d\theta dr = \int_0^a f(r) 2\pi r dr = \lim_{\Delta r \to 0} \sum_i f(r_i) 2\pi r_i \Delta r \tag{7.25}$$

§7.2 固定軸のまわりの回転と慣性モーメント

となる．r_i と $r_i + \Delta r$ の領域の面積は（円周の長さ）× Δr なので $2\pi r_i \Delta r$ を掛けて和をとると考えればわかりやすい．

3 変数の関数の場合も同様に

$$\int_e^f \int_c^d \int_a^b f(x,y,z)dxdydz \equiv \lim_{\Delta x \to 0, \Delta y \to 0, \Delta z \to 0} \sum_{i,j,k} f(x_i, y_j, z_k)\Delta x \Delta y \Delta z \tag{7.26}$$

となる．関数 $f(x,y,z)$ が $r = \sqrt{x^2 + y^2}$ と z のみの関数の場合は

$$\int_e^f \left(\int_0^{a(z)} f(r,z) 2\pi r dr \right) dz. \tag{7.27}$$

ここで，$a(z_0)$ は積分領域を $z = z_0$ で切断したときの切断面の円の半径を表す．また，関数が $f(x,y,z)$ が $r = \sqrt{x^2 + y^2 + z^2}$ のみの関数で，積分領域が半径 a の球の場合は

$$\int_0^a f(r) 4\pi r^2 dr = \lim_{\Delta r \to 0} \sum_i f(r_i) 4\pi r_i^2 \Delta r. \tag{7.28}$$

半径方向に Δr で分割して，r_i と $r_i + \Delta r$ に囲まれた領域の体積は（球の表面積）× Δr なので $4\pi r_i^2 \Delta r$ を掛けて総和をとると考えればよい．

慣性モーメントの計算例

多重積分を使って，さまざまな形状の剛体の慣性モーメントを求める．

1. 棒

図 7.8(a) のような，質量 M，均一な長さ l の棒の中心（重心）のまわりの慣性モーメントは，密度 $\rho = M/l$ を用いると

$$I = \int_{-l/2}^{l/2} \rho x^2 dx = \frac{M}{l}\frac{2}{3}\left(\frac{l}{2}\right)^3 = \frac{Ml^2}{12}. \tag{7.29}$$

図 7.8(b) のように，棒の端点のまわりの慣性モーメントは

$$I = \int_0^l \rho x^2 dx = \frac{Ml^2}{3}. \tag{7.30}$$

棒の中心のまわりの慣性モーメントの方が小さい．一般に慣性モーメントは回転軸によって異なる値をもつ．

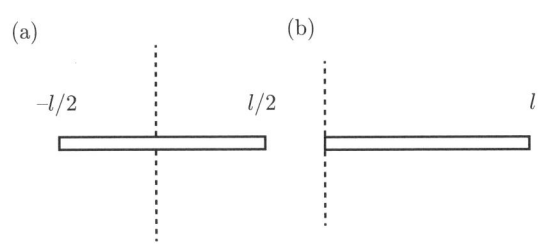

図7.8 (a) 重心のまわりの棒の慣性モーメント．(b) 端点を回転軸とする棒の慣性モーメント．

2. 円環

図7.9(a)のような質量M，半径aのリングの円の中心のまわりの慣性モーメントは円周の1周積分より

$$I = \sum m_i a^2 = \int \frac{M}{2\pi a} a^2 dl = Ma^2. \tag{7.31}$$

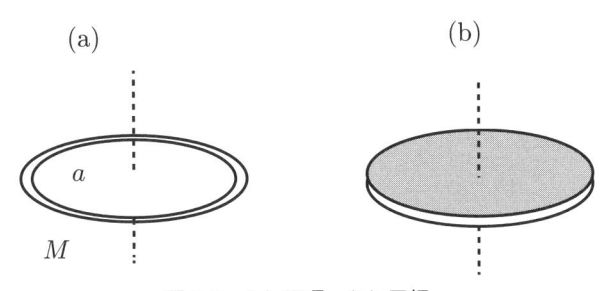

図7.9 (a) 円環．(b) 円板．

3. 円板

図7.9(b)のような半径a，質量Mの円板の慣性モーメントは，面積分で表現される．被積分関数が角度θに依存しないので，$\int_0^a f(r) 2\pi r dr$ の積分で計算できる．密度（面密度）$\rho = M/(\pi a^2)$を用いると慣性モーメントは$f(r) = \rho r^2$の積分で次のように求められる．

$$I = \int_0^a \frac{M}{\pi a^2} r^2 2\pi r dr = \frac{Ma^2}{2}. \tag{7.32}$$

§7.2 固定軸のまわりの回転と慣性モーメント

4. 円筒，円柱，板

回転軸 (z 軸) 方向に一様な構造をもつ剛体の慣性モーメント I に対して，

$$I = \int_0^h \left(\iint_S \rho(x,y)(x^2+y^2)dxdy \right) dz = \iint_S \rho(x,y)h(x^2+y^2)dxdy \tag{7.33}$$

が成り立つ．すなわち，I は 3 次元剛体を z 方向に押しつぶしてできる単位面積当たりの密度が $\rho(x,y)h$ の平面状の剛体の慣性モーメントと同じ値をとる．たとえば，半径 a，質量 M，高さ h の円筒の慣性モーメントは対応する円環の慣性モーメントと同じ Ma^2 となり，半径 a，質量 M，高さ h の円柱の慣性モーメントは対応する円板の慣性モーメントと同じ $(1/2)Ma^2$ となる．横幅 l で縦の長さが h の長方形の板の中心線 $x = l/2$ のまわりの慣性モーメントは対応する幅 l の棒の慣性モーメントと同じ値 $I = (1/12)Ml^2$ となる．

5. 球，球殻

図 7.10(a) のような半径 a，質量 M の球の慣性モーメントを求める．密度は $\rho = M/\{(4/3)\pi a^3\}$ である．z の位置で球を水平に切った切断面は円となり，その半径はピュタゴラスの定理により $r(z) = \sqrt{a^2-z^2}$ になる．したがって，慣性モーメントは

$$I = \int_{-a}^a \int_0^{\sqrt{a^2-z^2}} \rho r^2 2\pi r dr dz = \int_{-a}^a \rho \frac{\pi(a^2-z^2)^2}{2} dz$$

$$= \rho\pi \int_0^a (a^4 - 2a^2z^2 + z^4)dz = \frac{8}{15}a^5\rho\pi = \frac{2}{5}Ma^2. \tag{7.34}$$

同様に，半径 a の薄い球殻の慣性モーメントは，z の位置での半径 $r(z) = \sqrt{a^2-z^2}$，高さ dz の円環の慣性モーメントの積分で求められる．この円環の質量 $m(z)$ は，面密度 $\rho = M/(4\pi a^2)$ と半径 $r(z)$ の円周の長さと緯度方向の微小線要素 $dz/(r(z)/a)$ の積，$m(z) = 2\pi \rho r(z) dz/(r(z)/a) = 2\pi \rho a dz$ で与えられる．したがって，慣性モーメントは

$$I = \int_{-a}^a m(z)r(z)^2 dz = \int_{-a}^a 2\pi\rho(a^2-z^2)a dz = \frac{2}{3}Ma^2. \tag{7.35}$$

6. 楕円体

図 7.10(b) のような

$$\frac{x^2}{a^2} + \frac{y^2}{b^2} + \frac{z^2}{c^2} = 1$$

第 7 章　剛体の運動

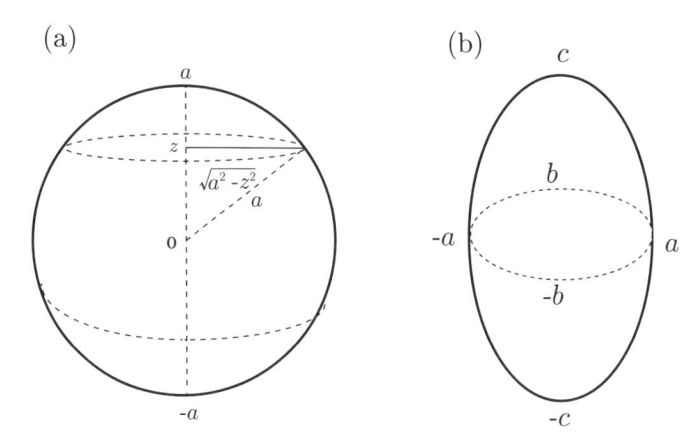

(a)

(b)

図 **7.10**　(a) 球の慣性モーメント．(b) 楕円体の慣性モーメント．

で表される質量 M の楕円体の z 軸のまわりの慣性モーメントは

$$I = \iiint \rho(x^2 + y^2)dxdydz. \tag{7.36}$$

$x = aX, y = bY, z = cZ$ と変数変換すれば

$$I = \iiint \rho(a^2 X^2 + bY^2)abc\,dXdYdZ \tag{7.37}$$

と変換され，積分領域は半径 1 の球になる．半径 1 の球における X^2 の体積積分は半径 1 で密度 1 の球の慣性モーメントの 1/2 に等しい．この球の質量は $M = 4\pi/3$ なので

$$\iiint X^2 dXdYdZ = \frac{1}{2}\frac{2}{5}M \cdot 1^2 = \frac{1}{5}\frac{4\pi}{3}$$

となる．一方，楕円体の密度 ρ は

$$\rho = \frac{M}{(4\pi/3)abc}$$

なので

$$\begin{aligned} I &= abc\left(a^2 \rho \iiint X^2 dXdYdZ + b^2 \rho \iiint Y^2 dXdYdZ\right) \\ &= \frac{1}{5}\frac{4\pi}{3}\rho abc(a^2+b^2) = \frac{1}{5}M(a^2+b^2) \end{aligned} \tag{7.38}$$

となる．$a = b$ なら球の慣性モーメントの値 $I = (2/5)Ma^2$ に一致する．

§7.2 固定軸のまわりの回転と慣性モーメント

7.2.2 慣性モーメントに関する定理

(a) 平板状の剛体に関する定理

図 7.11(a) のような，z 軸方向に厚みのない平板状の剛体に関して

$$I_z = \sum m_i r_i^2 = \sum m_i(x_i^2 + y_i^2) = \sum m_i x_i^2 + \sum m_i y_i^2 = I_y + I_x \quad (7.39)$$

が成り立つ．すなわち，平板状の剛体の z 軸まわりの慣性モーメントは，x 軸まわりの慣性モーメントと y 軸まわりの慣性モーメントの和となる．

例 1. 長方形の板

x 方向の長さが a, y 方向の長さ b の長方形の中心点を通る z 軸まわりの慣性モーメントは，x 軸まわりの慣性モーメント $Mb^2/12$ と y 軸まわりの慣性モーメント $Ma^2/12$ の和となるので，

$$I = \frac{M}{12}(a^2 + b^2). \quad (7.40)$$

例 2. 縦に置いた円板

半径 a, 質量 M の水平に置いた円板の中心点を通る z 軸（円板に垂直方向）のまわりの慣性モーメントは $I_z = Ma^2/2$．x 軸のまわりの慣性モーメント I_x は y 軸まわりの慣性モーメント I_y と等しく，その和 $I_x + I_y$ は上の定理により I_z となる．$I_z = Ma^2/2$ より

$$I_x = I_y = \frac{Ma^2}{4}. \quad (7.41)$$

(b) 重心から離れた点を通る回転軸に関する定理

図 7.11(b) に示すように，質量 M の剛体の重心 G を (X, Y, Z)，原点 O を通る回転軸 (z 軸) から重心までの距離を h とする．剛体内の点の原点からみた座

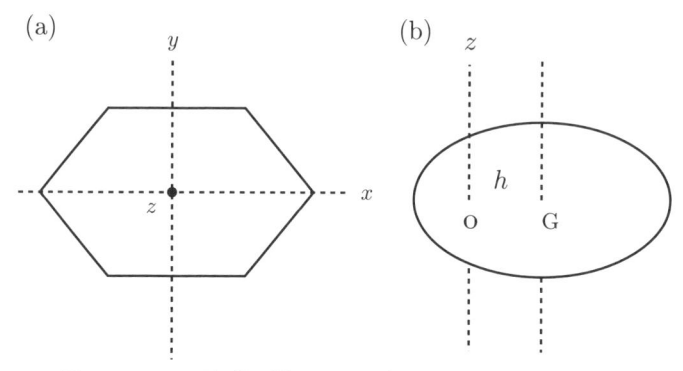

図 7.11 (a) 平板状剛体に関する定理．(b) 平行軸の定理．

標は (x_i, y_i) とし，重心からみた相対座標を (x'_i, y'_i) とする．重心を通る軸から剛体の各点までの距離 r'_i は $\sqrt{x'^2_i + y'^2_i}$ と書ける．元の座標と相対座標の関係から

$$r_i^2 = x_i^2 + y_i^2 = (x'_i + X)^2 + (y'_i + Y)^2 \tag{7.42}$$

が成り立つ．したがって，慣性モーメントは

$$\begin{aligned}I &= \sum m_i r_i^2 = \sum m_i\{(x'_i + X)^2 + (y'_i + Y)^2\} \\ &= \sum m_i(X^2 + Y^2) + \sum m_i(x'^2_i + y'^2_i).\end{aligned}$$

ここで，相対座標に対して成り立つ式 $\sum m_i x'_i = \sum m_i y'_i = 0$ を用いた．したがって

$$I = Mh^2 + I_G \tag{7.43}$$

が成立する．この式は全体の慣性モーメントは，重心に全質量が集中していると考えたときの慣性モーメントと重心のまわりの慣性モーメントの和となることを表している．これを平行軸の定理とよぶ．

例1．ダンベル

図7.12(a) のような長さ $2a$ の軽い棒でつながれた質量 m で半径 r の2個の球の中心軸のまわりの慣性モーメントを求める．球の慣性モーメントは $(2/5)mr^2$ で，球の中心が回転軸から $a + r$ 離れていることにより

$$I = 2\left\{\frac{2}{5}mr^2 + m(a + r)^2\right\}. \tag{7.44}$$

例2．横に置いた円柱

図7.12(b) のように，質量 M，高さ h，半径 a の円柱を横にして，中心軸を中心に回転させるときの慣性モーメントを求める．円柱を縦に並んだ幅 dx の薄い円板の集まりと考える．密度は $\rho = M/(\pi a^2 h)$ である．中心から x の位置にある幅 dx の円板の質量は $dM = \rho \pi a^2 dx = (M/h)dx$ になる．その慣性モーメント dI は，平行軸の定理より縦に置いた円板の慣性モーメント $(dM)a^2/4$ と $(dM)x^2$ の和となる．すなわち

$$dI = \frac{M}{h}\left(\frac{a^2}{4} + x^2\right) dx. \tag{7.45}$$

慣性モーメントはその積分で与えられ

$$I = \int_{-h/2}^{h/2} \frac{M}{h}\left(\frac{a^2}{4} + x^2\right) dx = \frac{Ma^2}{4} + \frac{Mh^2}{12}. \tag{7.46}$$

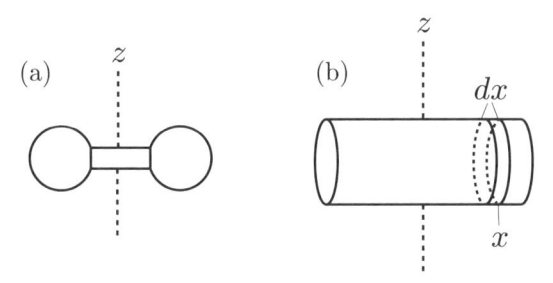

図 7.12 (a) ダンベル. (b) 横に置いた円柱.

§7.3 固定軸まわりの剛体の回転運動

7.3.1 固定軸のまわりの回転運動の例

この節では，固定軸のまわりの回転運動を例を挙げて説明する．

例 1. 実体振り子

質点の力学で説明した振り子の問題では，おもりは質点として扱い，その大きさは考えなかった．実際の振り子はおもりに大きさがあり，支点とおもりをつなぐ棒や糸にも質量がある．一般の剛体でも，その中の一点を固定軸にして振り子のように振らせることができる．このような大きさをもつ物体による振り子を実体振り子 (physical pendulum) とよぶ．図 7.13 のように，支点とおもりの重心の距離を h，振れ角を θ，慣性モーメントを I とする．重力は重心の位置に Mg の力がはたらくとしてよい．力のモーメントは

$$\boldsymbol{r} \times \boldsymbol{F} = (h\sin\theta, -h\cos\theta, 0) \times (0, -Mg, 0) = (0, 0, -Mgh\sin\theta) \tag{7.47}$$

となる．したがって，回転の運動方程式は

$$I\frac{d^2\theta}{dt^2} = -Mgh\sin\theta. \tag{7.48}$$

角度 θ が小さいときは

$$I\frac{d^2\theta}{dt^2} = -Mgh\theta \tag{7.49}$$

と近似でき，$\omega = \sqrt{Mgh/I}$ の単振動をすることがわかる．単振り子の場合は $h = l$, $I = Ml^2$ なので $\omega = \sqrt{g/l}$ となり，以前得られた結果と一致する．

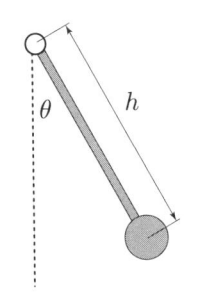

図 7.13 実体振り子.

例 2. 物体の衝突による剛体回転

図 7.14 のように，質量 m のピストルの弾が回転木戸に当たり，その衝撃で回転木戸が回転を始める問題を考える．衝突前のピストルの速度を v, 回転木戸の慣性モーメントを I, ピストルの弾があたる位置は固定された回転軸（左端）から a 離れているとする．弾は衝突後，速度 v' で突き抜けるとする．衝突後の回転木戸の回転角速度 ω を求める．弾が当たった瞬間，撃力 F が回転木戸にはたらく．撃力のはたらく位置は回転軸から a 離れているので，力のモーメントは Fa で，ピストルの弾には反作用として $-F$ がかかる．したがって

$$I\frac{d\omega}{dt} = Fa, \tag{7.50}$$

$$m\frac{dv}{dt} = -F. \tag{7.51}$$

式 (7.50) と式 (7.51)×a の和より

$$\frac{d(I\omega + mav)}{dt} = 0. \tag{7.52}$$

これは全角運動量 $I\omega + mav$ の保存則を表している．この場合の角運動量保存則は運動量保存則と同様，作用反作用の法則に由来する．衝突前の全角運動量は mav で，衝突後は $I\omega + mav'$ なので，回転角速度は

$$\omega = \frac{ma(v - v')}{I} \tag{7.53}$$

§7.3 固定軸まわりの剛体の回転運動

となる.

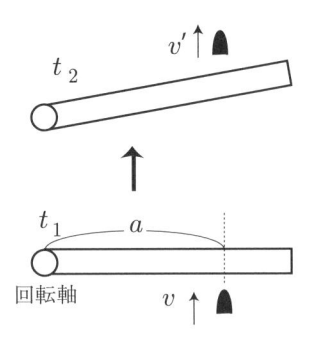

図 7.14 弾と回転木戸との衝突. $t_1 < t_2$.

例 3. フィギュアスケートのスピン

図 7.15 のように,フィギュアスケートのスピンを考える.腕を伸ばして回転している状態から腕を縮めると回転速度が増す.実際の人の慣性モーメントの計算は簡単ではないが,ここでは簡略化して,質量 M,半径 a,高さ h の円柱に,長さ l,質量 m の棒が2本付いたものとして考えよう.円柱が胴体で棒が腕を表す.腕を伸ばした状態の慣性モーメントを I_1,角速度を ω_1,腕を縮めたときの慣性モーメントを I_2,角速度を ω_2 とする.氷面との摩擦の効果などは無視して,角運動量保存則が成り立つと仮定すると

$$I_1\omega_1 = I_2\omega_2. \tag{7.54}$$

したがって

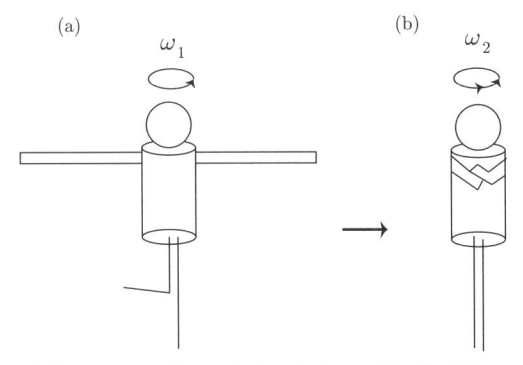

図 7.15 フィギュアスケートでのスピンの加速.

$$\frac{\omega_2}{\omega_1} = \frac{I_1}{I_2} \tag{7.55}$$

の関係が成立する.

腕を水平に伸ばしたときの慣性モーメントは円柱の慣性モーメント $(1/2)Ma^2$ と2本の腕の慣性モーメントの和となる. 棒の重心は回転軸から $(a+l/2)$ 離れているので, 平行軸の定理から棒の慣性モーメントは $(1/12)ml^2 + m(a+l/2)^2$ となる. 腕を縮めたときの腕の慣性モーメントは無視できると仮定する. これらの仮定のもとで, 腕を伸ばしたときと, 縮めたときの慣性モーメントは

$$I_1 = \frac{1}{2}Ma^2 + \frac{1}{6}ml^2 + 2m(a+l/2)^2, \quad I_2 = \frac{1}{2}Ma^2 \tag{7.56}$$

となる. たとえば, M として50kg, $a = 0.1$m, $m = 2$kg, $l = 0.8$m とすると,

$$\frac{\omega_2}{\omega_1} = \frac{I_1}{I_2} = \frac{(1/2)Ma^2 + (1/6)ml^2 + 2m(a+l/2)^2}{(1/2)Ma^2} \approx 5.9. \tag{7.57}$$

腕の重さはそれほど大きくないが, 回転軸からの距離が大きいので慣性モーメントへの寄与が大きい. そのため回転速度は約5.9倍も速くなる.

例4. 減速するコマ

図7.16のように, 鉛直に立って回転しているコマを考える. コマの回転軸の半径を a とする. 床面との間の動摩擦力が, 回転に対する力のモーメントとしてはたらき, コマの回転が減速される. コマの質量を M とすると, コマの下端の断面に単位面積当たり $Mg/(\pi a^2)$ の垂直抗力がはたらく. 垂直抗力に比例して動摩擦力 $F = \mu Mg/(\pi a^2)$ が回転を止める方向にはたらく. 軸全体で

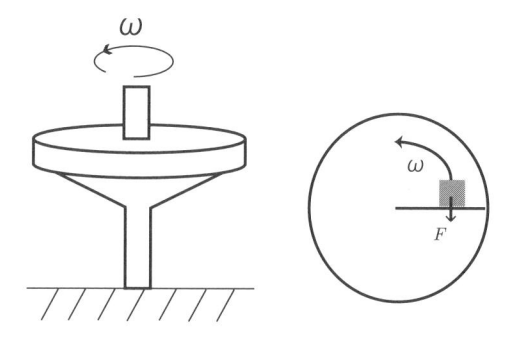

図 **7.16** 床面との動摩擦によるコマの減速.

の力のモーメントは各点での力のモーメントの積分から

$$N = \int_0^a (rF) 2\pi r dr = \frac{2}{3}\mu M g a. \tag{7.58}$$

コマの回転軸のまわりの慣性モーメントを I とすると，回転の運動方程式は

$$I\frac{d\omega}{dt} = -\frac{2}{3}\mu M g a. \tag{7.59}$$

右辺は一定値をとるので，回転角速度は $\omega(t) = \omega(0) - \{2\mu M g a/(3I)\}t$ のように減速する．並進運動に対する動摩擦力と異なり，回転運動に対する動摩擦力は軸の半径 a に依存する．木製のコマの外側に鉄の輪をはめることがある．鉄の輪をはめると慣性モーメント I が大きくなり，コマの回転は減速しにくくなる．

7.3.2 剛体の回転エネルギー

回転する剛体の運動エネルギーは，多数の質点系の運動エネルギーの式を用いると

$$K = \sum \frac{1}{2}m_i v_i^2 = \sum \frac{1}{2}m_i(r_i\omega)^2 = \sum \frac{1}{2}m_i r_i^2 \omega^2 = \frac{1}{2}I\omega^2 \tag{7.60}$$

となり，剛体の運動エネルギーは慣性モーメントと角速度を使って表現できる．大きな慣性モーメントをもつ回転体には大きな運動エネルギーを蓄えることができる．この原理を応用したのがフライホイールである．夜間の余った電力を回転の運動エネルギーに蓄えるために用いられる．たとえば，半径 2m，重さ 50 トン (5×10^4 kg) の円柱が毎秒 100 回転すると，$K = (1/2)I\omega^2 = (1/2)(5 \cdot 10^4 \cdot 2^2/2)(2\pi \cdot 100)^2 = 1.97 \times 10^{10}$ J．これは 10 万 kW の中型発電所で生み出される 200 秒の電力に相当する．

□ **地球の回転エネルギー**

地球の質量は約 6×10^{24} kg で，半径は約 6.4×10^6 m である．回転速度は 1 日に 1 回転なので，$\omega = 7.3 \times 10^{-5}$ s^{-1} である．その回転エネルギーは

$$K = (1/2)I\omega^2 = (1/2)\{(2/5)\cdot 6 \cdot 10^{24} \cdot (6.4 \times 10^6)^2\} \cdot (7.3 \times 10^{-5})^2 = 2.6 \times 10^{29} \text{J}$$

となる．これは莫大なエネルギーである．地球上の海水は，5.4 節で論じた潮汐力

で月と地球を結ぶ方向にわずかに引き延ばされている．地球は自転しているので，地球の上の一点で観測すると，海水面はほぼ1日に2回上下する．潮汐によって海水が移動するため，海底との間に摩擦が生じ，自転の回転エネルギーは少しずつ失われている．この効果は非常に小さいので年単位のスケールではほとんど無視できるが，何億年といったスケールでは少しずつ回転速度が遅くなっている．公転速度は変わらないので，1年の日数が少しずつ短くなる．珊瑚の化石の研究から，3億5000万年前には1年は400日だったといわれている．

　月の自転の周期が公転周期と等しく，そのために月の裏側が見えないのも，地球による強い潮汐効果により月の自転速度が減速し，公転速度と一致するようになったためと考えられる．潮汐効果によって月に変形が生じ，それが自転に対する摩擦力としてはたらき，自転速度が減速したと考えられる．自転速度と公転速度が等しくなると，それ以上は自転速度が減速することはないので，自転と公転周期が等しい状態が安定に維持される．その結果，月はその長軸方向を常に地球に向けた状態で地球のまわりを回っている．火星の衛星のフォボス，ダイモスや，木星のガリレオ衛星など，ほかの惑星の衛星にも自転と公転の周期がそろっているものが多くある．

力学的エネルギー保存則

滑車の回転運動を例にして回転エネルギーを含んだ力学的エネルギー保存則を説明する．図 7.17 のように，半径 a，慣性モーメント I の滑車にひもを巻きつけ，質量 m の物体をつり下げる．このときの運動方程式は，ひもの張力を T とすると

$$m\frac{dv}{dt} = mg - T,$$
$$I\frac{d\omega}{dt} = Ta. \tag{7.61}$$

ひもは伸び縮みしないので，滑車が角度 θ 回転すると，物体は $a\theta$ 下がる．この関係を時間微分すると，$v = a\omega$ の関係が成り立つ．この関係式を式 (7.61) に代入すると

$$\frac{dv}{dt} = \frac{mga^2}{I + ma^2}, \quad \frac{d\omega}{dt} = \frac{mga}{I + ma^2} \tag{7.62}$$

が得られる．滑車の慣性モーメントのため，落下の加速度が自由落下の加速度 g より小さくなる．

　この運動方程式から

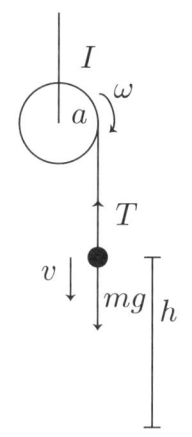

図 7.17 滑車につながれた物体の落下運動とエネルギー保存則.

$$\frac{d}{dt}\left(\frac{1}{2}mv^2 + \frac{1}{2}I\omega^2\right) = mgv - Tv + Ta\omega = mgv = \frac{d}{dt}(-mgh) \quad (7.63)$$

が成り立つ．この式は

$$E = \frac{1}{2}mv^2 + \frac{1}{2}I\omega^2 + mgh \quad (7.64)$$

が時間変化しないことを表している．この場合，物体の運動エネルギーと回転エネルギーと位置エネルギーの総和である力学的エネルギー E が保存する．

§7.4 転がり運動

ボールが地面を転がるとき，回転とともに重心の位置が移動する．このように実際の剛体の運動では回転運動と並進運動の両方を考える必要がある．回転軸の方向が変化する運動は複雑なので，この節では回転軸の方向は時間変化しない場合を扱う．回転軸の方向を z 方向とする．

一般の多数の質点系の運動は重心運動とそのまわりの運動にうまく分解できた．剛体の転がり運動でも，重心の並進運動の運動方程式と，重心のまわりの回転の運動方程式を考えればよい．多数の質点系の重心の運動方程式から得られる

$$M\frac{d\boldsymbol{V}}{dt} = \sum \boldsymbol{F}_i \quad (7.65)$$

は，剛体の重心の運動方程式になる．質点系の重心のまわりの回転の運動方程式

$$\frac{d\bm{L}}{dt} = \sum \bm{r}'_i \times \bm{F}_i \tag{7.66}$$

の左辺の z 成分に $L_z = I\omega$ を代入すれば，剛体の重心のまわりの回転の運動方程式が得られる．

$$I\frac{d\omega}{dt} = \sum (\bm{r}'_i \times \bm{F}_i)_z. \tag{7.67}$$

7.4.1 剛体の転がり運動の例

例 1. 斜面を転がり落ちる剛体

水平から θ 傾いた斜面を，半径 a，質量 M の球が転がり落ちる問題を考える．図 7.18 のように物体は斜面から垂直抗力と摩擦力 F を受ける．重心の運動方程式と回転の運動方程式は

$$M\frac{dV}{dt} = Mg\sin\theta - F, \tag{7.68}$$

$$I\frac{d\omega}{dt} = Fa. \tag{7.69}$$

斜面と直接接触している点の斜面に対する速度は，斜面の下方向への重心の速度 V と，球の中心のまわりの回転のために生じる斜面の上向きの $a\omega$ の速度の和なので，$V - a\omega$ となる．ここではたらいている摩擦力 F は静止摩擦力で，この接触点の速度を 0 にするはたらきをもっている．したがって，F が最大静止摩擦力よりも小さいときは，斜面と球の接触点の間にすべりはなくなり，

$$V = a\omega \tag{7.70}$$

が成り立つ．

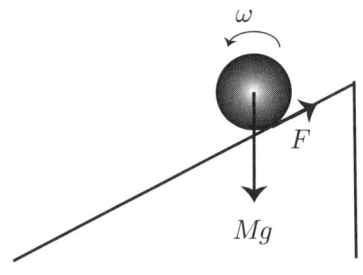

図 **7.18** 斜面を転がる球．

式 (7.70) を用いると $\omega = V/a$ となり，この関係式を式 (7.69) に代入し，式の両辺を a で割ると
$$\frac{I}{a^2}\frac{dV}{dt} = F.$$
この式と式 (7.68) の和をとると，
$$\left(M + \frac{I}{a^2}\right)\frac{dV}{dt} = Mg\sin\theta. \tag{7.71}$$
この式は斜面を転がり落ちる加速度が $g\sin\theta/\{1 + I/(Ma^2)\} = 5g\sin\theta/7$ となることを表している．滑らかな斜面を落下する質点の加速度 $g\sin\theta$ より小さくなる．

運動エネルギーと回転エネルギーの和の時間変化を計算すると
$$\frac{d}{dt}\left(\frac{1}{2}MV^2 + \frac{1}{2}I\omega^2\right) = MgV\sin\theta - FV + \omega(Fa) = -Mg\frac{dh}{dt}. \tag{7.72}$$
この式は運動エネルギー $(1/2)MV^2$ と回転エネルギー $(1/2)I\omega^2$ と位置エネルギー Mgh の総和が保存されることを表している．

同様に，質量 M の円板と円環を転がすと，円板と円環の慣性モーメントはそれぞれ，$I = Ma^2/2$, $I = Ma^2$ なので，加速度はそれぞれ，$(2/3)g\sin\theta$, $(1/2)g\sin\theta$ となる．円環より円板，円板より球のほうが速く斜面を下りることがわかる．

例 2. ヨーヨーの落下運動

図 7.19 のような，質量 M，慣性モーメント I のヨーヨーの運動を考える．半径 R の回転軸に糸を巻きつけ，ヨーヨーを落下させる．糸の張力を T とすると，重心の位置と回転の運動方程式は
$$M\frac{dV}{dt} = Mg - T,$$
$$I\frac{d\omega}{dt} = TR.$$
$V = R\omega$ を用いて，T と ω を消去すると
$$\frac{dV}{dt} = \frac{g}{1 + (I/MR^2)}. \tag{7.73}$$
糸の長さを l とすると，ヨーヨーが一番下に来たときの速度 V と角速度 ω は
$$V = \sqrt{\frac{2gl}{1 + (I/MR^2)}}, \quad \omega = \sqrt{\frac{2gl}{R^2 + (I/M)}} \tag{7.74}$$

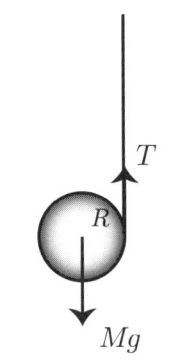

図 7.19　ヨーヨーの運動.

となる．

　その後，ヨーヨーは反転し，巻き上がる．反転の瞬間衝撃がかかり，エネルギー散逸が発生する．エネルギー散逸がないと元の位置まで巻き上がるが，エネルギー散逸があると途中で再び落下状態にもどる．これを繰り返すと次第に勢いがなくなる．実際には，回転速度を大きくするために，ヨーヨーが落下するときに自然な落下にまかせるのではなく，糸の先端を引き上げる．逆にヨーヨーが上昇するときに先端を押し下げ，糸が自然状態よりも速く巻き戻るようにする．簡単のため，ヨーヨーの落下中に一定の加速度 a で糸を引き上げると仮定する．上向き加速度 a の加速度系にのると，下向きに慣性力 Ma が発生するので，回転加速度は

$$\frac{d\omega}{dt} = \frac{g+a}{R+(I/MR)} \tag{7.75}$$

で表せる．ヨーヨーが一番下に来たときの回転速度は引き上げないときに比べて $\sqrt{(g+a)/g}$ 大きくなり，回転エネルギー $(1/2)I\omega^2$ は $(g+a)/g$ 倍大きくなる．ヨーヨーが一番下に来て反転する際のエネルギー散逸やそのほかの空気抵抗によるエネルギー散逸以上にエネルギーが大きくなると，元の位置以上にヨーヨーは巻き上がる．

例 3. 重心が中心にない円筒の運動

　図 7.20 のような，半径 a，質量 M の円筒（リング）の内側に質量 m の質点をつけた物体の運動を考察する．円筒を転がすと質点はサイクロイド曲線を描く．質量 m の質点のために，重心の位置が円の中心からずれる．このような

§7.4 転がり運動

円筒を転がすと一様に転がらず,回転速度が速くなったり遅くなったりする.角速度 ω と $-x$ 方向の並進速度 V は $V = a\omega$ の関係にある.円筒の運動エネルギーと回転エネルギーの和は $(1/2)MV^2 + (1/2)I\omega^2 = MV^2 = Ma^2\omega^2$ となる.質点が最も低い位置に来たときを回転角 $\theta = 0$ とする.$d\theta/dt = \omega$ が成り立つ.質点の速度ベクトルは $(-V + a\omega\cos\theta, a\omega\sin\theta)$ と表せるので,質点の運動エネルギーは $(1/2)m\{(-V + a\omega\cos\theta)^2 + a^2\omega^2\sin^2\theta\} = mV^2(1 - \cos\theta)$ となり,全運動エネルギーは $K = MV^2 + mV^2(1 - \cos\theta)$ となる.質点の位置エネルギーは $U = mga(1 - \cos\theta)$ なので,全エネルギーは

$$E = MV^2 + mV^2(1 - \cos\theta) + mga(1 - \cos\theta) \tag{7.76}$$

となる.$\theta = 0$ のとき $E = MV^2$ で,$\theta = \pi$ のとき $E = (M + 2m)V^2 + 2mga$ なので,$E > 2mga$ すなわち $\theta = 0$ での並進速度 V が $\sqrt{2mga/M}$ より大きいと,一方向運動を続ける.このとき等速直線運動ではなく,ごろんごろんと速くなったり遅くなったりして一方向に動く.E が $2mga$ より小さい場合は左右に往復運動する.

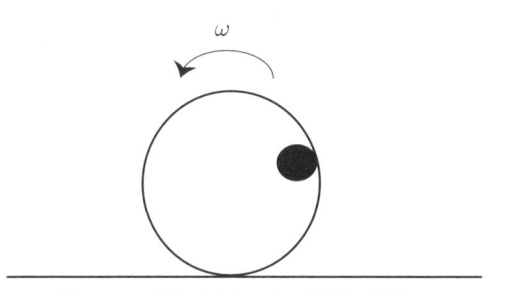

図 7.20 重心が中心にない円筒の運動.

回転角の時間変化の方程式は円の中心からずれた重心のまわりの回転の運動方程式からも導出できるが複雑なので,ラグランジアンを使った方法で導出する.この系のラグランジアンは

$$L = K - U = Ma^2\dot\theta^2 + ma^2\dot\theta^2(1 - \cos\theta) - mga(1 - \cos\theta) \tag{7.77}$$

なので,オイラー=ラグランジュ方程式

$$\frac{d}{dt}\frac{\partial L}{\partial \dot\theta} = \frac{\partial L}{\partial \theta} \tag{7.78}$$

より，角度 θ の従う方程式は

$$\frac{d^2\theta}{dt^2} = -\frac{\{mg + ma(d\theta/dt)^2\}\sin\theta}{2a\{M + m(1-\cos\theta)\}} \quad (7.79)$$

となる．

7.4.2 剛体の衝突

この節では剛体と剛体の衝突問題を考察する．

例 1．1 か所を打撃した直後の棒の運動

図 7.21 のように，長さ l，質量 M の棒の重心 G から b だけ離れた点に大きさ F の撃力を短い時間 τ だけ加える．重心のまわりの棒の慣性モーメントを I_G とする．打撃された直後の棒の運動を考える．大きさ $F\tau$ の力積により，重心の運動量は MV になる．したがって，衝撃直後の速度は

$$V = \frac{F\tau}{M} \quad (7.80)$$

となる．一方，撃力のモーメントと τ の積は $F\tau b$ なので，角運動量 $I_G\omega$ を得る．したがって衝撃直後の角速度は

$$\omega = \frac{F\tau b}{I_G} \quad (7.81)$$

となる．

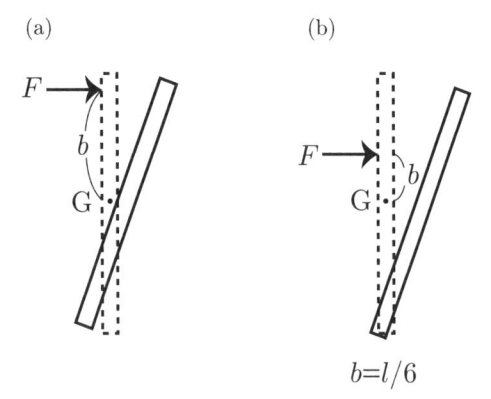

図 7.21 1 カ所を打撃した棒．G は重心位置．(a) G から b 離れた先端付近を打撃．(b) $b = l/6$ を打撃．

§7.4 転がり運動

棒上で重心から x 離れた点での速度は重心の速度と重心のまわりの回転速度の和なので $V + \omega x$ と表される．したがって，$x = -V/\omega = -I_G/(Mb) = -l^2/(12b)$ の地点で速度は 0 になる．下端の位置は $x = -l/2$ なので，$b = l/6$ のとき下端の速度が 0 になる．すなわち，重心から $l/6$ の所に撃力を加えると，下端に衝撃がないことになる．たとえば，野球の打撃で，バットでボールを打つとき，重心から $l/6$ 付近にボールがあたると，手に衝撃力を感じない．

例 2. 回転球と壁との衝突

図 7.22 のように，回転しながら直進している半径 a，質量 m，慣性モーメント $I = (2/5)ma^2$ の球と壁との衝突の問題を考える．衝突前の速度ベクトルを $(u_0, -v_0)$，重心のまわりの回転速度を ω_0 とする．衝突後の速度ベクトル (u, v) と回転速度 ω を求める．壁から $-x$ 方向に F，$+y$ 方向に N の撃力が微小時間 τ の間はたらいたとする．壁と垂直方向の衝突を弾性衝突と仮定すると $v = v_0$ となる．x 方向の運動と，回転の運動方程式より

$$m(u - u_0) = -F\tau, \quad I(\omega - \omega_0) = -Fa\tau \tag{7.82}$$

が成り立つ．壁の表面が粗く，衝突時間 τ がある程度長いときは，衝突後すべりがない条件が満たされることが期待される．このとき，衝突後の速度と回転

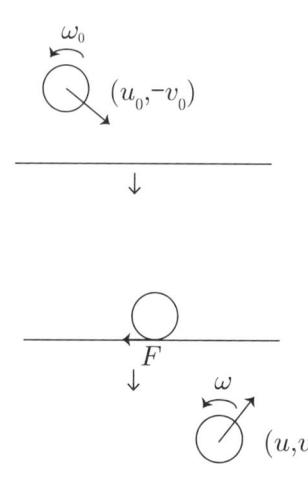

図 **7.22** 回転している球と壁との衝突．

第7章 剛体の運動

速度の間に $u = -a\omega$ が成立する．これらの式から

$$u = \frac{ma^2 u_0 - I\omega_0 a}{ma^2 + I} = \frac{5}{7}u_0 - \frac{2}{7}a\omega_0 \tag{7.83}$$

が得られる．$\omega_0 > (5/2)(u_0/a)$ のように強い逆スピンをかけて衝突させると，$u < 0$ となり，球は元の方向に戻る．スーパーボールに強い逆回転を加えて前方に投げると，床に衝突後，元の方向に戻ることが確認できる．$\omega_0 < -u_0/a$ の前向きのスピンをかけると，前進速度 u が元の速度 u_0 より大きくなる．実際に，卓球のカットボールやドライブボールでは球に回転を加えて打ち返し，卓球台でバウンドした球の勢いをなくしたり，逆に威力をつけたりする．ただし，卓球の球の問題に対しては，慣性モーメントとして球殻の値 $I = (2/3)ma^2$ を用いて計算したほうがよい．

例3．2個の球の衝突

図7.23のように，速度 v で転がり運動している球1が，同じ大きさ，同じ質量の静止した球2に衝突する問題を考える．球の半径を a，質量を m とする．衝突は弾性衝突とすると，衝突直後並進速度は入れ替わり，$v_1 = 0$ と $v_2 = v$ となる．衝突による撃力は二つの球の重心を結ぶ方向なので，力のモーメントははたらかない．衝突直前の回転速度 $\omega_1 = v/a$，$\omega_2 = 0$ が衝突直後にも保持されている（ここでは時計回りを回転の正の方向にとる）．このため，すべりがないという条件は衝突直後には成り立たない．床との間の動摩擦力 μmg が

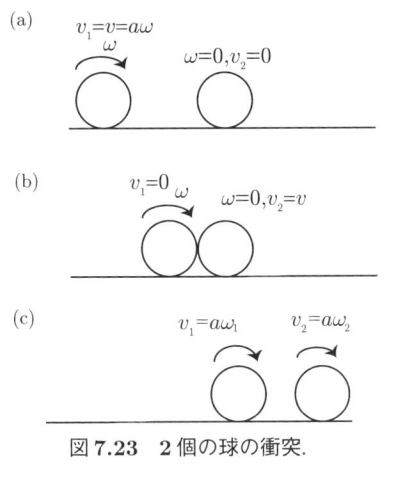

図 **7.23** 2個の球の衝突．

§7.4 転がり運動

質点 1 には回転を止める方向，すなわち x 方向にはたらき，逆に質点 2 には速度を止める方向，すなわち $-x$ 方向にはたらく．したがって，運動方程式は

$$m\frac{dv_1}{dt} = \mu mg, \quad I\frac{d\omega_1}{dt} = -\mu mga,$$
$$m\frac{dv_2}{dt} = -\mu mg, \quad I\frac{d\omega_2}{dt} = \mu mga \tag{7.84}$$

と表される．この方程式の解は

$$v_1(t) = \mu gt, \; \omega_1 = \frac{v}{a} - \frac{\mu mga}{I}t, \; v_2 = v - \mu gt, \; \omega_2 = \frac{\mu mga}{I}t. \tag{7.85}$$

$I = (2/5)ma^2$ なので，時刻 $t = (2v)/(7\mu g)$ で

$$v_1 = \frac{2v}{7}, \; \omega_1 = \frac{2v}{7a}, \; v_2 = \frac{5v}{7}, \; \omega_2 = \frac{5v}{7a} \tag{7.86}$$

となり，すべりなしの条件が満たされるようになる．転がり摩擦を考えなければ，それ以降はこの速度で進む．定常になった後の速度で考えた実効的な反発係数は

$$e = \frac{5v/7 - 2v/7}{v - 0} = \frac{3}{7} \tag{7.87}$$

である．衝突前後の回転と並進の運動エネルギーの差は

$$\Delta E = \frac{1}{2}m\left\{\left(\frac{2v}{7}\right)^2 + \left(\frac{5v}{7}\right)^2 - v^2\right\}$$
$$+ \frac{1}{2}\frac{2}{5}ma^2\left\{\left(\frac{2v}{7a}\right)^2 + \left(\frac{5v}{7a}\right)^2 - \left(\frac{v}{a}\right)^2\right\}$$
$$= -\frac{2}{7}mv^2 \tag{7.88}$$

となり，動摩擦力のために減少する．

7.4.3 車の加速

自動車，電車，自転車などは車輪に回転力を加えて前進する．車輪を介して，回転力を並進運動に変換している．実際の車の力学ではいろいろと複雑なことを考慮する必要があるが，ここでは車の加速の原理を理解するために簡単化して車輪の運動を議論する．

第7章 剛体の運動

一輪車の加速

　一輪車の場合は両足でペダルを踏むことで回転力が直接加えられる．質量 M の一輪車を例にして車の前進運動の力学を考える．ペダルの回転軸からの距離を r とし，右足左足それぞれに f の力をペダルに直角に加えると仮定する．力のモーメントは $N = 2rf$ となる．左右両足で逆向きの力を加えるので並進運動に対する力は 0 になる．車体と人の重力は軸受けで支えられており，回転に際してこの軸受けで摩擦力がはたらくと考えられるが，ここでは簡単のため 0 とする．また，タイヤは剛体と考え，地面との接触点で摩擦力と垂直抗力がはたらくと仮定する．図 7.24(a) のように，慣性モーメントを I，タイヤの半径を a とし，回転を止める方向に摩擦力 F がはたらくと仮定すると，回転の運動方程式は

$$I\frac{d\omega}{dt} = N - Fa. \tag{7.89}$$

一方，並進運動の運動方程式は摩擦力が進行方向にはたらくので

$$M\frac{dV}{dt} = F. \tag{7.90}$$

回転に対する摩擦力が並進運動の駆動力になっていることがわかる．すべりがないとすると，一輪車の並進速度は $V = a\omega$ なので回転の運動方程式は

$$\frac{I}{a}\frac{dV}{dt} = N - Fa \tag{7.91}$$

に変換される．F を消去すると加速度は

$$\frac{dV}{dt} = \frac{Na}{Ma^2 + I} \tag{7.92}$$

となり，加えた力のモーメント（トルク）に比例することがわかる．この式を使うと摩擦力は

$$F = \frac{MNa}{Ma^2 + I}. \tag{7.93}$$

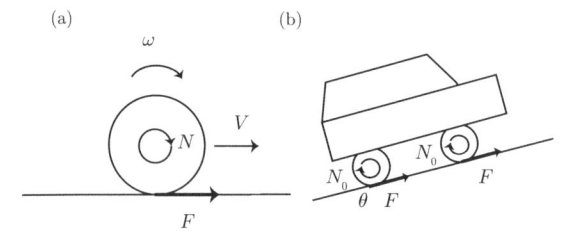

図 7.24　(a) 一輪車の加速．(b) 坂道を登る自動車．

§7.4 転がり運動

タイヤが質量 m の円環と仮定すると，$I = ma^2$ なので加速度は $dV/dt = N/\{(M+m)a\}$ となる．

自動車の加速

　自動車の場合はガソリンエンジンがトルクを発生し，車輪を駆動して，前進運動が生じる．電車の場合は電動モーターがトルクを発生する．自動車の場合は通常4個タイヤがある．各タイヤの慣性モーメントを I_0 とし，各タイヤに同じトルク N_0 をかける四輪駆動の場合，運動方程式は

$$I_0 \frac{d\omega}{dt} = N_0 - Fa, \quad M\frac{dV}{dt} = 4F \tag{7.94}$$

となる．F は各タイヤにかかる摩擦力を表す．加速度は

$$\frac{dV}{dt} = \frac{4N_0 a}{Ma^2 + 4I_0} \tag{7.95}$$

となり，式 (7.92) で $I = 4I_0$，$N = 4N_0$ を代入したものと一致する．

　重心の位置が自動車の中心にあり，各タイヤに同じ垂直抗力 $Mg/4$ がかかっていると仮定する．各タイヤの摩擦力 F は

$$F = \frac{N_0 Ma}{Ma^2 + 4I_0} \tag{7.96}$$

なので，すべりがないためには $F < \mu_{\max} Mg/4$ である必要がある．ここで $\mu_{\max}$ は最大静止摩擦係数である．したがって，加速度の最大値は

$$\left(\frac{dV}{dt}\right)_{\max} = \frac{4F_{\max}}{M} = \mu_{\max} g. \tag{7.97}$$

$\mu_{\max}$ が大きいほど，すなわちタイヤの摩擦力が大きいほど最大加速度が大きくなる．$\mu_{\max}$ は1程度の量なので，最大加速度は重力加速度 $g = 9.8\mathrm{m/s^2}$ と同程度の大きさになる．

　後輪駆動のように，後輪2個のみにトルク N_0 を加え，前輪にはトルクを与えない場合は，前輪にかかる摩擦力 F_1 と後輪にかかる摩擦力 F_2 は異なる値をとる．前輪と後輪の回転の運動方程式はそれぞれ

$$I_0 \frac{d\omega}{dt} = -F_1 a, \quad I_0 \frac{d\omega}{dt} = N_0 - F_2 a. \tag{7.98}$$

並進運動の運動方程式は

$$M\frac{dV}{dt} = 2F_1 + 2F_2. \tag{7.99}$$

すべりがない条件 $a\omega = V$ を用いると

$$\left(M + 4\frac{I_0}{a^2}\right)\frac{dV}{dt} = 2\frac{N_0}{a} \tag{7.100}$$

が得られ，

$$\frac{dV}{dt} = \frac{2N_0 a}{Ma^2 + 4I_0} \tag{7.101}$$

となる．四輪駆動の半分の加速度になっている．摩擦力 F_1, F_2 は

$$F_1 = \frac{-2N_0 I}{(Ma^2 + 4I_0)a}, \quad F_2 = \frac{N_0(Ma^2 + 2I_0)}{(Ma^2 + 4I_0)a} \tag{7.102}$$

なので，前輪には後ろ向きの摩擦力，後輪には前向きの摩擦力がはたらく．

逆に，速度 V_0 で走行している自動車に，$t > 0$ でアクセルを離して駆動力を 0 にして，ブレーキをかける場合を考える．圧力 P でパッドをタイヤに押しつけ，生じる動摩擦力によってブレーキをかけると仮定する．摩擦力がはたらく位置が車輪の回転軸から b 離れていて，パッドの面積を S とすると，力のモーメントは $N_b = -\mu P S b$ となる．自動車の減速の加速度は式 (7.95) で N_0 を N_b でおき換えたものになるので，速度は

$$V(t) = V_0 - \frac{4\mu P S b a}{Ma^2 + 4I_0}t \tag{7.103}$$

のように減速する．

斜面を登る車

図 7.24(b) のように角度 θ の斜面を登る車の運動を考える．簡単のため前輪と後輪に同じトルク N_0 を加える四輪駆動の自動車を考える．タイヤには，斜面から垂直抗力と摩擦力 F がかかる．一般の場合には，重心の位置によって前輪と後輪にかかる垂直抗力は異なるが，ここでは簡単のため同じと仮定する．斜面の上向きを正にとる．重心の運動方程式と回転の運動方程式は

$$\begin{aligned}M\frac{dV}{dt} &= -Mg\sin\theta + 4F, \\ I_0\frac{d\omega}{dt} &= N_0 - Fa.\end{aligned} \tag{7.104}$$

すべりがない条件では $V = a\omega$ が成り立つ．加速度は

$$\frac{dV}{dt} = \frac{4N_0 a - Mga^2\sin\theta}{Ma^2 + 4I_0} \tag{7.105}$$

となるので，N_0 として $Mga\sin\theta/4$ 以上のトルクを加えないと斜面を登れない．摩擦力は

$$F = \frac{N_0 Ma + I_0 Mg\sin\theta}{Ma^2 + 4I_0} \tag{7.106}$$

となり，垂直抗力は $Mg\cos\theta/4$ なので，$F > \mu_{\max} Mg\cos\theta/4$ になると最大静止摩擦力を超え，タイヤはスリップする．スリップする条件は

$$\sin\theta > \left(1 + \frac{Ma^2}{4I_0}\right)\mu_{\max}\cos\theta - \frac{N_0 a}{I_0 g} \tag{7.107}$$

となる．トルクを加えるとスリップしやすくなる．

§7.5 歳差運動

7.5.1 コマの歳差運動

　高速回転しているコマの軸が少し傾くと，傾き角を一定に保ちながら，軸の上端が水平円運動を示すことがある．この首振り運動（みそすり運動）を歳差運動 (precession motion) とよぶ．歳差運動を行う場合，回転軸の方向と角運動量の方向は厳密には一致しないが，高速回転している場合はその方向はほぼ一致するので，角運動量の時間変化を調べれば歳差運動の様子がわかる．この節ではこの角運動量の時間変化を調べる方法で歳差運動を議論する．より厳密なコマの運動は最後の節で述べる．

　コマは通常，軸のまわりで軸対称である．図 7.25 のように，質量 M，軸のまわりの慣性モーメントが I のコマが，軸を傾けて角速度 ω で回転しているとする．コマの軸の下端は動かないとする．このコマの下端を原点として考える．

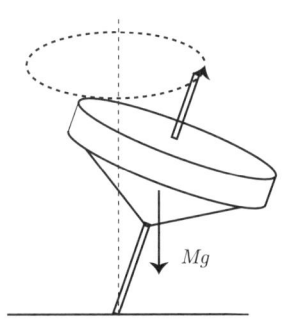

図 **7.25**　コマの歳差運動．

軸が傾いていると，重心 $\boldsymbol{R} = (X, Y, Z)$ にはたらく重力により力のモーメントが生じる．

$$\boldsymbol{N} = \boldsymbol{R} \times M\boldsymbol{g} = (-YMg, XMg, 0). \tag{7.108}$$

角運動量を $\boldsymbol{L} = (L_x, L_y, L_z)$ とすると，回転の運動方程式は

$$\frac{dL_x}{dt} = -YMg, \quad \frac{dL_y}{dt} = XMg, \quad \frac{dL_z}{dt} = 0 \tag{7.109}$$

となる．角運動量の大きさは $I\omega$ で，その方向は重心方向と考えられるので

$$\boldsymbol{L} = I\omega \frac{\boldsymbol{R}}{R} = \left(I\omega \frac{X}{R}, I\omega \frac{Y}{R}, I\omega \frac{Z}{R} \right) \tag{7.110}$$

と表現できる．$R = \sqrt{X^2 + Y^2 + Z^2}$ はコマの下端と重心の距離である．$dL_z/dt = 0$ なので，Z は一定となる．したがって

$$\frac{dX}{dt} = -\frac{RMg}{I\omega} Y, \tag{7.111}$$

$$\frac{dY}{dt} = \frac{RMg}{I\omega} X \tag{7.112}$$

が成り立つ．式 (7.111) を1回微分して，式 (7.112) を代入すると

$$\frac{d^2 X}{dt^2} = -\left(\frac{RMg}{I\omega} \right)^2 X \tag{7.113}$$

が得られる．この方程式は単振動の式と等価な式であり，解は次式で与えられる．

$$X = A\cos(\Omega t). \tag{7.114}$$

さらに，式 (7.111) に代入することで，解

$$Y = A\sin(\Omega t) \tag{7.115}$$

が得られる．この式はコマの重心が角速度

$$\Omega = \frac{RMg}{I\omega} \tag{7.116}$$

で水平面内を回転運動をすることを表している．この運動が歳差運動である．ω が大きいほど，すなわちコマが高速で回転するほど，歳差運動の周期は長くなる．歳差運動の周期は軸の傾き角に依存しない．

§7.5 歳差運動

広い意味の歳差運動はコマだけでなくさまざまなところに現れる．バイクが車体を倒しながらコーナーを曲がるのも歳差運動の一種と解釈できる．図 7.26(a) のように，バイクが紙面奥向きに遠ざかっているとする．これを上から見たものが図 7.26(b) である．このとき，タイヤの回転による角運動量ベクトル L の方向は左向きである．図 7.26(a) のように，車体を右に倒すと，地面からの垂直抗力 F によって力のモーメント $N = r \times F$ が生じる（タイヤが直立していると垂直抗力は重心の方向を向くので力のモーメントは 0 になる）．力のモーメントの方向は紙面奥向きである．この力のモーメントにより，角運動量ベクトルの方向も図 7.26(a) では紙面奥向きに，上から見た (b) 図では L から L' へ少し前向きに変化する．それに伴い，タイヤの回転軸が時計回り方向に変化する．その結果，(b) 図に示すように速度ベクトルが V から V' へ変化する．タイヤの進行方向が右向きに変化し，バイクはコーナーを曲がる．

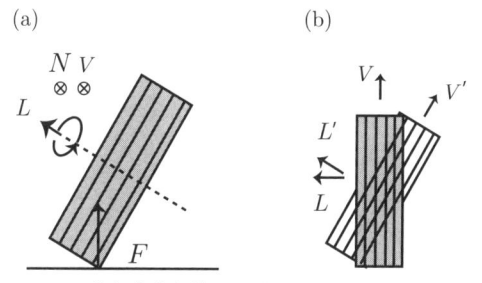

図 7.26 バイクのタイヤの進行方向転換の模式図．(a) タイヤを後ろから見た図．バイクは紙面奥向きに走っているとする．(b) タイヤを上から見た図．角運動量ベクトルは L から L' へ，速度ベクトルは V から V' へ変化する．

□ ブーメラン

ブーメランが戻ってくるのも歳差運動で解釈できる．図 7.27(a) に十字型ブーメランを示す．ブーメランの羽根は飛行機の翼のようになっている．図 7.27(a) のようにブーメランの羽根を点線で切断すると，その切断面は図 7.27(b),(c) に模式的に示すように，片面がほぼ平らでもう一方にふくらみがある．この非対称性のために翼のように揚力がはたらく．図 7.27(a) に示すように，ブーメランを縦向きの状態で，反時計回りに回転させ，左方向に投げるとする．図 7.27(b) と (c) は投げたブーメランを上から見た様子である．図 7.27(b) と (c) では風は前方（紙面の上側）からあたる．上の羽根と下の羽根の図 (a) の切断面付近の様子をそれぞれ図 (b) と

(c) に描いてある．回転させながら前方に飛ばすと，図のようにブーメランの翼に揚力が発生するが，揚力は翼にあたる風の強さが大きいほど大きくなる．回転方向と進行方向が一致する上の羽根では揚力が大きくなり，回転と進行方向が逆になる下の羽根では揚力の大きさが小さい．この揚力による力のモーメントは，上の羽根の (b) 図では下向き，下の羽根の (c) 図では上向きにはたらく．力のモーメントの大きさは上の羽根のものが下の羽根のものより大きい．そのため全体としては力のモーメントは進行方向と逆方向，すなわち (a) 図では右向きにはたらく．この力のモーメントのために，角運動量ベクトルの方向すなわち回転軸の向きが，反時計回りに変化してゆく．その結果，ブーメランの進行方向自身も曲がる．うまく回転させて投げると，ブーメランは手元に戻ってくる．

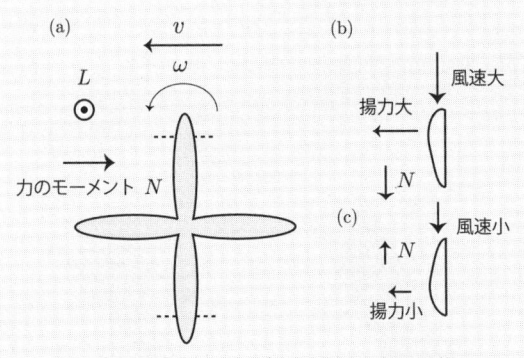

図7.27 (a) 十字型ブーメラン．(b) ブーメランの上の羽根にあたる風と揚力．
(c) ブーメランの下の羽根にあたる風と揚力．

7.5.2 ジャイロ効果

コマを傾けると歳差運動を始める．図 7.28 のように，鉛直に立っているコマの回転軸を傾けるために，コマの軸の上端に x 方向に $F\tau$ の力積を加える．ただし，コマの慣性モーメントを I，回転速度を ω，軸の上端から下端までの長さを l，重心の位置からコマの下端までの長さを R とする．力のモーメント $\boldsymbol{r} \times \boldsymbol{F}$ は $\boldsymbol{r}$ に垂直，すなわち $\boldsymbol{L}$ に垂直となる．また，力のモーメントは，力の方向にも垂直なので，y 方向を向く．この撃力による力のモーメントのため，角運動量の y 成分は 0 から $lF\tau$ に変化する．$L_y = lF\tau$ で，元の鉛直方向（z 方向）の角運動量は $L_z = I\omega$ なので，コマは y 方向に角度

§7.5 歳差運動

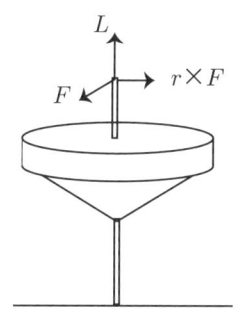

図 7.28 x 方向の力積により y 方向にコマの軸が傾く．

$$\theta = \tan^{-1}\left(\frac{lF\tau}{I\omega}\right) \approx \frac{lF\tau}{I\omega} \tag{7.117}$$

だけ傾く．直観と異なり，x 方向に力を加えると，コマは y 方向に傾く．その後は，$\Omega = RMg/(I\omega)$ の歳差運動を行う．このとき，回転速度 ω が大きいほど傾き角が小さい．これは高速で回転する大きな慣性モーメントをもつ物体は $I\omega$ が大きいため，回転軸の方向は変化しにくいことを示している．すなわち，高速回転している物体は力を加えても倒れにくく，さらにそのまま倒れる代わりに歳差運動を始める．高速回転している物体はその回転状態が安定に維持される傾向にある．この効果をジャイロ効果とよぶ．

ジャイロコンパスは，この高速回転するコマの回転軸の方向が保持される性質を利用して，常に北の方位を指すように組み立てられた方位測定機である．鋼鉄製の船舶では磁気コンパスは誤差を生じやすいので，GPS がなかった時代に，航海で磁気コンパスの代わりに用いられた．

フリスビーとよばれる回転を加えて投げて遊ぶディスク（円盤）がある．高速で回転させると，ジャイロ効果のため水平の姿勢が安定に保たれる．水平状態に保たれると，落下方向に直交する方向の断面積が大きくなるため，空気抵抗が大きくなり，落下速度は小さくなる．さらに，ディスクの上部が少し丸みをもっているので，水平状態に保たれて前進すると揚力がはたらく．これらの効果が合わさり，ディスクは水平方向にかなり長い距離飛ぶ．

7.5.3 起き上がりゴマ

コマはそのほかにも意外な動きを示すことがある．しかし，一般のコマの運動を解析することはかなり難しい問題である．この節では重力に逆らって起き上がるコマを角運動量の方程式を使って議論する．

回転軸の太いコマを反時計回りに回転させる．このとき角運動量ベクトルは回転軸の方向を向く．太いコマでは回転軸の下端も円運動する．解析を簡単にするために重心の近くの軸上にある点 O が固定されているとする．O からみると，垂直抗力の効果が重力の効果よりも大きい．重力の効果を無視すると，垂直抗力による力のモーメント $r \times F_n$ は紙面の奥向きを向くので，dL/dt もその方向を向く．その結果，角運動量すなわち回転軸も紙面奥向きに回転を始める．太いコマの場合も下端が固定されたコマと同じような歳差運動を示す．

一方，回転は反時計回りで軸が図 7.29 のように右に傾いていると，回転運動に対する動摩擦力は紙面手前向きにはたらく．動摩擦力による力のモーメント $r \times F_t$ は x の負の方向，すなわちコマの軸を立てる方向にはたらく．この力のモーメントにより，回転軸は重心が高くなる方向に動き，最終的には直立するようになる．

コマの軸が鉛直線となす角度を θ とすると，力のモーメント N は動摩擦力 $F_t = \mu M g$ と点 O までの距離 R_0 との積 $N = \mu M g R_0$ となる．角運動量ベクトルは大きさが $I\omega$ でコマの回転軸の方向を向いている．回転軸が $\Delta\theta$ 回転すると，角運動量ベクトルは $I\omega\Delta\theta$ だけ変化する．したがって，回転の運動方程式より

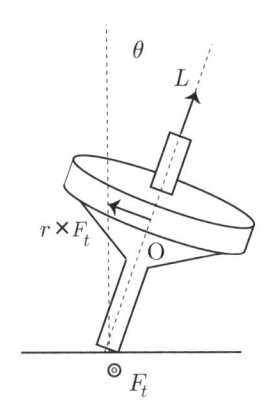

図 7.29 起き上がりゴマ．

§7.5 歳差運動

$$I\omega \frac{d\theta}{dt} = \mu M g R_0 \tag{7.118}$$

が得られる．$R_0 \approx R$ と近似すると，角速度 $d\theta/dt$ は $\mu MgR/(I\omega)$ となる．$MgR/(I\omega)$ は歳差運動の角速度 Ω と一致する．起き上がりの角速度は

$$\frac{d\theta}{dt} = \mu \Omega \tag{7.119}$$

となり，動摩擦係数と歳差運動の角振動数の積で与えられる．このようなコマを起き上がりゴマという．ふつうの物体は重心の位置が低くなる方向に動くが，高速回転するコマは逆に重心の位置が高くなる方向に動く．

■ 逆立ちゴマと回転卵

図 7.30(a) のような底の部分が丸いコマも軸を上にして高速で回すと，次第に重心が高い方向に動き，最後に逆立ちして回転するようになる．このコマを逆立ちゴマとよぶ．

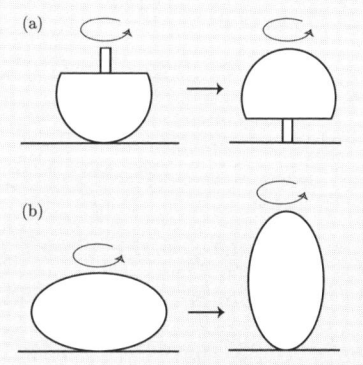

図 7.30 (a) 逆立ちゴマ．(b) ゆで卵の立ち上がり．

似たような現象はほかにも見られる．図 7.30(b) のように，横向きのゆで卵をテーブルの上で高速で回転させると次第に立ち上がる．この現象は回転する卵のパラドックスとして関心を集めてきた（生卵の場合は，中身が液体のため回転は減衰しやすく，高速で回転させることが困難である）．コマが起き上がったり，卵が起き上がると，重心は上に移動する．回転エネルギーと位置エネルギーの和は摩擦により少しずつ減少しているが，回転エネルギーをより大きく減少させて位置エネルギーを上げていると解釈できる．近年，キース・モファットと下村裕は後の節で説明するオイラー方程式に基づいて，この卵の立ち上がり現象をより正確に解析した (Nature **416**, 385 (2002))．その解析によると，摩擦力のために全エネルギーは保

存しないが，高速回転条件下では重心の高さ h と鉛直軸まわりの回転角速度 ω の積が初期値で決まる保存量になる．このため，摩擦により回転角速度 ω が小さくなると，重心の高さ h が上がることになる．

§7.6 【発展】固定点のまわりの回転と慣性テンソル

これまで，回転軸が固定されている場合，および並進運動しても回転方向が固定されている場合を考察してきた．一般の場合には剛体の向きも変化する．この節では固定点のまわりの回転を取り扱う．剛体を投げる場合でも，重心運動は放物運動をするが，重心のまわりの相対運動は固定点のまわりの回転運動として取り扱うことができる．

7.6.1 慣性テンソル

慣性テンソルと慣性乗積

ある静止系に固定された座標系を (X, Y, Z) で表し，この静止系での角速度ベクトルを $\boldsymbol{\omega} = (\omega_X, \omega_Y, \omega_Z)$ と表す．多数の質点系の角運動量は，$\boldsymbol{v}_i = \boldsymbol{\omega} \times \boldsymbol{r}_i$ なので

$$\boldsymbol{L} = \sum_i \boldsymbol{r}_i \times m_i \boldsymbol{v}_i = \sum_i m_i \boldsymbol{r}_i \times (\boldsymbol{\omega} \times \boldsymbol{r}_i) = \sum_i m_i \{r_i^2 \boldsymbol{\omega} - (\boldsymbol{\omega} \cdot \boldsymbol{r}_i) \boldsymbol{r}_i\} \quad (7.120)$$

で与えられる．一般に角運動量ベクトル $\boldsymbol{L}$ と角速度ベクトル $\boldsymbol{\omega}$ の方向は一致しない．このベクトル間の関係式を成分に分けて書くと，

$$\begin{aligned} L_X &= I_{XX}\omega_X + I_{XY}\omega_Y + I_{XZ}\omega_Z, \\ L_Y &= I_{YX}\omega_X + I_{YY}\omega_Y + I_{YZ}\omega_Z, \\ L_Z &= I_{ZX}\omega_X + I_{ZY}\omega_Y + I_{ZZ}\omega_Z. \end{aligned} \quad (7.121)$$

ここで

$$\begin{aligned} I_{XX} &= \sum_i m_i(Y_i^2 + Z_i^2), \quad I_{XY} = -\sum_i m_i X_i Y_i, \quad I_{XZ} = -\sum_i m_i X_i Z_i, \\ I_{YX} &= -\sum_i m_i Y_i X_i, \quad I_{YY} = \sum_i m_i(X_i^2 + Z_i^2), \quad I_{YZ} = -\sum_i m_i Y_i Z_i, \\ I_{ZX} &= -\sum_i m_i Z_i X_i, \quad I_{ZY} = -\sum_i m_i Z_i Y_i, \quad I_{ZZ} = \sum_i m_i(X_i^2 + Y_i^2) \end{aligned}$$

§7.6 【発展】固定点のまわりの回転と慣性テンソル

と表すことができる．剛体なので和を積分で書き換えると

$$I_{XX} = \iiint \rho(Y^2+Z^2)dV, \; I_{XY} = -\iiint \rho XY dV,$$
$$I_{XZ} = -\iiint \rho XZ dV,$$
$$I_{YX} = -\iiint \rho YX dV, \; I_{YY} = \iiint \rho(X^2+Z^2)dV,$$
$$I_{YZ} = -\iiint \rho YZ dV,$$
$$I_{ZX} = -\iiint \rho ZX dV, \; I_{ZY} = -\iiint \rho ZY dV,$$
$$I_{ZZ} = \iiint \rho(X^2+Y^2)dV.$$

I_{XX}, I_{YY}, I_{ZZ} はそれぞれ X, Y, Z 軸のまわりの慣性モーメントを表す． $-I_{XY}$, $-I_{YZ}$, $-I_{ZX}$ をそれぞれ XY, YZ, ZX 軸に関する慣性乗積とよぶ．

$$\boldsymbol{I} = \begin{pmatrix} I_{XX} & I_{XY} & I_{XZ} \\ I_{YX} & I_{YY} & I_{YZ} \\ I_{ZX} & I_{ZY} & I_{ZZ} \end{pmatrix} \tag{7.122}$$

で表される 2 階の対称テンソル $\boldsymbol{I}$ を慣性テンソル (tensor of inertia) とよぶ．テンソルについては数学補足 A.4 節で説明を追加する．角運動量ベクトルは慣性テンソルと角速度ベクトルを用いて

$$\boldsymbol{L} = \boldsymbol{I} \cdot \boldsymbol{\omega} \tag{7.123}$$

と表現できる．

対称行列とその対角化

慣性テンソルを行列 $\boldsymbol{I}$ とみなすと，3×3 型の実対称行列になる．一般に実対称行列の三つの固有値 $\lambda_1, \lambda_2, \lambda_3$ は実数となり，対応する固有ベクトル $\boldsymbol{u}_1, \boldsymbol{u}_2, \boldsymbol{u}_3$ は互いに直交する．それぞれの固有ベクトルを正規化（規格化）すると

$$\boldsymbol{u}_i^t \cdot \boldsymbol{u}_j = \delta_{i,j} \tag{7.124}$$

が成り立つ．ここで，$\boldsymbol{u}^t$ は縦ベクトル $\boldsymbol{u}$ を転置してできる横ベクトルを表す．$\delta_{i,j}$ はクロネッカーのデルタを表し，i と j が等しいときのみ 1 をとり，そのほか

の場合は0になる．この縦ベクトルを3個横に並べて行列 C をつくる．

$$C = (u_1, u_2, u_3)$$

行列 C の転置行列 C^t と C の積は

$$C^t \cdot C = \begin{pmatrix} u_1^t u_1 & u_1^t u_2 & u_1^t u_3 \\ u_2^t u_1 & u_2^t u_2 & u_2^t u_3 \\ u_3^t u_1 & u_3^t u_2 & u_3^t u_3 \end{pmatrix} = \begin{pmatrix} 1 & 0 & 0 \\ 0 & 1 & 0 \\ 0 & 0 & 1 \end{pmatrix} \tag{7.125}$$

となるので，行列 C は直交行列である．また，

$$I \cdot C = I \cdot (u_1, u_2, u_3) = (\lambda_1 u_1, \lambda_2 u_2, \lambda_3 u_3) \tag{7.126}$$

なので

$$C^t \cdot I \cdot C = \begin{pmatrix} \lambda_1 & 0 & 0 \\ 0 & \lambda_2 & 0 \\ 0 & 0 & \lambda_3 \end{pmatrix} \tag{7.127}$$

となる．このように，実対称行列 I は直交行列 C によって対角化されることがわかる．

慣性主軸と主慣性モーメント

慣性テンソルの場合も直交変換で (X, Y, Z) からある別の直交座標系 (x, y, z) に座標変換すると，次のように対角化することができる．

$$I = \begin{pmatrix} I_x & 0 & 0 \\ 0 & I_y & 0 \\ 0 & 0 & I_z \end{pmatrix} \tag{7.128}$$

この x, y, z 軸を慣性主軸 (principle axis of inertia) とよび，この軸のまわりの慣性モーメント I_x, I_y, I_z を主慣性モーメントとよぶ．慣性テンソルは対称テンソルなので常に慣性主軸をみつけることができる．剛体が回転しても，この慣性主軸がつくる座標系は回転する剛体の上に固定されている．慣性主軸を用いると解析が簡単になる．

いくつかの簡単な場合には主慣性モーメントの値は，7.2節で計算した慣性モーメントの結果をそのまま用いて求めることができる．たとえば，図7.31(a)のような質量が M で x 方向，y 方向，z 方向の辺の長さがそれぞれ a, b, c の直

§7.6 【発展】固定点のまわりの回転と慣性テンソル

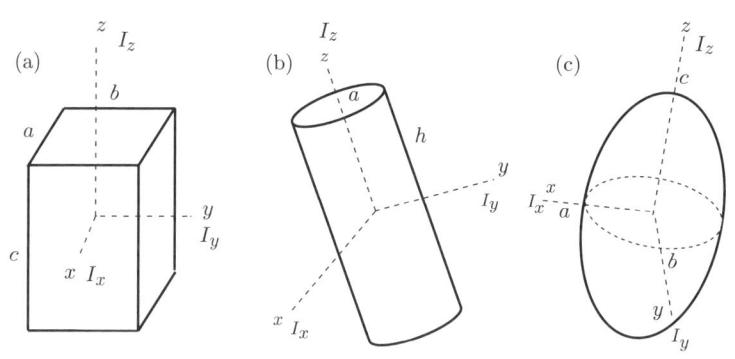

図 7.31 (a) 直方体の主軸と主慣性モーメント．(b) 円柱の主軸と主慣性モーメント．(c) 楕円体の主軸と主慣性モーメント．

方体では，その重心を原点とする x, y, z 軸が慣性主軸で，主慣性モーメントは

$$I_x = M\frac{b^2+c^2}{12}, \ I_y = M\frac{a^2+c^2}{12}, \ I_z = M\frac{a^2+b^2}{12} \tag{7.129}$$

となる．図 7.31(b) のような質量が M で半径 a，高さ h の円柱の場合の慣性主軸は，重心を原点とする円柱の中心線が z 軸で，重心を通り z 軸に直交する二つの軸が x 軸と y 軸である．主慣性モーメントは

$$I_x = M\frac{3a^2+h^2}{12}, \ I_y = M\frac{3a^2+h^2}{12}, \ I_z = M\frac{a^2}{2} \tag{7.130}$$

となる．

$$\frac{x^2}{a^2} + \frac{y^2}{b^2} + \frac{z^2}{c^2} = 1 \tag{7.131}$$

で表される図 7.31(c) のような楕円体の主慣性モーメントは

$$I_x = M\frac{b^2+c^2}{5}, \ I_y = M\frac{a^2+c^2}{5}, I_z = M\frac{a^2+b^2}{5} \tag{7.132}$$

となる．

7.6.2 回転エネルギー

固定点 O のまわりの回転運動の運動エネルギー K は

$$K = \frac{1}{2}\sum_i m_i \boldsymbol{v}_i \cdot \boldsymbol{v}_i = \frac{1}{2}\sum_i m_i \boldsymbol{v}_i \cdot (\boldsymbol{\omega} \times \boldsymbol{r}_i). \tag{7.133}$$

ここで，公式 $\bm{a}\cdot(\bm{b}\times\bm{c}) = \bm{b}\cdot(\bm{c}\times\bm{a})$ を用いると

$$K = \frac{1}{2}\bm{\omega}\cdot\left(\sum_i \bm{r}_i\times m_i\bm{v}_i\right) = \frac{1}{2}\bm{\omega}\cdot\bm{L} = \frac{1}{2}\bm{\omega}\cdot\bm{I}\cdot\bm{\omega}. \tag{7.134}$$

慣性主軸を座標系に選ぶと

$$K = \frac{1}{2}(I_x\omega_x^2 + I_y\omega_y^2 + I_z\omega_z^2). \tag{7.135}$$

7.3 節では z 軸まわりの回転のみを考えていたので，回転エネルギーは $K = (1/2)I_z\omega_z^2$ と表されていた．

§7.7 【発展】オイラー方程式と剛体の自由回転

7.7.1 オイラー方程式

固定点のまわりの回転の運動方程式は

$$\frac{d\bm{L}}{dt} = \bm{N} \tag{7.136}$$

で表される．剛体に固定された慣性主軸を座標系に選ぶ．回転系でのベクトル量 $\bm{B}$ の時間変化に関しては

$$\frac{d\bm{B}}{dt} = \frac{d'\bm{B}}{dt} + \bm{\omega}\times\bm{B} \tag{7.137}$$

となることを第 5 章で導いた．これを角運動量に適用すると

$$\frac{d\bm{L}}{dt} = \frac{d'\bm{L}}{dt} + \bm{\omega}\times\bm{L}. \tag{7.138}$$

この式から，剛体に固定された座標系では

$$\frac{d'\bm{L}}{dt} + \bm{\omega}\times\bm{L} = \bm{N} \tag{7.139}$$

が成り立つ．$\bm{L} = \bm{I}\cdot\bm{\omega}$ を用いると

$$\bm{I}\cdot\frac{d'\bm{\omega}}{dt} + \bm{\omega}\times(\bm{I}\cdot\bm{\omega}) = \bm{N} \tag{7.140}$$

となる．各成分で表すと

$$I_x\frac{d'\omega_x}{dt} + \omega_y\omega_z(I_z - I_y) = N_x,$$

§7.7 【発展】オイラー方程式と剛体の自由回転

$$I_y \frac{d'\omega_y}{dt} + \omega_z \omega_x (I_x - I_z) = N_y,$$
$$I_z \frac{d'\omega_z}{dt} + \omega_x \omega_y (I_y - I_x) = N_z. \tag{7.141}$$

これらをオイラー方程式とよぶ．それぞれの式に ω_x, ω_y, ω_z を掛けて和をとると

$$I_x \omega_x \frac{d'\omega_x}{dt} + I_y \omega_y \frac{d'\omega_y}{dt} + I_z \omega_z \frac{d'\omega_z}{dt} = \frac{d'K}{dt} = \boldsymbol{\omega} \cdot \boldsymbol{N} \tag{7.142}$$

という回転エネルギーの時間変化を表す式が得られる．

7.7.2 剛体の自由回転

重心が固定された自由回転では $\boldsymbol{N} = 0$ となる．剛体を放り投げる場合でも，重心のまわりの回転運動を考えると，相対運動の角運動量の運動方程式 (6.32) の右辺に現れる力のモーメントは

$$\sum_i \boldsymbol{r}'_i \times (-m_i g \mathbf{e}_Z) = \left(-g \sum_i m_i y'_i, g \sum_i m_i x'_i, 0\right) = (0, 0, 0) \tag{7.143}$$

となる．ここで，$\mathbf{e}_Z$ は鉛直方向の単位ベクトルであり，相対座標に関して成立する式

$$\sum_i m_i x'_i = 0, \quad \sum_i m_i y'_i = 0 \tag{7.144}$$

を用いた．すなわち，重心のまわりの回転運動は，力のモーメントが 0 となるので自由回転と等価になる．

剛体の回転の運動エネルギー $K = (1/2)(I_x \omega_x^2 + I_y \omega_y^2 + I_z \omega_z^2)$ の時間変化は (7.142) に $N = 0$ を代入することにより $d'K/dt = 0$

$$\frac{d'K}{dt} = I_x \omega_x \omega_y \omega_z \{(I_y - I_z) + (I_z - I_x) + (I_x - I_y)\} = 0 \tag{7.145}$$

となり，自由回転では運動エネルギーは保存される．一般に，スカラー量の微分は回転座標系でも静止系でも変わらないので，どの座標系でも運動エネルギーは保存される．

軸対称な剛体

主慣性モーメントの二つが等しい，すなわち $I_x = I_y$ となる軸対称な剛体の自由回転を考える．$\boldsymbol{N} = 0$ と $I_x = I_y$ を用いると，オイラー方程式は

$$I_x \frac{d'\omega_x}{dt} + \omega_y \omega_z (I_z - I_x) = 0, \tag{7.146}$$

$$I_x \frac{d'\omega_y}{dt} + \omega_z \omega_x (I_x - I_z) = 0, \tag{7.147}$$

$$I_z \frac{d'\omega_z}{dt} = 0. \tag{7.148}$$

式 (7.148) より，$\omega_z(t) = \omega_0 =$ 定数となる．$(I_z - I_x)/I_x$ を β とおくと，式 (7.146) と式 (7.147) から

$$\begin{aligned}\frac{d'\omega_x}{dt} &= -\beta\omega_0 \omega_y, \\ \frac{d'\omega_y}{dt} &= \beta\omega_0 \omega_x.\end{aligned} \tag{7.149}$$

さらに，時間微分することで

$$\begin{aligned}\frac{d'^2\omega_x}{dt^2} &= -(\beta\omega_0)^2 \omega_x, \\ \frac{d'^2\omega_y}{dt^2} &= -(\beta\omega_0)^2 \omega_y\end{aligned} \tag{7.150}$$

が得られる．これは，単振動の式と等価なので

$$\omega_x(t) = A\cos(\beta\omega_0 t + \delta), \ \omega_y(t) = A\sin(\beta\omega_0 t + \delta) \tag{7.151}$$

の解をもつ．$\omega_x(t)$ と $\omega_y(t)$ は z 軸のまわりを円運動することを表している．図 7.32(a) に示すように，ベクトル $\boldsymbol{\omega}$ は剛体に固定された z 軸のまわりを一定の傾きを保ちながら角速度 $\beta\omega_0$ で歳差運動する．角運動量ベクトル $\boldsymbol{L}$ は

$$\begin{aligned}L_x &= I_x \omega_x = I_x A\cos(\beta\omega_0 t + \delta), \\ L_y &= I_y \omega_y = I_x A\sin(\beta\omega_0 t + \delta),\end{aligned}$$

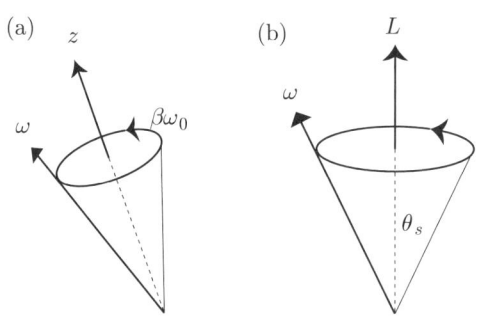

図 **7.32** 剛体の自由回転．(a) z 軸と $\boldsymbol{\omega}$ の歳差運動．(b) $\boldsymbol{L}$ と $\boldsymbol{\omega}$ の関係．

§7.7 【発展】オイラー方程式と剛体の自由回転

$$L_z = I_z \omega_z = I_z \omega_0 \tag{7.152}$$

なので，やはり z 軸のまわりに角速度 $\beta\omega_0$ で歳差運動を行う．静止系からみると z 軸は動く．一方，剛体の角運動量ベクトル $\bm{L}$ は静止系では $d\bm{L}/dt = \bm{N} = 0$ なので，その方向や大きさは一定である．角速度ベクトルと角運動量ベクトルの内積は

$$\bm{\omega}\cdot\bm{L} = |\bm{\omega}|\cdot|\bm{L}|\cos\theta_s = I_x\omega_x^2 + I_y\omega_y^2 + I_z\omega_z^2 = 2K \tag{7.153}$$

となり，K が保存されるので，一定値をとる．角速度ベクトルの大きさおよび角運動量ベクトルの大きさも一定なので二つのベクトルのなす角度 θ_s も一定になる．これは，角速度ベクトル $\bm{\omega}$ を静止系からみると，図 7.32(b) のように，静止系で固定された $\bm{L}$ の方向を軸としてそのまわりを円運動することを意味している．

一般の剛体の慣性主軸まわりの回転

前節のような対称性 $I_x = I_y$ は仮定せず，一般の剛体の自由回転を考える．最初に慣性主軸のまわりの回転を考える．たとえば，z 軸のまわりの回転の場合，角速度の初期値は，$\omega_x(0) = \omega_y(0) = 0$ となる．$\omega_z(0)$ は 0 でない値をとる．オイラー方程式に代入すると

$$\frac{d'\omega_x}{dt} = \frac{d'\omega_y}{dt} = \frac{d'\omega_z}{dt} = 0 \tag{7.154}$$

となり，$\omega_z(t) = \omega_z(0)$，$\omega_x(t) = \omega_y(t) = 0$ のように初期値の値が保たれる．これは回転軸が慣性主軸に一致する回転はそのまま維持されることを表している．

次に角速度ベクトルの方向を慣性主軸からわずかにずらす場合を考える．すなわち，$\omega_x(0) \ll 1$，$\omega_y(0) \ll 1$ と仮定し，オイラー方程式を線形化する．つまり $\omega_x\omega_y$ の積の項を無視する．線形化されたオイラー方程式は

$$I_z\frac{d'\omega_z}{dt} = 0 \tag{7.155}$$

$$I_x\frac{d'\omega_x}{dt} = (I_y - I_z)\omega_z\omega_y, \tag{7.156}$$

$$I_y\frac{d'\omega_y}{dt} = (I_z - I_x)\omega_z\omega_x. \tag{7.157}$$

式 (7.155) から，$\omega_z(t) = \omega_z(0)$ となる．式 (7.156) と式 (7.157) より

$$\frac{d'^2 \omega_x}{dt^2} = \frac{(I_y - I_z)(I_z - I_x)}{I_x I_y} \omega_z^2 \omega_x, \tag{7.158}$$

$$\frac{d'^2 \omega_y}{dt^2} = \frac{(I_y - I_z)(I_z - I_x)}{I_x I_y} \omega_z^2 \omega_y. \tag{7.159}$$

主慣性モーメントの大きさが $I_z > I_x > I_y$ の順になっていると仮定する．I_z が最も大きいので，$(I_y - I_z)(I_z - I_x)/(I_x I_y) = -\beta^2 < 0$ となる．この場合，式 (7.158)，式 (7.159) は単振動の式と等価な式になる．したがって，$\omega_x(t)$ および $\omega_y(t)$ は

$$\begin{aligned} \omega_x(t) &= A\sqrt{I_y(I_z - I_y)} \cos(\beta \omega_z t + \delta), \\ \omega_y(t) &= A\sqrt{I_x(I_z - I_x)} \sin(\beta \omega_z t + \delta) \end{aligned} \tag{7.160}$$

の振動解をもつ．この解は z 軸のまわりで微小な楕円軌道を描き，z 軸のまわりの回転は安定に維持される．$I_x = I_y$ のコマのような対称な剛体の場合は振動の振幅が等しくなり，前節で示したものと同じ z 軸まわりの円運動（歳差運動）となる．同様に主慣性モーメントが最も小さい y 軸のまわりの回転も，単振動の式と等価な式になり，安定な回転が維持される．

しかし，主慣性モーメントが中間の値をとる x 軸のまわりの回転の場合はそうならない．$\omega_z \ll 1$，$\omega_y \ll 1$ としてオイラー方程式を線形化すると

$$I_x \frac{d' \omega_x}{dt} = 0, \tag{7.161}$$

$$I_y \frac{d' \omega_y}{dt} = (I_z - I_x) \omega_x \omega_z, \tag{7.162}$$

$$I_z \frac{d' \omega_z}{dt} = (I_x - I_y) \omega_x \omega_y. \tag{7.163}$$

式 (7.161) から $\omega_x(t) = \omega_x(0)$ となる．式 (7.162) と式 (7.163) から

$$\frac{d'^2 \omega_y}{dt^2} = \frac{(I_z - I_x)(I_x - I_y)}{I_x I_y} \omega_x^2 \omega_y, \tag{7.164}$$

$$\frac{d'^2 \omega_z}{dt^2} = \frac{(I_z - I_x)(I_x - I_y)}{I_x I_y} \omega_x^2 \omega_z. \tag{7.165}$$

$I_z > I_x > I_y$ なので $(I_z - I_x)(I_x - I_y)/(I_x I_y) = \beta^2 > 0$ となり，$\omega_y(t) \approx \exp(\beta t)$，$\omega_z(t) \approx \exp(\beta t)$ のように指数関数的に増大し，慣性主軸からのずれ

§7.7 【発展】オイラー方程式と剛体の自由回転

が小さいという仮定が成り立たなくなる．一般に主慣性モーメントの値が最大あるいは最小の軸のまわりの回転は安定だが，主慣性モーメントの値が中間の値をとる軸のまわりの回転は不安定である．

直方体の剛体に近似できるものとして，本を図 7.33(a) のように縦に回す場合が不安定になる場合である．実際に図 7.34(a) のように回転を加えながら本を投げ上げると，重心は放物運動するが，本の回転の様子が図 7.33(a) から大きく変化する (回転軸が時間変化し，回転にひねり運動が加わる) ことが確認できる．図 7.34 に横，縦，厚さがそれぞれ $a = 0.1$, $b = 0.2$, $c = 0.03$ の直方体の自由回転のオイラー方程式の数値計算を行った結果を示す．初期値は $\omega_x(0) = 1, \omega_y(0) = 0.01, \omega_z(0) = 0$ である．主慣性モーメントは $I_x = (M/12)\,(b^2+c^2)$, $I_y = (M/12)\,(c^2+a^2)$, $I_z = (M/12)\,(a^2+b^2)$ となる．主慣性モーメントが中間の値をとる x 軸のまわり近くの回転を初期値にして運動を始める．この軸は不安定なので $\omega_y(t), \omega_z(t)$ が指数関数的に増大し，$\omega_x(t)$ は減少する．時間が経過すると $\omega_x(t)$ が負になり，x 軸まわりの回転方向が逆転する．$\omega_x(t)$ の絶対値が大きくなると，$\omega_y(t), \omega_z(t)$ が小さくなり，ほぼ逆回転の状態 ($\omega_x = -1, \omega_y \approx 0, \omega_z \approx 0$) になる．その後，再び，$\omega_y(t), \omega_z(t)$ の絶

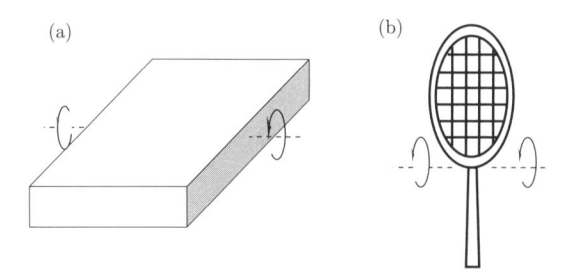

図 7.33 (a) 本の回転．(b) テニスラケットの回転．

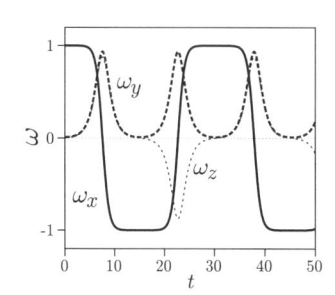

図 7.34 $a = 0.1$, $b = 0.2$, $c = 0.03$ の直方体の自由回転．初期条件 $\omega_x(0) = 1, \omega_y(0) = 0.01, \omega_z(0) = 0$ に対するオイラー方程式の数値解．

対値が増大し，$\omega_x(t)$ の大きさは減少する．しかし，この時間帯では $\omega_z(t)$ は負の値でその絶対値が大きくなる．さらに時間が経過すると $\omega_x(t)$ が正の状態に再び反転し，$\omega_y(t), \omega_z(t)$ の大きさが減少し，最初の状態に戻る．全体としては大振幅の周期的な運動をすることがわかる．運動エネルギー K と静止系での角運動量ベクトル $\bm{L}$ が保存する系なので，かなり複雑ではあるが周期的な運動をする．テニスのラケットでも同様に主慣性モーメントが中間の値をとる図 7.33(b) のような回転軸のまわりでの回転が不安定になる．

§7.8 【発展】コマの運動

7.8.1 オイラー角

3 次元空間内の剛体の向き（姿勢）を表すためにオイラー角 (Euler angles) ϕ, θ, ψ を用いることがある．剛体の回転を表現するために，剛体に固定された (x, y, z) 座標系の z 軸の向きを静止座標系 (X, Y, Z) での極座標 ϕ と θ で指定し，z 軸まわりの回転角 ψ を指定する．この三つの角度をオイラー角とよぶ（オイラー角の表現法は，どの軸のまわりに回転させるかなどにより，本によって異なっている場合があるので注意が必要）．オイラー角が与えられていると，図 7.35 のように，固定座標系 (X, Y, Z) 軸から次の三つの連続した操作で剛体に固定された (x, y, z) 軸が決まる．

1. Z 軸のまわりに角度 ϕ 回転する．その結果，X 軸は ON 軸に移動する．
2. ON 軸のまわりに，Z 軸を θ 回転する．Z 軸が移った先を z 軸とする．
3. z 軸のまわりに，ON 軸を角度 ψ 回転する．その移動先を x 軸とし，さらに 90 度回転した先を y 軸とする．

行列表現

上の連続した三つの回転操作を行列を使った座標変換で表現する．最初の回転操作すなわち Z 軸まわりの角度 ϕ の回転により，座標は

$$\begin{pmatrix} x' \\ y' \\ z' \end{pmatrix} = \begin{pmatrix} \cos\phi & \sin\phi & 0 \\ -\sin\phi & \cos\phi & 0 \\ 0 & 0 & 1 \end{pmatrix} \begin{pmatrix} X \\ Y \\ Z \end{pmatrix} \qquad (7.166)$$

に変換される．この変換は 2 次元での角度 ϕ の回転変換

§7.8 【発展】コマの運動

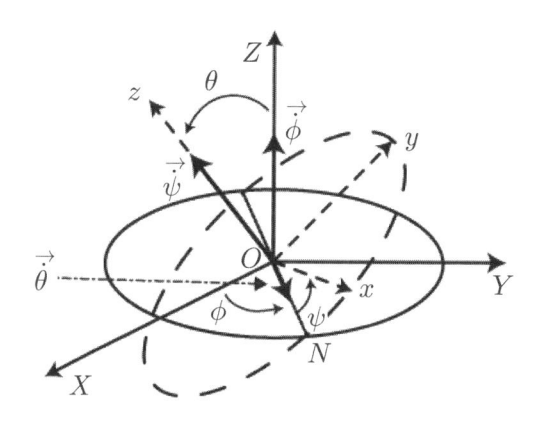

図 7.35 オイラー角.

$$\begin{pmatrix} x' \\ y' \end{pmatrix} = \begin{pmatrix} \cos\phi & \sin\phi \\ -\sin\phi & \cos\phi \end{pmatrix} \begin{pmatrix} X \\ Y \end{pmatrix} \tag{7.167}$$

の 3 次元への拡張と考えればわかりやすい.次に変換された座標系の第 1 軸のまわりの θ 回転により,座標系は

$$\begin{pmatrix} x'' \\ y'' \\ z'' \end{pmatrix} = \begin{pmatrix} 1 & 0 & 0 \\ 0 & \cos\theta & \sin\theta \\ 0 & -\sin\theta & \cos\theta \end{pmatrix} \begin{pmatrix} x' \\ y' \\ z' \end{pmatrix} \tag{7.168}$$

に変換される.最後に座標系の第 3 軸のまわりの ψ 回転により,座標系は

$$\begin{pmatrix} x \\ y \\ z \end{pmatrix} = \begin{pmatrix} \cos\psi & \sin\psi & 0 \\ -\sin\psi & \cos\psi & 0 \\ 0 & 0 & 1 \end{pmatrix} \begin{pmatrix} x'' \\ y'' \\ z'' \end{pmatrix} \tag{7.169}$$

に変換される.

三つの回転を連続して行って得られる,(X, Y, Z) から (x, y, z) への変換は三つの行列を掛け合わせて

$$\begin{pmatrix} x \\ y \\ z \end{pmatrix} = \begin{pmatrix} \cos\psi\cos\phi - \cos\theta\sin\phi\sin\psi & \cos\psi\sin\phi + \cos\theta\cos\phi\sin\psi & \sin\psi\sin\theta \\ -\sin\psi\cos\phi - \cos\theta\sin\phi\cos\psi & -\sin\psi\sin\phi + \cos\theta\cos\phi\cos\psi & \cos\psi\sin\theta \\ \sin\theta\sin\phi & -\sin\theta\cos\phi & \cos\theta \end{pmatrix} \begin{pmatrix} X \\ Y \\ Z \end{pmatrix} \tag{7.170}$$

この逆変換により，(x, y, z) から (X, Y, Z) への変換は

$$\begin{pmatrix} X \\ Y \\ Z \end{pmatrix} = \begin{pmatrix} \cos\psi\cos\phi - \cos\theta\sin\phi\sin\psi & -\sin\psi\cos\phi - \cos\theta\sin\phi\cos\psi & \sin\theta\sin\phi \\ \cos\psi\sin\phi + \cos\theta\cos\phi\sin\psi & -\sin\psi\sin\phi + \cos\theta\cos\phi\cos\psi & -\sin\theta\cos\phi \\ \sin\psi\sin\theta & \cos\psi\sin\theta & \cos\theta \end{pmatrix} \begin{pmatrix} x \\ y \\ z \end{pmatrix} \tag{7.171}$$

で表される．

ON軸方向は $(x', y', z') = (1, 0, 0)$ なので，$(x'', y'', z'') = (1, 0, 0)$ となり，さらに (x, y, z) 座標系に変換すると $(x, y, z) = (\cos\psi, -\sin\psi, 0)$ となる．したがって，ON軸方向の回転角速度 $\dot{\theta}$ の角速度ベクトルは，(x, y, z) 座標系で表示すると

$$(\dot{\theta}\cos\psi, -\dot{\theta}\sin\psi, 0)$$

となる．同様に Z 方向のベクトルは，$(X, Y, Z) = (0, 0, 1)$ から (x, y, z) 座標系への変換で $(x, y, z) = (\sin\theta\sin\psi, \sin\theta\cos\psi, \cos\theta)$ となるので，Z 方向の回転角速度 $\dot{\phi}$ の角速度ベクトルは

$$(\dot{\phi}\sin\theta\sin\psi, \dot{\phi}\sin\theta\cos\psi, \dot{\phi}\cos\theta)$$

となる．最後に z 方向の回転角速度 $\dot{\psi}$ の角速度ベクトルは

$$(0, 0, \dot{\psi})$$

と表現される．角速度ベクトル ω はこの三つの角速度ベクトルの和により，

$$\begin{aligned} \omega_x &= \dot{\theta}\cos\psi + \dot{\phi}\sin\theta\sin\psi, \\ \omega_y &= -\dot{\theta}\sin\psi + \dot{\phi}\sin\theta\cos\psi, \\ \omega_z &= \dot{\phi}\cos\theta + \dot{\psi} \end{aligned} \tag{7.172}$$

と書ける．これを $\dot{\theta}, \dot{\phi}, \dot{\psi}$ について解くと

$$\begin{aligned} \dot{\theta} &= \omega_x\cos\psi - \omega_y\sin\psi, \\ \dot{\phi} &= \operatorname{cosec}\theta(\omega_x\sin\psi + \omega_y\cos\psi), \\ \dot{\psi} &= \omega_z - \cot\theta(\omega_x\sin\psi + \omega_y\cos\psi) \end{aligned} \tag{7.173}$$

が得られる．

§7.8 【発展】コマの運動

7.8.2 ラグランジュのコマ

コマの運動の保存量と運動方程式

図 7.36(a) のような,$I_x = I_y$ が成り立ち,回転軸の下端が固定されているコマをラグランジュのコマという.ラグランジュのコマは複雑な運動を示すが,運動の保存則を使うことによって解くことができる.この節ではこの固定点のまわりのコマの運動を考える.

固定点 O にはたらく垂直抗力による力のモーメントは 0 なので,力のモーメント $\boldsymbol{N}$ は z 軸上にある重心 G にかかる重力のみが寄与する.OG の距離を R とすると

$$\boldsymbol{N} = R\boldsymbol{e}_z \times (-Mg)\boldsymbol{e}_Z. \tag{7.174}$$

ここで $\boldsymbol{e}_z$,$\boldsymbol{e}_Z$ は z および Z 軸の方向の単位ベクトルである.したがって,力のモーメントのベクトル $\boldsymbol{N}$ の向きは,z 方向および Z 方向に垂直方向であり,$N_z = N_Z = 0$ となる.オイラーの方程式の 3 番目の式で $N_z = 0$ とおくと

$$I_z \frac{d'\omega_z}{dt} + \omega_x \omega_y (I_y - I_x) = 0.$$

コマの対称性 $I_x = I_y$ より $\dot{\omega}_z = 0$ となる.したがって,$\omega_z(t) = \omega_0$ となり,式 (7.172) より

$$\dot{\psi} + \dot{\phi}\cos\theta = \omega_0 = \text{const.} \tag{7.175}$$

が成り立つ.静止座標系での運動方程式の Z 成分より

$$\frac{dL_Z}{dt} = N_Z = 0 \tag{7.176}$$

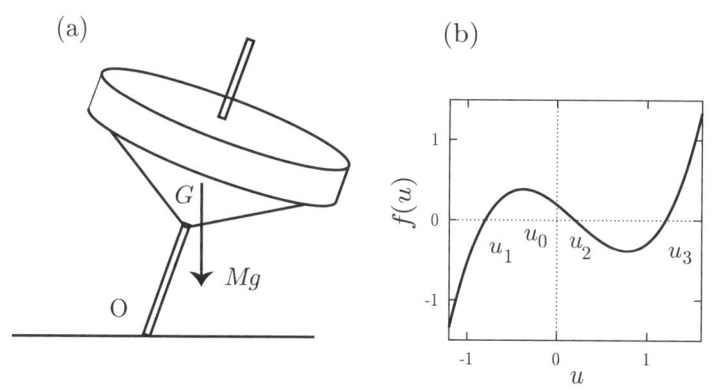

図 7.36 (a) ラグランジュのコマ.(b) $f(u)$ の関数形.

となり，L_Z も一定になる．逆変換の式 (7.171) を用いて，(x, y, z) 座標系の角運動量 (L_x, L_y, L_z) で L_Z を表すと

$$L_Z = (\sin\psi \sin\theta)L_x + (\cos\psi \sin\theta)L_y + (\cos\theta)L_z \tag{7.177}$$

となる．$L_x = I_x\omega_x, L_y = I_x\omega_y, L_z = I_z\omega_z$ および $\omega_x, \omega_y, \omega_z$ を $\dot{\theta}, \dot{\phi}, \dot{\psi}$ で表すと

$$\begin{aligned} L_Z &= \sin\psi \sin\theta I_x(\dot{\theta}\cos\psi + \dot{\phi}\sin\theta\sin\psi) \\ &\quad + \cos\psi\sin\theta I_x(-\dot{\theta}\sin\psi + \dot{\phi}\sin\theta\cos\psi) + I_z\omega_0\cos\theta \end{aligned} \tag{7.178}$$

となり，これを整理すると

$$L_Z = I_x\dot{\phi}\sin^2\theta + I_z\omega_0\cos\theta \tag{7.179}$$

が得られる．

一方，全エネルギー E は回転運動エネルギー $K = (1/2)(I_x\omega_x^2 + I_x\omega_y^2 + I_z\omega_z^2)$ と重心の位置エネルギー $U = MgR\cos\theta$ の和となり，一定値をとる．回転の運動エネルギーをオイラー角を用いて表すと

$$\begin{aligned} K &= \frac{1}{2}\{I_x(\dot{\theta}\cos\psi + \dot{\phi}\sin\theta\sin\psi)^2 + I_x(-\dot{\theta}\sin\psi + \dot{\phi}\sin\theta\cos\psi)^2 + I_z\omega_0^2\} \\ &= \frac{1}{2}I_x\dot{\theta}^2 + \frac{1}{2}I_x\dot{\phi}^2\sin^2\theta + \frac{1}{2}I_z\omega_0^2. \end{aligned} \tag{7.180}$$

これを用いると全エネルギー E は

$$E = \frac{1}{2}I_x\dot{\theta}^2 + \frac{1}{2}I_x\dot{\phi}^2\sin^2\theta + \frac{1}{2}I_z\omega_0^2 + MgR\cos\theta \tag{7.181}$$

と表現できる．式 (7.181) を書き換えると

$$\dot{\theta}^2 + \dot{\phi}^2\sin^2\theta + \frac{2MgR}{I_x}\cos\theta = \frac{2E - I_z\omega_0^2}{I_x} \tag{7.182}$$

が得られ，式 (7.179) を書き換えると

$$\dot{\phi}\sin^2\theta + \frac{I_z\omega_0}{I_x}\cos\theta = \frac{L_Z}{I_x} \tag{7.183}$$

が得られる．式を簡単にするため

$$a = \frac{2MgR}{I_x},\ b = \frac{2E - I_z\omega_0^2}{I_x},\ c = \frac{I_z\omega_0}{I_x},\ d = \frac{L_Z}{I_x} \tag{7.184}$$

とおく.式 (7.182) の両辺に $\sin^2\theta$ を掛けると

$$\dot\theta^2\sin^2\theta + (\dot\phi\sin^2\theta)^2 + a\sin^2\theta\cos\theta = b\sin^2\theta. \tag{7.185}$$

式 (7.183) を用いて $\dot\phi\sin^2\theta$ を消去すると

$$\dot\theta^2\sin^2\theta + (d - c\cos\theta)^2 = (b - a\cos\theta)\sin^2\theta \tag{7.186}$$

が得られる.

コマの章動運動

$u = \cos\theta$ と変数変換すると,$\dot u = -\dot\theta\sin\theta$ なので,式 (7.186) は

$$\dot u^2 = (b - au)(1 - u^2) - (d - cu)^2 \tag{7.187}$$

となる.この式の右辺を $f(u)$ とおく.すなわち

$$f(u) = (b - au)(1 - u^2) - (d - cu)^2. \tag{7.188}$$

式 (7.187) から,

$$\dot u = \pm\sqrt{f(u)}$$

が得られ,これを積分すると

$$t - t_0 = \pm\int\frac{du}{\sqrt{f(u)}}. \tag{7.189}$$

$f(u)$ は 3 次式なので,初等関数では表せないが,楕円積分で表現できる.u は t についての周期関数であり,楕円関数を用いて表され,問題が解けたことになる.$u(t)$ が決まると,式 (7.183) から得られる

$$\dot\phi = \frac{d - cu}{1 - u^2} \tag{7.190}$$

を使って,$\phi(t)$ が求められる.さらに,式 (7.175) から得られる

$$\dot\psi = \omega_0 - \frac{(d - cu)u}{1 - u^2} \tag{7.191}$$

を用いて,$\psi(t)$ が求められ,コマの回転運動がわかったことになる.

u の振舞いは $f(u)$ の関数の形から定性的に理解できる.$f(u)$ は $u \to \infty$ で $\pm\infty$ になる 3 次関数である.$u = \cos\theta$ なので u は -1 と 1 の間の値を

第7章 剛体の運動

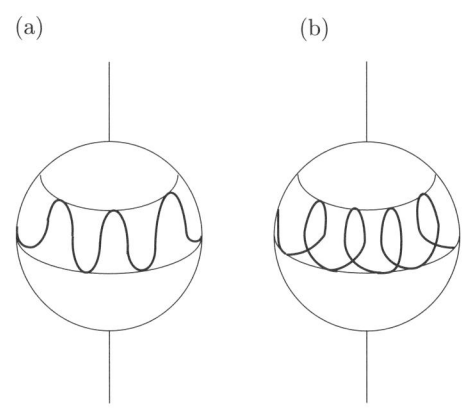

図 7.37 (a) 歳差章動運動. (b) らせん運動.

とる．$f(1) = -(d-c)^2 < 0$ で，$f(-1) = -(d+c)^2 < 0$ である．u の初期値を $u_0 = \cos\theta(0)$ とすると，$-1 \leq u_0 \leq 1$ であり，$f(u_0) = \dot{u}^2$ より $f(u_0) > 0$ となる．したがって，$f(u)$ は図 7.36(b) のような曲線になり，$-1 < u_1 < u_0, u_0 < u_2 < 1, 1 < u_3$ を満たす 3 点 $u = u_1, u_2, u_3$ で $f(u) = 0$ となる．$\dot{u}^2 = f(u)$ なので，$u_1 \leq u \leq u_2$ の範囲内を u は振動する．$u = \cos\theta$ なので，θ は $\theta_1 = \cos^{-1} u_1$ と $\theta_2 = \cos^{-1} u_2$ の間を往復する．これはコマの軸が上下に変動することを意味している．

θ の時間変動に伴い，ϕ も周期的に変化する．$\dot{\phi} = (d-cu)/(1-u^2)$ より，u が時間変動しても，$d-cu$ の正負が変化しなければ，図 7.37(a) のようにコマの軸は鉛直軸（Z 軸）のまわりに常に同じ向きに歳差運動する．回転軸の傾き θ を振動させながら，歳差運動する．この運動を章動 (nutation) という．$d-cu$ の正負が途中で変わるときは，コマの軸が上がったときと下がったときで歳差運動の方向が逆転する．このとき，コマの軸は図 7.37(b) のようにらせんを描きながら鉛直軸のまわりを回転する．

正則歳差運動

初期値をうまく選ぶと，θ が一定値を保ちながら歳差運動する解が実現される．すなわち章動がない歳差運動が起こる．この運動を正則歳差運動という．このとき，$f(u)$ は図 7.38(a) のようになっている．このとき，$u = u_0$ で $f(u_0) = 0$，かつ $f'(u_0) = 0$ である．すなわち

§7.8 【発展】コマの運動

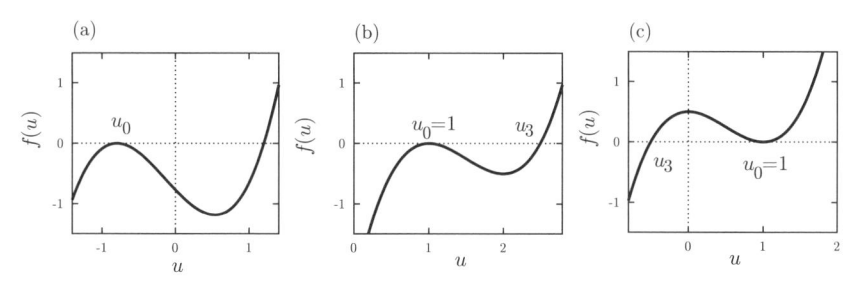

図 **7.38** (a) 正則歳差運動のときの $f(u)$. (b) 安定な鉛直回転状態のときの $f(u)$. (c) 不安定な鉛直回転状態のときの $f(u)$.

$$f(u) = (b - au_0)(1 - u_0^2) - (d - cu_0)^2 = 0, \quad (7.192)$$

$$f'(u_0) = -a(1 - u_0^2) - 2u_0(b - au_0) + 2c(d - cu_0) = 0. \quad (7.193)$$

式 (7.192) から

$$b - au_0 = \frac{(d - cu_0)^2}{1 - u_0^2}. \quad (7.194)$$

式 (7.190) から

$$\dot{\phi} = \frac{d - cu_0}{1 - u_0^2}. \quad (7.195)$$

この式を使うと

$$d - cu_0 = \dot{\phi}(1 - u_0^2), \ b - au_0 = \dot{\phi}^2(1 - u_0^2). \quad (7.196)$$

これらを式 (7.193) に代入すると

$$-2u_0\dot{\phi}^2 + 2c\dot{\phi} - a = 0 \quad (7.197)$$

となる．この方程式は $\dot{\phi}$ の 2 次方程式であり，その解として歳差運動の角速度 $\dot{\phi}$ が決まる．2 次方程式の判別式が非負のときのみ実数解をもつので，$c^2 - 2u_0 a \geq 0$ でなければならない．この条件を元のパラメータに直すと

$$\omega_0^2 \geq \frac{4MgRI_x u_0}{I_z^2}. \quad (7.198)$$

すなわち，コマの回転速度 ω_0 が臨界回転速度

$$\omega_{c1} = \frac{\sqrt{4MgRI_x u_0}}{I_z} \quad (7.199)$$

より速くないと正則歳差運動は可能でない．

このとき，歳差運動の角速度は

$$\dot{\phi}_1 = \frac{c + \sqrt{c^2 - 2u_0 a}}{2u_0}, \quad \dot{\phi}_2 = \frac{c - \sqrt{c^2 - 2u_0 a}}{2u_0} \tag{7.200}$$

の二つの値 $\dot{\phi}_1, \dot{\phi}_2$ をとりうる．それぞれ，速い歳差運動，遅い歳差運動という．コマの軸の傾き θ_0 と z 軸まわりの角速度 ω_0 が与えられたとき，上の2次方程式の解で与えられる角速度 $\dot{\phi}$ でのみ，コマは軸が上下に変動することのない歳差運動を行う．それ以外の一般の初期値では θ 方向が変動する章動運動になる．ω_0 が十分大きいときの遅い歳差運動の角速度は

$$\dot{\phi}_2 = \frac{c - \sqrt{c^2 - 2u_0 a}}{2u_0} \approx \frac{c - c(1 - u_0 a/c^2)}{2u_0} = \frac{a}{2c}. \tag{7.201}$$

元のパラメータに直すと

$$\dot{\phi}_2 = \frac{MgR}{I_z \omega_0} \tag{7.202}$$

となる．この値は 7.5 節の簡略化した議論で導出した歳差運動の角速度と同じ式となっている．（7.5 節の ω と上式の ω_0 はともに z 軸のまわりの回転速度を表すので等価な量である．）

一方，速い歳差運動の角速度は

$$\dot{\phi}_1 = \frac{c + \sqrt{c^2 - 2u_0 a}}{2u_0} \approx \frac{c + c(1 - u_0 a/c^2)}{2u_0} = \frac{c}{u_0}. \tag{7.203}$$

元のパラメータに直すと，

$$\dot{\phi}_1 = \frac{I_z \omega_0}{I_x \cos \theta_0} \tag{7.204}$$

となる．このとき，式 (7.183) より

$$d = \frac{L_Z}{I_x} = \dot{\phi} \sin^2 \theta_0 + \frac{I_z \omega_0}{I_x} \cos \theta_0 = \frac{I_z \omega_0}{I_x \cos \theta_0} \tag{7.205}$$

となり，

$$\dot{\psi} = \omega_0 - \frac{I_z \omega_0}{I_x} = \frac{I_x - I_z}{I_x} \omega_0 \tag{7.206}$$

が得られる．さらに，$(I_z - I_x)/I_x = \beta$ とおき，$\psi = -\beta \omega_0 t - \delta + \pi/2$, $\dot{\theta} = 0$, $\theta = \theta_0$ などを式 (7.172) に代入すると

$$\omega_x(t) = -\frac{I_z \omega_0}{I_x \cos \theta_0} \sin \theta_0 \sin(\beta \omega_0 + \delta - \pi/2) = A \cos(\beta \omega_0 t + \delta),$$

§7.8 【発展】コマの運動

$$\omega_y(t) = \frac{I_z \omega_0}{I_x \cos\theta_0} \sin\theta_0 \cos(\beta\omega_0 + \delta - \pi/2) = A\sin(\beta\omega_0 t + \delta). \quad (7.207)$$

これは角速度ベクトルの x と y 成分の時間変化を表す式である．ただし，$A = (I_z \omega_0 \sin\theta_0)/(I_x \cos\theta_0)$ である．この解は z 軸まわりの円運動を表し，その歳差運動の角速度が $\beta\omega_0$ になることを示している．この結果は7.7節の軸対称な剛体の自由回転の問題で得られた結果と同じである．速い歳差運動では重力の効果はあまり大きなものではなくなり，自由回転の歳差運動と同等な運動が得られたものと解釈できる．

眠りゴマ

初期にコマが鉛直上向きに立っている場合，すなわち，$\theta = 0$ あるいは $u_0 = 1$ の場合をさらに考える．$\theta = 0$ の場合は ϕ 方向の運動は意味がない．このとき，式 (7.179) より $L_Z = I_z \omega_0$ なので $d = c = I_z \omega_0 / I_x$ となる．また，$\dot\theta = 0$ なので式 (7.181) より

$$E = \frac{1}{2} I_z \omega_0^2 + MgR \quad (7.208)$$

となり，

$$b = a = \frac{2MgR}{I_x} \quad (7.209)$$

となる．したがって

$$f(u) = (1-u)^2 \{a(1+u) - c^2\} \quad (7.210)$$

が得られる．$f(u) = 0$ は重解 $u_0 = 1$ と $u_3 = c^2/a - 1$ を解にもつ．c^2/a は

$$\frac{c^2}{a} = \frac{I_z^2 \omega_0^2}{2 I_x MgR} \quad (7.211)$$

と表される．臨界回転速度 ω_{c2} を

$$\omega_{c2} = \frac{\sqrt{4MgRI_x}}{I_z} \quad (7.212)$$

で定義する．回転速度 ω_0 が ω_{c2} よりも大きい場合は，$c^2/a > 2$ すなわち $u_3 > 1$ となる．このとき，$f(u)$ のグラフは図 7.38(b) のようになり，$u = u_0 = 1$ で上に凸になっている．このとき，鉛直に立った状態は安定である．この状態のコマは歳差運動もなく，眠ったように静かな状態なので眠りゴマという．ω_0 が ω_{c2} よりも小さくなると，$c^2/a < 2$ すなわち $u_3 < 1$ となる．このとき，$f(u)$

のグラフは図7.38(c) のように変化する．$u = u_0 = 1$ の近くで下に凸になっている．$u = u_0$ は定常解であるが不安定で，何らかの外乱で少し u が小さくなると，u は u_3 と $u_0 = 1$ の間を往復運動するようになる．すなわち，鉛直に立った状態は不安定化し，$\theta = 0$ と $\theta_3 = \cos^{-1} u_3$ の間で章動が起こる．この臨界回転速度は式 (7.199) の右辺で $u_0 = 1$ とおいたものとも一致している．

コマの軸の太さを考慮すると，以前議論したように，摩擦力のために角速度 ω_0 がしだいに遅くなっていく．高速回転のときは鉛直軸のまわりで安定に回っているが，摩擦で角速度が小さくなり，ω_{c2} 以下になると不安定になって首を振り始める．このことは，実際コマを回して確認できる．

□ 地球の歳差運動

北極と南極を結ぶ自転の軸を地軸 (the earth's axis) とよぶ．図7.39のように，地軸は地球の公転運動の軸（黄道）に対して23.5度傾いている．この地軸の傾きのために，春夏秋冬の季節変化が生じる．一方，地球は完全な球ではなく，遠心力のため赤道付近が少しふくらんだ回転楕円体の形をしている．このため，地球が太陽から引力を受ける際，太陽に近い方の赤道付近が，太陽から遠い赤道付近より大きな引力を受け，地軸に垂直な方向に力のモーメント $\bm{N}$ が生じる．その結果，$d\bm{L}/dt = \bm{N}$ の運動方程式により，地軸はゆっくりと歳差運動を行う．この歳差運動の周期は約26,000年である．この歳差運動のため，現在は地軸の方向にある北極星も，数千年単位の時間スケールではゆっくりと地軸方向からずれていく．13,000年前の昔の人がみていた星空（星や星座の配置）は我々がみている星空とはかなり様子が違っていた．この頃にはこと座のベガ（織姫星）が北極星になっていたと考えられる．古代ギリシャの天文学者ヒッパルコスが春分点の移動という形でこの歳差運動を最初に発見した．歳差という言葉もこの天文（暦）の用語からきている．

この太陽の引力による周期26,000年の地軸の歳差運動はコマの遅い歳差運動に対応する．地軸の運動の場合にも，自由回転に対応する速い歳差運動も存在する．軸対称な剛体の自由回転の歳差運動の角速度は，$\beta_0 \omega_0 = \{(I_z - I_x)/I_x\} \omega_0$ である．地球を軸対称な回転楕円体で近似すると $(I_z - I_x)/I_x \approx 1/300$ となる．$2\pi/\omega_0$ が1日なので，速い歳差運動の周期，$T = (2\pi I_x)/\{\omega_0 (I_z - I_x)\}$ は300日程度になる．この速い歳差運動は実際には周期約14ヶ月のチャンドラー極運動という形で観測されている．この歳差運動の大きさは極めて小さく，みかけの星の位置（角度）が最大0.3秒ずれる程度で，遅い歳差運動のように星空の様子が大きく変化することはない．

§7.8 【発展】コマの運動

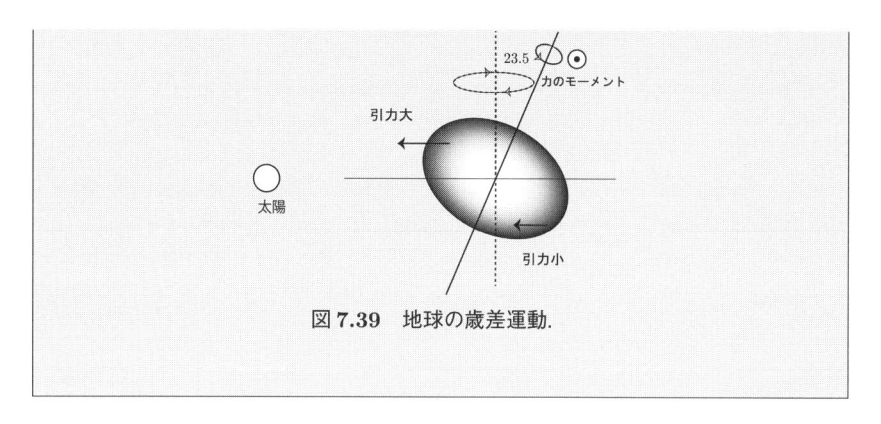

図 **7.39** 地球の歳差運動.

---—— §7 の章末問題 ——---

問題 1 底辺の長さ a,高さ h の直方体の左端の高さ y の位置で水平方向に力 F を加える.底面での最大静止摩擦係数を $\mu_{\max}$ とする($\mu_{\max} > a/(2h)$ を満たしているとする).y が小さい場合,F を大きくすると直方体はすべり始める.一方,y が大きい場合は転倒する.すべりから転倒に変わる高さ y を求めよ.(7.1 節)

問題 2 水平から θ 傾いた斜面に質量 M,底辺の長さ a,高さ h の直方体が置かれている.最大静止摩擦係数を $\mu_{\max}$ とする.剛体がすべり始めるときの θ と倒れ始めるときの θ を求め,倒れる前にすべる条件を求めよ.(7.1 節)

問題 3 等間隔で一列に並んだ 3 本の柱で質量 M,長さ $2a$ の一様な梁を支える.剛体では梁を支える力が決定できないことを示せ.バネ定数 k のバネを柱と梁の間に挿入すると力は決定される.その大きさを求めよ.(7.1 節参照)

問題 4 質量が M,底面の円の半径 a,高さ h の円錐の中心軸のまわりの慣性モーメントを求めよ.(7.2 節)

問題 5 半径 a と $a+b$ の球面で囲まれた質量 M の球殻の慣性モーメントを球の慣性モーメントの式を用いて求めよ.さらに,$b \to 0$ の極限をとり,薄い球殻の慣性モーメントを求めよ.(7.2 節)

問題 6 長さ h の棒の先端に,質量 M,半径 a の球をつないだ実体振り子の慣性モーメントを求めよ.また,この実体振り子の振れ角が小さいときの振動数を求めよ.(7.2, 7.3 節)

問題 7 半径 a,質量 M の円板のまわりに質量 m の鉄の輪をはめた.角速度 ω_0 で回っているこの円板に,周囲に巻き付けた糸を一定の力 F で逆向きに引っ張り,ブレーキをかける.円板が止まるまでの時間を求めよ.(7.2, 7.3 節)

問題 8 長さ l の棒を端点を回転軸にして回転させる.棒の質量は M とする.$t=0$ では棒は水平状態で静止している.棒が真下の位置まで回転してきたときの角速度をエ

ネルギー保存則から求めよ．(7.3 節)

問題 9 前問と同じ端点を回転軸にして回転できる棒（質量 M，長さ l）が，はじめ鉛直下向きの位置で静止している．棒の下端に速度 v_0，質量 m の弾丸が撃ち込まれたとする．弾丸は棒の中で止まり，棒とともに運動すると考えて，衝突直後の棒の角速度を求めよ．さらに棒が真上まで回転するための v_0 の条件を求めよ．(7.3 節)

問題 10 質量 M，半径 a の球を角度 θ の斜面上の高さ h の地点から転がすときの加速度を計算して，高さ 0 の地点まで転がるのにかかる時間を求め，そのときの速度を計算せよ．一方，高さ 0 での速度 v および角速度 ω をエネルギー保存則を用いて求め，加速度から求めたのと同じ値が得られることを確かめよ．(7.4 節)

問題 11 質量 m，半径 a の 2 個の球が速度 v, $-v$ で反発係数 1 で正面衝突した後の運動を求めよ．(7.4 節)

問題 12 四輪駆動の自動車の問題で，速度の 2 乗に比例する空気抵抗を受けたときの，自動車の定常速度を求めよ．ただし，自動車の質量を M，タイヤの半径を a，タイヤの慣性モーメントを I_0，各タイヤにはたらくトルクを N_0，慣性抵抗係数を α とする．(7.4 節)

問題 13 半径 5cm，質量 200g の円板のまわりに質量 200g の鉄の環をはめてコマをつくる．円板の中心から軸の下端まで 5cm である．このコマが毎秒 10 回転で眠りゴマ状態でまわっているとき，円板から 3cm 離れた軸の上端に水平方向に 0.2N·s の力積を加える．コマが傾く角を求めよ．その後このコマは歳差運動をするが，そのときの歳差運動の周期を求めよ．(7.5 節)

問題 14 前問と同じコマが鉛直に立ってまわっている．この眠りゴマの状態が不安定化する臨界角速度を求めよ．(7.5, 7.8 節)

問題 15 テニスのラケットを質量 M で半径 a の円環に質量 M で長さ $2a$ の棒をつけたものとして，主慣性モーメント I_x, I_y, I_z を求めよ．ただし，y 軸を棒の方向，円と棒のつくる平面内で y 軸に直交する方向を x 軸，x, y 軸に直交する方向を z 軸とする．このとき，y 軸のまわりにテニスラケットを角速度 ω_y で自由回転させたときの回転軸の歳差運動の角速度を求めよ．(7.2, 7.6, 7.7 節)

付録 A　数学補足

§A.1　線形同次微分方程式の解

バネにつながれた物体の運動方程式は 2 階微分方程式，式 (4.54)

$$\ddot{x} + \omega^2 x = 0$$

で表され，この方程式を満たす関数 $x = \cos\omega t$, $x = \sin\omega t$ の線形結合

$$x = A\cos\omega t + B\sin\omega t$$

が微分方程式 (4.54) の一般解となっている．

ここではより一般の線形 2 階微分方程式

$$\frac{d^2 x}{dt^2} + f_1(t)\frac{dx}{dt} + f_2(t)x = 0 \tag{A.1}$$

の一般解が，独立な 2 個の解の線形結合で書けることを証明する．まず $x_1(t)$, $x_2(t)$ がともに方程式 (A.1) を満たす関数で，0 でない係数 c_1, c_2 を用いてつくった関数，

$$x(t) = c_1 x_1(t) + c_2 x_2(t) \tag{A.2}$$

が恒等的にゼロにならなければ $x_1(t)$, $x_2(t)$ は線形独立な特解とよび，線形和 $x(t)$ も微分方程式 (A.1) の解となる．この解のうち，特定の初期条件 $x(t_0) = x_0$, $\frac{dx}{dt}(t_0) = x'_0$ を満たす解は一つしかない．すなわち

$$x(t_0) = c_1 x_1(t_0) + c_2 x_2(t_0) = x_0, \tag{A.3}$$

$$\frac{dx}{dt}(t_0) = c_1 \frac{dx_1}{dt}(t_0) + c_2 \frac{dx_2}{dt}(t_0) = x'_0. \tag{A.4}$$

これを行列で表現すると

$$\begin{pmatrix} x_1 & x_2 \\ \frac{dx_1}{dt} & \frac{dx_2}{dt} \end{pmatrix} \begin{pmatrix} c_1 \\ c_2 \end{pmatrix} = \begin{pmatrix} x_0 \\ x'_0 \end{pmatrix}. \tag{A.5}$$

この解が存在するための条件はロンスキーの行列式 (Wronskian) がゼロでない

$$W(x_1, x_2) = \begin{vmatrix} x_1 & x_2 \\ \frac{dx_1}{dt} & \frac{dx_2}{dt} \end{vmatrix} = x_1 \frac{dx_2}{dt} - x_2 \frac{dx_1}{dt} \neq 0 \tag{A.6}$$

ということが必要である．

$x_1 = \cos \omega t, \ x_2 = \sin \omega t$ とした場合のロンスキーの行列式は

$$W(x_1, x_2) = \begin{vmatrix} \cos \omega t_0 & \sin \omega t_0 \\ -\omega \sin \omega t_0 & \omega \cos \omega t_0 \end{vmatrix} = \omega \neq 0 \tag{A.7}$$

となり二つの解は独立性を満たしている．

§A.2 変分法

本節では変分原理 (variational principle) を導入し，それを最急降下線問題に応用して解を求める．

A.2.1 オイラー＝ラグランジュ方程式

4.15 節で論じた最急降下線問題では水平面上を始点 $x = 0$ から終点 $x = X$ への移動に要する時間 S を最短にする経路の形状 $y(x)$ を求めることを考えたが，本項では，より一般的な変分法を導出する．

ここでは水平軸 x のかわりに時間軸をとる．時間が $t = 0$ から $t = T$ に至る物体座標の変化 $q(t)$ によって決まる運動の「作用 (action)」S を定義する．このように，作用が座標の時間変化全体に依存するような状況を「関数 $q(t)$ の関数」という意味で「汎関数 (functional)」とよび，

$$S \equiv S(\{q(t)\}) \tag{A.8}$$

と表現する．関数 $q(t)$ を変数の組 $\{t_1, t_2, \ldots, t_n\}$ の位置での値の組

$$\{q_1, q_2, \ldots, q_n\} \equiv \{q(t_1), q(t_2), \ldots, q(t_n)\} \tag{A.9}$$

によって表現するならば，汎関数とはこれら多変数に対して定義される関数

$$S(\{q(t)\}) \equiv S(q_1, q_2, \ldots, q_n) \tag{A.10}$$

§A.2 変分法

とみなすことができる.

　作用 S を最小化する運動経路 $q(t)$ があるとすると,この経路から少しでもずれた経路は大きな作用を与える.最適経路 $q(t)$ に無限小の「変分 (variation)」$\delta q(t)$ を与えたことによる作用 S の変化 (図 A.1) を

$$\delta S \equiv S(\{q(t)+\delta q(t)\}) - S(\{q(t)\}) \tag{A.11}$$

と表記すると,S が極小値あるいは停留値,をとるということは δS が $\delta q(t)$ の 1 次においてゼロとなることを意味する.

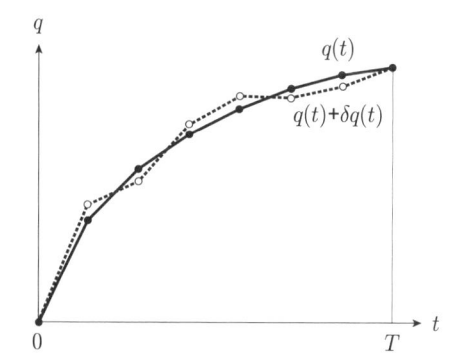

図 A.1 最適経路 $q(t)$ とずれた経路 $q(t) + \delta q(t)$.

　作用 S が,経路 $q(t)$ とその時間微分 $q'(t) \equiv dq/dt$ の関数 $L(q(t), q'(t))$ の時間積分

$$S(\{q(t)\}) \equiv \int_0^T L(q(t), q'(t)) dt \tag{A.12}$$

で表されるとする.ここで $L(q(t), q'(t))$ のことをラグランジュ関数,あるいはラグランジアン (Lagrangian) とよぶ.この作用 S の極小を求めるにあたっては,この積分形を関数 $q = q(t)$ のまわりに $\delta q(t)$ について展開する.すなわち

$$\begin{aligned} S(\{q(t)+\delta q(t)\}) &\equiv \int_0^T L(q+\delta q, q'+\delta q') dt \\ &= \int_0^T \left\{ L(q,q') + \delta q \frac{\partial L(q,q')}{\partial q} + \delta q' \frac{\partial L(q,q')}{\partial q'} + O(\delta q^2) \right\} dt. \end{aligned} \tag{A.13}$$

上式 (A.13) の右辺第 3 項は部分積分によって

$$\int_0^T \delta q' \frac{\partial L(q,q')}{\partial q'} dt$$

付録 A　数学補足

$$= \delta q \left.\frac{\partial L(q,q')}{\partial q'}\right|_{t=0}^{T} - \int_0^T \delta q \frac{d}{dt}\left(\frac{\partial L(q,q')}{\partial q'}\right) dt \qquad (A.14)$$

と変換されるが，端点において $q(t)$ は変化させない，すなわち $\delta q(0) = \delta q(T) = 0$ の条件によって第 1 項は消える．これを代入して $\delta q(t)$ の 1 次項をまとめると

$$\delta S = \int_0^T \delta q \left\{\frac{\partial L(q,q')}{\partial q} - \frac{d}{dt}\left(\frac{\partial L(q,q')}{\partial q'}\right)\right\} dt. \qquad (A.15)$$

経路の任意の微小変化 $\delta q(t)$ に対して作用 S が極値をとるための条件は

$$\frac{\partial L(q,q')}{\partial q} = \frac{d}{dt}\left(\frac{\partial L(q,q')}{\partial q'}\right) \qquad (A.16)$$

となる．これはオイラー＝ラグランジュ方程式 (Euler–Lagrange equation) とよばれる．

保存系の力学に関しては，t を時間，$q(t)$ を位置座標として，運動エネルギー $K = mv^2/2 = m\dot{q}^2/2$ とポテンシャル・エネルギー $U = U(q)$ を用いて，ラグランジアン L を

$$L \equiv K - U \qquad (A.17)$$

とおく．このラグランジアンから導かれるオイラー＝ラグランジュ方程式 (A.16) は

$$\begin{aligned}\frac{d}{dt}\left(\frac{\partial L(q,q')}{\partial q'}\right) &= \frac{d}{dt}\left(\frac{\partial K(q')}{\partial q'}\right) = m\ddot{q} = ma \\ &= \frac{\partial L(q,q')}{\partial q} = -\frac{\partial U(q)}{\partial q} = F \end{aligned} \qquad (A.18)$$

となって運動法則を表している．

A.2.2　最急降下問題の解法

前項で導出した変分法を最急降下問題に適用するには，移動距離 x を「時間 t」，経過時間 T を「作用 S」と読み替えて前項で導いたオイラー＝ラグランジュ方程式を解けばよい．最急降下問題に対するラグランジアン $L(q(t), q'(t))$ は，式 (4.251) から

$$L(q,q') = \sqrt{\frac{1+q'^2}{2gq}} \qquad (A.19)$$

§A.2 変分法

で与えられる．これにオイラー＝ラグランジュ方程式 (A.16) を適用すると $q(t)$ に関する非線形微分方程式

$$2q''q + q'^2 + 1 = 0 \tag{A.20}$$

が得られる．ここで $q' \equiv dq(t)/dt$, $q'' \equiv d^2q(t)/dt^2$ である．この微分方程式を解くために

$$p(t) \equiv q'(t) \tag{A.21}$$

を導入すると

$$q'' \equiv \frac{dp}{dt} = \frac{dq}{dt}\frac{dp}{dq} = p\frac{dp}{dq} \tag{A.22}$$

となり，微分方程式 (A.20) は

$$2p\frac{dp}{dq}q + p^2 + 1 = 0 \tag{A.23}$$

となる．これを変数分離して

$$\frac{2pdp}{p^2+1} = -\frac{dq}{q}. \tag{A.24}$$

両辺を積分すると

$$\log(p^2+1) = -\log q + c. \tag{A.25}$$

これから

$$p = \frac{dq}{dt} = \sqrt{\frac{c-q}{q}} \tag{A.26}$$

が得られる．ここで c は積分定数である．ふたたび変数分離して

$$t = \int_0^t dt = \int_0^q dq\sqrt{\frac{q}{c-q}}. \tag{A.27}$$

ここで q を

$$q = c\sin^2\frac{\theta}{2} = \frac{c}{2}(1-\cos\theta) \tag{A.28}$$

と変数変換を行うと，t は

$$t = \int_0^q dq\sqrt{\frac{q}{c-q}} = \frac{c}{2}\int_0^\theta d\theta(1-\cos\theta) = \frac{c}{2}(\theta - \sin\theta) \tag{A.29}$$

で与えられる．式 (A.28) と式 (A.29) において q を y と，t を x とそれぞれ読み換えると，これらは式 (4.256) と式 (4.257) で表されるサイクロイド曲線にほかならない．

§A.3 楕円積分と楕円関数

$f(z)$ を z の 3 次または 4 次の多項式とし，R を有理式とする．有理式とは二つの多項式を分子と分母にもつ分数として書ける関数のことである．

$$\int R(z, \sqrt{f(z)}) dz \tag{A.30}$$

の形の積分を楕円積分という．もし，$f(z)$ が z の 1 次または 2 次の多項式なら，式 (A.30) は初等関数で表すことができる．たとえば，$f(z)$ が z の 2 次式になる例として

$$\int_0^x \frac{d\xi}{\sqrt{1-\xi^2}} = \sin^{-1} x,$$

$$\int_0^x \frac{d\xi}{\sqrt{1+\xi^2}} = \ln(x + \sqrt{1+x^2}) = \sinh^{-1} x$$

などがある．$f(z)$ が 5 次以上になると一般論はないが，$f(z)$ が 3 次または 4 次の場合には，積分 (A.30) を変数変換して変形すると，初等関数と次の 3 種類の積分を用いて表現できる．

$$u_1 = \int_0^x \frac{d\xi}{\sqrt{(1-\xi^2)(1-k^2\xi^2)}}, \tag{A.31}$$

$$u_2 = \int_0^x \sqrt{\frac{1-k^2\xi^2}{1-\xi^2}} d\xi, \tag{A.32}$$

$$u_3 = \int_0^x \frac{d\xi}{(\xi^2-a^2)\sqrt{(1-\xi^2)(1-k^2\xi^2)}}. \tag{A.33}$$

それぞれ，第 1 種楕円積分，第 2 種楕円積分，第 3 種楕円積分とよび，k を母数，a をパラメータとよぶ．第 1 種楕円積分と第 2 種楕円積分の上限を 1 とした

$$K = \int_0^1 \frac{d\xi}{\sqrt{(1-\xi^2)(1-k^2\xi^2)}}, \quad E = \int_0^1 \sqrt{\frac{1-k^2\xi^2}{1-\xi^2}} d\xi \tag{A.34}$$

をそれぞれ，第 1 種完全楕円積分，第 2 種完全楕円積分とよぶ．

$x^2/a^2 + y^2/b^2 = 1$ $(b > a)$ の楕円の周長は，$x = a\cos\theta$, $y = b\sin\theta$ とおくと

$$l = \int_0^{2\pi} (a^2 \sin^2\theta + b^2 \cos^2\theta)^{1/2} d\theta = b \int_0^{2\pi} (1 - e^2 \sin^2\theta)^{1/2} d\theta = 4bE(e) \tag{A.35}$$

のように第 2 種完全楕円積分で表される．ここで，$e = \sqrt{b^2 - a^2}/b$ は楕円の離心率を表す．

$f(z)$ が z の 2 次式の場合の

$$u = \int_0^x \frac{d\xi}{\sqrt{1-\xi^2}} = \sin^{-1} x$$

を円積分ともよぶが, 積分の上限 x を積分値 u の関数とみると, 逆関数 $x = \sin u$ が得られる. その周期 T は

$$\frac{T}{4} = \int_0^1 \frac{d\xi}{\sqrt{1-\xi^2}} = \frac{\pi}{2}$$

で与えられる. 同様に, 式 (A.31) で, 積分の上限 x を積分値 u の関数とみることによって, 逆関数が得られる. これを

$$x = \operatorname{sn} u \tag{A.36}$$

と表す. sn 関数はヤコビの楕円関数の一つである. sn 関数は $\operatorname{sn} 0 = 0$, $\operatorname{sn} K = 1$ を満たし, 周期は $4K$ である. ヤコビの楕円関数には, そのほかに,

$$\operatorname{cn} u = \sqrt{1 - \operatorname{sn}^2 u}, \ \operatorname{dn} u = \sqrt{1 - k^2 \operatorname{sn}^2 u} \tag{A.37}$$

がある. $k \to 0$ の極限で, sn 関数は sin 関数になり, cn 関数は cos 関数になり, dn 関数は定数 1 になる. このように, 楕円関数は三角関数の拡張と解釈することもでき, 三角関数に似たさまざまな性質をもつ. たとえば,

$$\operatorname{sn}^2 u + \operatorname{cn}^2 u = 1, \ \operatorname{dn}^2 u + k^2 \operatorname{sn}^2 u = 1. \tag{A.38}$$

微分公式は

$$\frac{d \operatorname{sn} u}{du} = \operatorname{cn} u \operatorname{dn} u. \ \frac{d \operatorname{cn} u}{du} = -\operatorname{sn} u \operatorname{dn} u. \tag{A.39}$$

sn 関数の加法定理は

$$\operatorname{sn}(u+v) = \frac{(\operatorname{sn} u)(\operatorname{cn} v)(\operatorname{dn} v) + (\operatorname{sn} v)(\operatorname{cn} u)(\operatorname{dn} u)}{1 - k^2 (\operatorname{sn}^2 u)(\operatorname{sn}^2 v)} \tag{A.40}$$

となる.

§A.4　ベクトルとテンソル

3 次元の任意のベクトル $\boldsymbol{B}$ は互いに三つの直交する単位ベクトル $\boldsymbol{e}_1, \boldsymbol{e}_2, \boldsymbol{e}_3$ の組を用いて

$$\boldsymbol{B} = B_1 \boldsymbol{e}_1 + B_2 \boldsymbol{e}_2 + B_3 \boldsymbol{e}_3 \tag{A.41}$$

と表現できる．e_1, e_2, e_3 を基底ベクトルとよぶ．座標系の回転などにより，基底ベクトル e_1, e_2, e_3 を，別の基底ベクトル $\bar{e}_1, \bar{e}_2, \bar{e}_3$ に直交変換する．このとき，二つの基底ベクトルの組の間には

$$\begin{aligned}
\bar{e}_1 &= a_{11}e_1 + a_{12}e_2 + a_{13}e_3, \\
\bar{e}_2 &= a_{21}e_1 + a_{22}e_2 + a_{23}e_3, \\
\bar{e}_3 &= a_{31}e_1 + a_{32}e_2 + a_{33}e_3
\end{aligned} \tag{A.42}$$

のような関係があるとする．この関係は $\bar{e}_i = \sum_j a_{ij} e_j$ とも書ける．ただし，直交変換なので

$$\sum_k a_{ki} a_{kj} = \delta_{ij}, \quad \sum_k a_{ik} a_{jk} = \delta_{ij} \tag{A.43}$$

が成り立つ．δ_{ij} はクロネッカーのデルタを表す．この関係を用いると，$e_i = \sum_j a_{ji} \bar{e}_j$ の逆変換の式が得られる．この基底ベクトルの変換に伴い，ベクトル $\boldsymbol{B}$ の各成分は (B_1, B_2, B_3) から $(\bar{B}_1, \bar{B}_2, \bar{B}_3)$ へ変換される．$\boldsymbol{B}$ は基底ベクトル $\bar{e}_1, \bar{e}_2, \bar{e}_3$ を用いると $\sum_i \bar{B}_i \bar{e}_i$ と表現され，e_1, e_2, e_3 を用いると，$\sum_i B_i e_i$ と表現される．$e_i = \sum_j a_{ji} \bar{e}_j$ を用いると

$$\sum_i B_i \left(\sum_j a_{ji} \bar{e}_j \right) = \sum_j \sum_i (a_{ji} B_i \bar{e}_j) = \sum_i \left(\sum_j a_{ij} B_j \right) \bar{e}_i$$

と変形できる．最後の等式では i と j を交換して和をとる操作を行った．$\bar{e}_i$ の係数を比べることにより，$\bar{B}_i = \sum_j a_{ij} B_j$ が成り立つことがわかる．すなわち

$$\begin{aligned}
\bar{B}_1 &= a_{11}B_1 + a_{12}B_2 + a_{13}B_3, \\
\bar{B}_2 &= a_{21}B_1 + a_{22}B_2 + a_{23}B_3, \\
\bar{B}_3 &= a_{31}B_1 + a_{32}B_2 + a_{33}B_3
\end{aligned} \tag{A.44}$$

が成り立つ．逆に，座標変換に対してこのような形で変換する量をベクトルと定義することができる．すなわち，第 1 章で説明したように方向と大きさをもった量をベクトルと定義するのではなく，座標変換に対して上式に従って変換する量を抽象的にベクトルと定義するのである．座標変換しても値が変わらない量はスカラーとよぶ．

二つのベクトル $\boldsymbol{B}, \boldsymbol{C}$ の成分の積 $B_i C_j$ は上の座標変換に対して

$$\bar{B}_i \bar{C}_j = \left(\sum_k a_{ik} B_k \right) \left(\sum_l a_{jl} C_l \right) = \sum_{k,l} a_{ik} a_{jl} B_k B_l \tag{A.45}$$

のように変換される．この変換則はベクトルの変換則とは異なるので，積 B_iC_j はベクトル量ではない．この変換則に従う量を 2 階のテンソルとよぶ．2 階のテンソルは二つの添え字 i と j をもち，T_{ij} のように表される．同様に 3 階のテンソル M_{ijk} は三つの添え字 i,j,k をもち，座標変換に対して

$$\bar{M}_{ijk} = \sum_{p,q,r} a_{ip}a_{jq}a_{kr}M_{pqr} \tag{A.46}$$

のように変換される．これを一般化して n 階のテンソルが定義される．この定義ではベクトルは 1 階のテンソル，スカラーは 0 階のテンソルとなる．

2 階のテンソルの ij 成分と T_{ij} とベクトルの j 成分 B_j から

$$C_i = \sum_j T_{ij}B_j \tag{A.47}$$

のように積と総和をとる操作（縮約）によって，新しい量をつくることができる．この量の変換則は

$$\begin{aligned}\bar{C}_i &= \sum_j \bar{T}_{ij}\bar{B}_j = \sum_j (\sum_{p,q} a_{ip}a_{jq}T_{pq})(\sum_r a_{jr}B_r) \\ &= \sum_{p,q,r} a_{ip}T_{pq}B_r \sum_j a_{jq}a_{jr} = \sum_{p,q} a_{ip}T_{pq}B_q = \sum_p a_{ip}C_p\end{aligned}$$

となる．ここで，$\sum_j a_{jq}a_{jr} = \delta_{qr}$ と $C_p = \sum_q T_{pq}B_q$ を用いた．すなわち，2 階のテンソルとベクトルの縮約によってベクトル量が得られることがわかる．7.6 節では慣性テンソルと角速度ベクトルの縮約によって角運動量ベクトルを得た．ベクトルの内積は 1 階のテンソルどうしの縮約によってスカラー量をつくる操作と考えることができる．

2 階のテンソル T_{ij} は

$$\begin{pmatrix} T_{11} & T_{12} & T_{13} \\ T_{21} & T_{22} & T_{23} \\ T_{31} & T_{32} & T_{33} \end{pmatrix} \tag{A.48}$$

のように 3 行 3 列の行列の形で表現できる．しかし，行列は一般に n 行 m 列の形をしており，添え字の数は i と j のように二つであるが n と m の数は必ずしも同じではない．2 階テンソルと正方行列は似ているが，使われ方が若干違う．たとえば，線形代数では行列はベクトルを別のベクトルに 1 次変換する演算子として用いられる．連成振動の節では質点の変位と加速度の間の線形関係を表

現するのに行列が用いられた．それに対して，テンソルは T_{xy}, T_{yz}, T_{zx} のように表示され，慣性テンソルや応力テンソルなど，二つの座標方向に関係する物理量として用いられることが多い．

§A.5　数値計算法

　力学の問題は，ニュートンの運動方程式という微分方程式の形で表される．ニュートンの運動方程式を解析的に解くことができない場合でも，計算機を使って数値的に解くことができる．本書でもいくつかの問題に対して，数値計算の結果を示した．数値計算法にも多くの方法があるが，本書では主に以下に示すルンゲ—クッタ法を用いて計算した結果を示した．ここでは，最も単純で基本的な数値計算法であるオイラー法と比較的よく使われるルンゲ—クッタ法を紹介し，ルンゲ—クッタ法を使ったＣ言語のプログラムの例を示す．

(a) オイラー法
微分方程式を
$$\frac{dx}{dt} = f(x)$$
とする．連続変数 t を $t_0, t_1 = t_0 + h, t_2 = t_0 + 2h, \ldots, t_n = t_0 + nh$ と刻み幅 h の離散変数におき換え，導関数 dx/dt を単純差分 $\{x(t_{n+1}) - x(t_n)\}/h$ でおき換えると，
$$x_{n+1} = x_n + hf(x_n) \tag{A.49}$$
が得られる．x_0 がわかっていれば，$x_1, x_2, \ldots, x_n$ が数値的に求まる．これをオイラー法という．

(b) ルンゲ—クッタ法
$x(t+h)$ をテイラー展開すると
$$x(t+h) = x(t) + x'(t)h + \frac{1}{2}x''(t)h^2 + \frac{1}{3!}x^{(3)}h^3 + \cdots$$
となる．ただし，
$$x'(t) = f(x),\ x''(t) = f'(x)x' = f'(x)f(x), \ldots$$

§A.5　数値計算法

h の 1 次の項で止めたのがオイラー法である．オイラー法では 2 次以下の項を無視するので，h^2 のオーダーの誤差が生じる．そのため，時間が経過すると微分方程式の解とオイラー法の値がずれてくる可能性がある．数値計算の中でテイラー展開の高次までとり入れると，誤差が小さくなる．$x''(t)$ を $f'(x)f(x)$ などから計算する代わりに，t と $t+h$ の間の値を使って，これらの代用をするのがルンゲークッタ法である．たとえば，$t+(1/2)h$ の値 $x(t+h/2) = x(t) + (h/2)f(x(t))$ を使って，

$$x(t+h) = x(t) + hf(x(t+h/2))$$

を計算すると，

$$x(t+h) = x(t) + h\{f(x(t)) + f'(x)\frac{h}{2}f(x(t))\} + O(h^3)$$

となり，誤差が h^3 のオーダーになる．この方法を改良オイラー法という．

さらに高次の項までとり入れることにより，誤差を小さくする方法が考案されている．比較的よく使われる方法の一つに以下に示す 4 次ルンゲークッタ法 (1/6 公式) がある．

$$\begin{aligned}
x_1 &= x(t) + \frac{h}{2}f(x(t)), \\
x_2 &= x(t) + \frac{h}{2}f(x_1), \\
x_3 &= x(t) + hf(x_2), \\
x(t+h) &= x(t) + \frac{h}{6}\{f(x(t)) + 2f(x_1) + 2f(x_2) + f(x_3)\}.
\end{aligned} \tag{A.50}$$

簡単のため，1 変数の微分方程式で説明したが，多変数の 1 階微分方程式でも同様な公式が使える．

(c) プログラムの例

$\sqrt{l/g} = 1$ の場合の振り子の運動方程式

$$\frac{d^2x}{dt^2} = -\sin x$$

は $v = dx/dt$ を用いると，

$$\frac{dx}{dt} = v,$$

付録 A　数学補足

$$\frac{dv}{dt} = -\sin x \tag{A.51}$$

となり，2変数の1階微分方程式で表現できる．例として，初期値を $x(0) = 0$，$v(0) = 1$ とし，時間刻み幅 h として $h = 0.001$ を用い，時刻 $t = 0$ から $t = 10 = 10000h$ までの数値解を求める問題を考える．プログラム言語として C を用いた4次ルンゲ–クッタ法のプログラムの例を以下に示す．

```
# include <stdio.h>
# include <math.h>
main()
{
static double h=.001;
double x,v,h,x1,x2,x3,v1,v2,v3,f,f1,f2,f3,t;
int l;
x = 0;
v = 1;
t = 0;
for (l = 1; l <= 10000; l++) {
 f = -sin(x);
 x1 = x+h/2*v;
 v1 = v+h/2*f;
 f1 = -sin(x1);
 x2 = x+h/2*v1;
 v2 = v+h/2*f1;
 f2 = -sin(x2);
 x3 = x+h*v2;
 v3 = v+h*f2;
 f3 = -sin(x3);
 x+ = h/6*(v+2*v1+2*v2+v3);
 v+ = h/6*(f+2*f1+2*f2+f3);
 t+ = h;
 }
 }
```

付録 B　章末問題略解

§B.1　第 1 章章末問題

1. 速度が $v(t) = A\sin\omega_1 t + B\cos\omega_2 t$ と表せるときの加速度 $a(t)$ は

$$a(t) = A\omega_1 \cos\omega_1 t - B\omega_2 \sin\omega_2 t.$$

位置 $x(t)$ は $x(0) = 0$ の条件で

$$x(t) = \frac{A}{\omega_1}(1 - \cos\omega_1 t) + \frac{B}{\omega_2}\sin\omega_2 t.$$

2. 位置ベクトル $\boldsymbol{r} = (r\cos\theta, r\sin\theta)$ を微分することにより

$$\boldsymbol{v} = (\dot{r}\cos\theta - r\dot{\theta}\sin\theta, \dot{r}\sin\theta + r\dot{\theta}\cos\theta).$$

よって動径方向成分は

$$v_r = \boldsymbol{v} \cdot \frac{\boldsymbol{r}}{r} = v_x \cos\theta + v_y \sin\theta = \dot{r}.$$

反時計回りの回転方向成分は

$$v_\theta = -v_x \sin\theta + v_y \cos\theta = r\dot{\theta}.$$

次に

$$\boldsymbol{a} = ((\ddot{r} - r\dot{\theta}^2)\cos\theta - (r\ddot{\theta} + 2\dot{r}\dot{\theta})\sin\theta, (\ddot{r} - r\dot{\theta}^2)\sin\theta + (r\ddot{\theta} + 2\dot{r}\dot{\theta})\cos\theta).$$

よって動径方向成分は

$$a_r = \boldsymbol{a} \cdot \frac{\boldsymbol{r}}{r} = a_x \cos\theta + a_y \sin\theta = \ddot{r} - r\dot{\theta}^2.$$

反時計回りの回転方向成分は

$$a_\theta = -a_x \sin\theta + a_y \cos\theta = r\ddot{\theta} + 2\dot{r}\dot{\theta}.$$

3. 1.4 節参照.
4. 1.5 節参照.
5. 向心力は引力に比例するから，$r\omega^2 \propto \dfrac{1}{r^2}$. 角振動数と周期は反比例する，すなわち $\omega \propto \dfrac{1}{T}$ という関係と合わせると，$T^2 \propto r^3$. よって，
$$r \propto T^{2/3}.$$

月までの距離は
$$r = 42,000 \times 27^{2/3} = 42,000 \times 9 = 378,000 \text{km}.$$

実測値は 384,400km.

6.
$$a(1-\varepsilon) = 0.59,\ a(1+\varepsilon) = 35.08.$$

よって長半径
$$a = \frac{0.59 + 35.08}{2} \approx 17.8 \text{AU}.$$

ケプラーの第 3 法則により $T^2 \propto a^3$ であり，
$$T = a^{3/2} \approx 75.$$

よって周期は 75 年となる．実測値は 75.3 年．

7. 2 次元楕円運動 $(x(t), y(t)) = (AR\cos\omega t, R\sin\omega t)$ の速度は
$$(v_x(t), v_y(t)) = (-AR\omega\sin\omega t, R\omega\cos\omega t).$$

加速度は
$$(a_x(t), a_y(t)) = -\omega^2(AR\cos\omega t, R\sin\omega t) = -\omega^2(x(t), y(t)).$$

面積速度 $v_S = \tfrac{1}{2}r^2\dot\theta$ を求めるために
$$\tan\theta = \frac{\sin\omega t}{A\cos\omega t}$$

を時間微分して
$$\dot\theta \frac{1}{\cos^2\theta} = \frac{\omega}{A}\frac{1}{\cos^2\omega t}.$$

また，
$$r^2 = R^2(A^2\cos^2\omega t + \sin^2\omega t).$$
これらより
$$\frac{dS}{dt} = \frac{1}{2}r^2\dot\theta = \frac{AR^2\omega}{2}.$$

8. 車の速度 v は
$$v = 100\text{km/h} = \frac{100,000}{3,600}\text{m/s} \approx 27.8\text{m/s}.$$
加速度 a が 1m/s^2 以下になるような道路の曲率半径 ρ は
$$\rho > \frac{v^2}{a} \approx 772\text{m}.$$

9. 円の並進速度と回転角速度が独立に与えられる場合の点運動の速さは，
$$v = R\omega\sqrt{a^2 - 2a\cos\omega t + 1}.$$
加速度の大きさは，$a = R\omega^2$.
サイクロイドの曲率半径は，
$$\rho = R\frac{(a^2 - 2a\cos\omega t + 1)^{3/2}}{|a\cos\omega t - 1|}$$
となる．曲率半径が発散するための a の条件は $|a| > 1$ となることであり，点が上に凸の運動から下に凸の運動に移り変わる瞬間に曲率半径が発散する．

§B.2　第 2 章章末問題

1. 長さ，時間，質量を測る方法の考察，議論をする．その後，これらが定量化されてきた人類史をたどってみること．
2. ニュートンの法則に現れる，力，質量，加速度を測る方法について考察すること．

§B.3　第 3 章章末問題

1. (A)$F_x = y^2$, $F_y = 2xy$ については
$$\frac{\partial F_x}{\partial y} = 2y,\ \frac{\partial F_y}{\partial x} = 2y$$

によって保存力の条件を満たしている．ポテンシャルエネルギーは

$$U = -xy^2.$$

この場合は仕事は経路に依らないので全ての場合について

$$W = XY^2.$$

(B) $F_x = y$, $F_y = 2x$ については

$$\frac{\partial F_x}{\partial y} = 1, \ \frac{\partial F_y}{\partial x} = 2$$

によって保存力の条件を満たしていない．この場合の仕事は経路に依るので，それぞれ計算する必要がある．

$$\begin{aligned} W(\mathrm{I}) &= \int_0^X F_x(x,0)dx + \int_0^Y F_y(X,y)dy \\ &= \int_0^Y 2X dy = 2XY, \\ W(\mathrm{II}) &= \int_0^Y F_y(0,y)dy + \int_0^X F_x(x,Y)dx \\ &= \int_0^X Y dx = XY, \\ W(\mathrm{III}) &= \int_0^X F_x\left(x, \frac{Y}{X}x\right)dx + \int_0^X F_y\left(x, \frac{Y}{X}x\right)\frac{dy}{dx}dx \\ &= \int_0^X \left(\frac{Y}{X}x + 2x\frac{Y}{X}\right)dx = \frac{3XY}{2}. \end{aligned}$$

2. ジャンプのスタート位置を基準にすると，位置エネルギー $= 0$, 運動エネルギー $= 0$. 人が $L+x$ まで落下した場合の位置エネルギーは $-mg(L+x)$. バネ定数 k のバネが x だけ伸張したときのポテンシャルエネルギーは $\frac{kx^2}{2}$. この和が 0 になるための条件

$$\frac{kx^2}{2} - mg(L+x) = 0$$

を満たす $x > 0$ の解は

$$x = \frac{mg}{k} + \sqrt{\left(\frac{mg}{k}\right)^2 + \frac{2mgL}{k}}.$$

3. 球の半径を R,質点の質量を m,速さを v,質点が球面に乗っているときの頂点からの角度を θ とする.エネルギーの保存則から

$$mgR(1-\cos\theta) = \frac{mv^2}{2}.$$

重力の法線成分 $mg\cos\theta$ が遠心力

$$ma_r = mR\dot\theta^2 = \frac{mv^2}{R}$$

とつり合う条件を満たす角度 θ_c は,$2(1-\cos\theta_c) = \cos\theta_c$.
つまり,

$$\theta_c = \arccos\frac{2}{3} \approx 0.84\,\mathrm{radian} \approx 48.2°.$$

4. 角運動量は,$L = mvb$.

5. 位置 $\boldsymbol{r} = (1,1,1)\mathrm{m}$ にある質点に力 $\boldsymbol{F} = (2,3,4)$ N がはたらいたときの力のモーメント $\boldsymbol{N}$ の式 (3.137),(3.138),(3.139) により

$$N_x = 4 - 3 = 1,$$
$$N_y = 2 - 4 = -2,$$
$$N_z = 3 - 2 = 1.$$

6. 角運動量は mr_0v_0,向心力は mv_0^2/r_0,エネルギーは $mv_0^2/2$.
新たな速度を v' とすると,角運動量が保存するので

$$L = mr_0v_0 = m\frac{r_0}{2}v'.$$

よって新たなおもりの速度 $v' = 2v_0$.角運動量は mr_0v_0,向心力は $8mv_0^2/r_0$,エネルギーは $4mv_0^2/2$.
糸をたぐり寄せる仕事

$$W = \int_{r_0/2}^{r_0} dr\,\frac{mv^2}{r}$$

であるが,$L = mr_0v_0 = mrv$ により $v = r_0v_0/r$.これを代入して

$$W = mr_0^2v_0^2\int_{r_0/2}^{r_0} dr\,\frac{1}{r^3} = \frac{3mv_0^2}{2}$$

となり,エネルギーの収支 $4mv_0^2/2 - mv_0^2/2 = 3mv_0^2/2$ に合っている.

7. 平行六面体の体積は底面の面積×高さで与えられる．図 3.24(a) の平行六面体の底面の面積は，$|\boldsymbol{B}||\boldsymbol{C}|\sin\theta = |\boldsymbol{B}\times\boldsymbol{C}|$ であり，高さは $|\boldsymbol{A}|\cos\alpha|$ であるので，体積は

$$|\boldsymbol{A}||\boldsymbol{B}\times\boldsymbol{C}||\cos\alpha| = |\boldsymbol{A}\cdot(\boldsymbol{B}\times\boldsymbol{C})|$$

で与えられる．

8. ベクトル 3 重積 $\boldsymbol{D} \equiv \boldsymbol{A}\times(\boldsymbol{B}\times\boldsymbol{C})$ の x 成分を書くと

$$D_x = A_y(\boldsymbol{B}\times\boldsymbol{C})_z - A_z(\boldsymbol{B}\times\boldsymbol{C})_y$$

となり，これに

$$(\boldsymbol{B}\times\boldsymbol{C})_z = B_xC_y - B_yC_x$$
$$(\boldsymbol{B}\times\boldsymbol{C})_y = B_zC_x - B_xC_z$$

を代入すると

$$\begin{aligned}D_x &= A_y(B_xC_y - B_yC_x) - A_z(B_zC_x - B_xC_z)\\ &= (A_yC_y + A_zC_z)B_x - (A_yB_y + A_zB_z)C_x\end{aligned}$$

となる．これに $A_xC_xB_x - A_xB_xC_x \; (=0)$ を加えると

$$\begin{aligned}D_x &= (A_xC_x + A_yC_y + A_zC_z)B_x - (A_xB_x + A_yB_y + A_zB_z)C_x\\ &= (\boldsymbol{A}\cdot\boldsymbol{C})B_x - (\boldsymbol{A}\cdot\boldsymbol{B})C_x.\end{aligned}$$

成分ごとにこの関係が成立するので

$$\boldsymbol{D} \equiv \boldsymbol{A}\times(\boldsymbol{B}\times\boldsymbol{C}) = (\boldsymbol{A}\cdot\boldsymbol{C})\boldsymbol{B} - (\boldsymbol{A}\cdot\boldsymbol{B})\boldsymbol{C}$$

が成り立つ．

9. $\boldsymbol{E} \equiv \boldsymbol{C}\times\boldsymbol{D}$ とするとスカラー 3 重積の循環則によって

$$(\boldsymbol{A}\times\boldsymbol{B})\cdot\boldsymbol{E} = (\boldsymbol{B}\times\boldsymbol{E})\cdot\boldsymbol{A}$$

が成り立つ．$\boldsymbol{B}\times\boldsymbol{E}$ はベクトル 3 重積の関係によって

$$\boldsymbol{B}\times\boldsymbol{E} = \boldsymbol{B}\times(\boldsymbol{C}\times\boldsymbol{D}) = (\boldsymbol{B}\cdot\boldsymbol{D})\boldsymbol{C} - (\boldsymbol{B}\cdot\boldsymbol{C})\boldsymbol{D}.$$

これに $\boldsymbol{A}$ との内積をとって

$$(\boldsymbol{B} \times (\boldsymbol{C} \times \boldsymbol{D})) \cdot \boldsymbol{A} = (\boldsymbol{B} \cdot \boldsymbol{D})(\boldsymbol{A} \cdot \boldsymbol{C}) - (\boldsymbol{B} \cdot \boldsymbol{C})(\boldsymbol{A} \cdot \boldsymbol{D})$$

が成り立つ.

§B.4 第4章章末問題

1. 上の物体2を力 F で水平に引いたとき,物体2だけがすべり出す条件は

$$(M_1 + M_2)g\mu_{\max 1} > M_2 g \mu_{\max 2}.$$

物体1と2が同時に動き出す条件は

$$M_2 g \mu_{\max 2} > (M_1 + M_2) g \mu_{\max 1}.$$

2. 半径 20μm$(20 \times 10^{-6}$m$)$ の霧滴の質量は,水の比重 $\rho \approx 1,000$kg/m^3 より

$$m = \frac{4}{3}\pi a^3 \rho \approx \frac{4}{3} \times 3.14 \times (2 \times 10^{-5})^3 \times 1,000 \approx 3.3 \times 10^{-11}\text{kg}$$

となる.終端速度 β は式 (4.28) のストークスの法則を仮定した式 (4.30) で与えられるので

$$\beta = \frac{2a^2 \rho g}{9\eta} \approx \frac{2 \times (2 \times 10^{-5})^2 \times 1,000 \times 9.8}{9 \times 1.8 \times 10^{-5}} \approx 0.048\text{m/s}$$

となる.

3. 式 (4.33), (4.44) により終端速度は

$$\sqrt{\frac{g}{\alpha}} = \sqrt{\frac{Mg}{\lambda \rho S}}.$$

半径0.2m なら

$$\sqrt{\frac{Mg}{\lambda \rho S}} \approx \sqrt{\frac{50 \times 9.8}{0.5 \times 1.2 \times 3.14 \times (0.2)^2}} \approx 80\text{m/s}.$$

これは時速288 km の速さである.

半径5m のパラシュートをつけると,

$$\sqrt{\frac{Mg}{\lambda \rho S}} \approx \sqrt{\frac{50 \times 9.8}{0.5 \times 1.2 \times 3.14 \times 5^2}} \approx 3.2\text{m/s}$$

と減速する．これは時速 12km である．この速さは
$$h = \frac{v^2}{2g} \approx 0.5 \text{m}$$
の高さから飛び降りたときの地面近くでの速さに相当する．

4. 運動方程式
$$m\frac{dv}{dt} = -\alpha v - \beta v^2$$
を変数分離して，
$$\frac{dv}{v^2 + \frac{\alpha}{\beta}v} = -\frac{\beta}{m}dt.$$
ここで
$$\frac{1}{v(v + \frac{\alpha}{\beta})} = \frac{\beta}{\alpha}\left(\frac{1}{v} - \frac{1}{v + \frac{\alpha}{\beta}}\right)$$
を用いて
$$\frac{dv}{v} - \frac{dv}{v + \frac{\alpha}{\beta}} = -\frac{\alpha}{m}dt.$$
これを積分して
$$\log v - \log\left(v + \frac{\alpha}{\beta}\right) = -\frac{\alpha}{m}t + c'.$$
よって
$$\frac{v}{v + \frac{\alpha}{\beta}} = ce^{-\alpha t/m},$$
あるいは
$$v = \frac{\frac{\alpha}{\beta}ce^{-\alpha t/m}}{1 - ce^{-\alpha t/m}} = \frac{\frac{\alpha}{\beta}}{c^{-1}e^{\alpha t/m} - 1}.$$
$t = 0$ にて $v(0)$ となるように c を決めると，
$$c^{-1} = \frac{\alpha}{\beta v(0)} + 1.$$
よって
$$v = \frac{\frac{\alpha}{\beta}}{\left(\frac{\alpha}{\beta v(0)} + 1\right)e^{\alpha t/m} - 1}.$$

5. 4.4 節参照．

6. ひもの長さ 20 cm の振り子の周期は，

$$T = 2\pi\sqrt{\frac{l}{g}} \approx 6.28\sqrt{\frac{0.2}{9.8}} \approx 0.9\text{s}.$$

月面上では重力加速度は地球上の 1/6 倍になるので，その周期は

$$T = 2\pi\sqrt{\frac{l}{g/6}} \approx 6.28\sqrt{\frac{0.2}{1.6}} \approx 2.2\text{s}$$

7. バネ定数 k のバネ N 本を並列につなぐと力は Nkx となる．振動数は

$$f = (2\pi)^{-1}\omega = (2\pi)^{-1}\sqrt{\frac{k}{m}}$$

から

$$(2\pi)^{-1}\sqrt{\frac{Nk}{m}}$$

に変わる．

直列につなぐと逆に，

$$f = (2\pi)^{-1}\sqrt{\frac{k}{Nm}}$$

となる．

8. 振れ角を θ とすると小球の速さは $u = l\dot\theta$．この速度に対して生じる粘性抵抗は，

$$-6\pi a\eta l\dot\theta.$$

回転方向にかかる力は，

$$mg\sin\theta \approx mg\theta.$$

よって，

$$ml\ddot\theta = -6\pi a\eta l\dot\theta - mg\theta.$$

減衰振動の式 (4.84)

$$\ddot x + 2\gamma\dot x + \omega_0^2 x = 0$$

にて臨界減衰の条件は $\gamma = \omega_0$ で

$$\frac{3\pi a\eta}{m} = \sqrt{\frac{g}{l}}.$$

半径 a がこれより大きく，質量 m がこれより小さければ減衰振動となる．

9. 初速
$$v = 150\text{km/h} = \frac{150,000}{3,600} \approx 41.67\text{m/s}.$$

打球が真上に飛んだときに到達する高さは
$$h = \frac{v^2}{2g} = \frac{41.67^2}{2 \times 9.8} \approx 88.6\text{m}.$$

45度に飛んだときの水平到達距離は
$$D = \frac{v^2}{g} = \frac{41.67^2}{9.8} \approx 177.2\text{m}.$$

10. 4.11節を参照.

11. (1) $X = 1\text{km} = 1000\text{m}$ の場合，サイクロイド軌道での到達時間は式 (4.259) により
$$T = \sqrt{\frac{2\pi X}{g}} = \sqrt{\frac{2 \times 3.14 \times 1000}{9.8}} \approx 25.3\text{ s}.$$

これは平均時速142kmに相当する．

(2) 半円は
$$x = \frac{X}{2}(1 - \cos\theta),$$
$$y = \frac{X}{2}\sin\theta.$$

経過時間を媒介変数θを用いて表現すると
$$T = \int_0^\pi d\theta \frac{\sqrt{(dx/d\theta)^2 + (dy/d\theta)^2}}{\sqrt{2gy}}$$
$$= \frac{1}{2}\sqrt{\frac{X}{g}} \int_0^\pi \frac{1}{\sqrt{\sin\theta}} d\theta \approx 2.622\sqrt{\frac{X}{g}}$$

これはサイクロイド経路を用いた最短経過時間（式(4.259)）に比べて1.05倍である．傾き1のV字型経路の経過時間（式(4.255)）は1.13倍であるから，それに比べて短縮している．

12.
$$L = \frac{1}{2}m_1\dot{x_1}^2 + \frac{1}{2}m_2\dot{x_2}^2 - m_1 g x_1 - m_2 g x_2$$

$$= \frac{1}{2}(m_1+m_2)\dot{x_1}^2 - (m_1-m_2)gx_1 - m_2g(2h-\ell),$$

$$\frac{d}{dt}\frac{\partial L}{\partial \dot{x_1}} = \frac{\partial L}{\partial x_1},$$

$$(m_1+m_2)\frac{d^2 x_1}{dt^2} = -(m_1-m_2)g.$$

§B.5　第5章章末問題

1. 加速度は $a = 144 \times 1000/3600/5 = 8\text{m/s}^2$. 慣性力 $-ma = -60 \times 8 = -480\text{N}$ が前方にはたらく．それを押しとどめるためにシートベルトから 480N の力を受ける．

2. 運動方程式は

$$m\frac{d^2 z}{dt^2} = -ma - mg - kz = -m(a+g) - kz.$$

$t=0$ では $z=-mg/k$, $v_z=0$. 新しいつり合いの位置は $z_0 = -m(a+g)/k$. $z' = z - z_0$ とおき換えると，

$$m\frac{d^2 z'}{dt^2} = -kz'.$$

$t=0$ で $z' = ma/k, dz'/dt = 0$ なので, $z'(t) = (ma/k)\cos\omega t$. 元の座標では

$$z(t) = -\frac{m(a+g)}{k} + \frac{ma}{k}\cos\omega t.$$

ただし, $\omega = \sqrt{k/m}$.

3. 中心から半径 r の地点の水面の高さを $h(r)$ とすると，水面の接線方向は重力と遠心力の合力の方向と直交する．したがって

$$\frac{dh}{dr} = \frac{mr\omega^2}{mg}.$$

$r=0$ で $dh/dr=0$ になることを考慮して積分すると

$$h(r) = h(0) + \frac{r^2\omega^2}{2g}.$$

4. $T = 24/\sin\phi = 32$ 時間．

5. 速度 V の北向きの海流に対して，コリオリ力の大きさは $2mV\Omega\sin\phi$ で東向きにはたらく．海水面が水平面に対して θ の傾きをもっていると仮定する．コリオリ力と重力の合力の方向が海水面に直交する条件から

$$\tan\theta = \frac{2V\Omega\sin\phi}{g}.$$

幅 W の海峡の東端と西端では $W\tan\theta$，すなわち

$$\frac{2WV\Omega\sin\phi}{g}$$

の海水面の差が生じる．$W = 1000, V = 3, g = 9.8, \phi = \pi/6, \Omega = 2\pi/(24\times 3600) = 7.26\times 10^{-5}$ を代入すると，0.022m，すなわち 2.2cm 東側の海水面が高くなる．

§B.6 第6章章末問題

1. 換算質量は $\mu = (m\cdot m)/(m+m) = (1/2)m$．振動数は $\sqrt{k/\mu} = \sqrt{2k/m}$．
2. 換算質量は $\mu = m\cdot 5m/(m+5m) = (5/6)m$．運動方程式は

$$\mu\frac{d^2\boldsymbol{r}}{dt^2} = -\frac{Gm\cdot 5m\boldsymbol{r}}{r^3}.$$

角速度は $\sqrt{6Gm/r^3}$．

3. 自然状態での高さを $z_1 = h$，z_2, z_3, z_4 とする．質点2に対して，バネの力 $k(h-z_2-l)$ と重力 $3mg$ がつり合う条件から，$z_2 = h-l-3mg/k$ が得られる．同様に，質点3に対しては，バネの力 $k(z_2-z_3-l)$ と重力 $2mg$ がつり合う条件から，$z_3 = z_2-l-2mg/k = h-2l-5mg/k$．質点4に対しては，バネの力 $k(z_3-z_4-l)$ と重力 mg がつり合う条件から，$z_4 = z_3-l-mg/k = h-3l-6mg/k$．重心 $X = (z_1+z_2+z_3+z_4)/4$ の運動方程式は，

$$4m\frac{d^2X}{dt^2} = -4mg.$$

重心の初期位置 $X(0) = h - (3/2)l - (7/2)mg/k$，初速度 $V(0) = 0$ より，

$$X(t) = h - \frac{3}{2}l - \frac{7}{2}\frac{mg}{k} - \frac{1}{2}gt^2.$$

4. 分子の平均速度を v_0 とすると $(1/2)Nm(v-v_0)^2 = (3/2)RT$ より $|v-v_0| = 520\text{m/s}$. 平均速度は $v_0 = 10\text{m/s}$ なので，平均速度の52倍程度．エネルギーはその2乗より2700倍程度．

5.
$$L = \sum m_i r_i^2 \omega = \{m(l/3)^2 + 2m(2l/3)^2 + ml^2\}\omega = 2ml^2\omega,$$

$$N = -\sum m_i g r_i \sin\theta$$
$$= -\{mg(l/3) + 2mg(2l/3) + mgl\}\sin\theta = -(8/3)mgl\sin\theta.$$

回転運動の基礎方程式より
$$\frac{d^2\theta}{dt^2} = -\frac{4}{3}\frac{l}{g}\sin\theta.$$

6. 衝突前の物体1の速度は $v_1 = v$ で，物体2の速度は $V = -v$ である．物体1と物体2の左の質点が衝突した直後は $v_1' = -v$. そのとき，物体2の左の質点の速度は v, 右の質点の速度は $-v$ より，物体2の重心の速度は $V' = 0$. したがって，物体どうしの反発係数は
$$e = \frac{V' - v_1'}{v_1 - V} = \frac{0 + v}{v - (-v)} = \frac{1}{2}.$$

7. 2個重ねた場合は上の質点は衝突後，上向きに $v_2' \approx 3v = 3\sqrt{2gh}$ の速度をもつ．3個重ねた場合，真ん中の質点が上向き速度 $v_2' \approx 3v = 3\sqrt{2gh}$ をもち，一番上の下向きに速度 v をもつ質点と衝突する．一番上の質点は十分軽いので，衝突後，「真ん中の物体の速度の2倍＋軽い物体の速度」，すなわち $2 \times v_2 + v = 7v = 7\sqrt{2gh}$ となる．この速度で上昇すると，最大の高さ h_3 は，エネルギー保存則 $mgh_3 = (1/2)m(7v)^2 = 49mgh$ より
$$h_3 = 49h$$
となる．つまり，最初の高さの49倍まで上昇する．

8. 運動量保存則より $MV = -mv + (M-m)V'$. よって，
$$V' = \frac{MV + mv}{M - m}.$$
エネルギーの差は
$$\Delta E = \frac{1}{2}(M-m)V'^2 + \frac{1}{2}mv^2 - \frac{1}{2}MV^2 = \frac{1}{2}\frac{mM(V+v)^2}{M-m} > 0.$$

9. ロケットが毎秒質量 m の燃料ガスをロケットに対して速度 v_0 で噴射しながら上昇するとき,
$$\frac{dP}{dt} = -\frac{GM_\oplus M(t)}{r^2}.$$
ただし r は地球の中心からの距離である.運動量の変化を表す式は
$$(M(t) - mdt)v(t + dt) + mdt(v(t) - v_0) - M(t)v(t) = -\frac{GM(t)M_\oplus dt}{r^2}$$
におき換わる.ロケットの質量 $M(t) = M(0) - mt$ を用いると,加速度は
$$\frac{d^2r}{dt^2} = \frac{mv_0}{M(0) - mt} - \frac{GM_\oplus}{r^2}.$$

10. 運動方程式は
$$m\frac{d^2x_1}{dt^2} = -kx_1 + k(x_2 - x_1),$$
$$m\frac{d^2x_2}{dt^2} = -k(x_2 - x_1),$$
$$x_1 = C_1\sin(\omega t + \alpha), \quad x_2 = C_2\sin(\omega t + \alpha)$$
とおくと
$$-\omega^2 mC_1 = -2kC_1 + kC_2,$$
$$-\omega^2 mC_2 = kC_1 - kC_2.$$
行列表現すると
$$\begin{pmatrix} \omega^2 m - 2k & k \\ k & \omega^2 m - k \end{pmatrix} \begin{pmatrix} C_1 \\ C_2 \end{pmatrix} = \begin{pmatrix} 0 \\ 0 \end{pmatrix}. \tag{B.1}$$
行列式が 0 になる条件から,基準振動数 ω は
$$\omega^4 - 3\frac{k}{m}\omega^2 + \frac{k^2}{m^2} = 0$$
を満たす.したがって,
$$\omega = \left(\frac{3 \pm \sqrt{5}}{2}\right)^{1/2}\sqrt{\frac{k}{m}}.$$

§B.7　第7章章末問題

1. 垂直抗力の支点 B が右下の角から b 離れていると仮定する．力のモーメントのつり合いから $b = a/2 - yF/(Mg) > 0$. $b = 0$ になると倒れ始める．その閾値は $F_{c1} = aMg/(2y)$. 一方，すべりはじめる閾値は $F_{c2} = \mu_{\max} Mg$. $y < a/(2\mu_{\max})$ なら，$F_{c2} < F_{c1}$ なので，F を大きくしていくと，F_{c2} ですべり始める．$y > a/(2\mu_{\max})$ なら，$F_{c1} < F_{c2}$ なので，水平方向の力 F を大きくしていくと，F_{c1} で倒れる．したがって，すべりから転倒に変わる高さは $a/(2\mu_{\max})$ である．

2. 角度 θ の斜面での垂直抗力 N は $Mg\cos\theta$. 重力は直方体の重心位置 $(a/2, h/2)$ から下方にはたらき，大きさは Mg. すべり出す条件は $\mu_{\max} Mg \times \cos\theta < Mg\sin\theta$ より，$\tan\theta > \mu_{\max}$ である．垂直抗力のはたらく点を直方体の左下の点 A から b 離れた点 B とする．点 A のまわりの力のモーメントのつり合いから

$$Mg\cos\theta\, b = Mg\cos\theta\frac{a}{2} - Mg\sin\theta\frac{h}{2}.$$

倒れる条件は $b = 0$ より

$$\tan\theta = \frac{a}{h}.$$

したがって

$$\frac{a}{h} > \mu_{\max}$$

の場合は，角度を少しずつ上げていくと，まずすべり出す．逆に $a/h < \mu_{\max}$ なら転倒が最初に起こる．高さ h が大きいものほど転倒しやすい．

3. つり合いの条件は

$$F_1 + F_2 + F_3 = Mg,\ F_1 a = F_3 a$$

の2式が成り立つことである．3変数 F_1, F_2, F_3 の値は一意的には決まらない．バネを入れると $F_i = kx_i$ となり

$$k(x_1 + x_2 + x_3) = Mg,\ kx_1 a = kx_3 a.$$

梁は一直線なので，$(x_1 + x_3)/2 = x_2$ が成り立つ．この3条件より

$$x_1 = x_2 = x_3 = Mg/(3k).$$

4. 密度は $\rho = M/(\pi a^2 h/3)$. 高さ z で円錐を切ったときの断面の円の半径は $r(z) = (1 - z/h)a$ となる．これらを用いて

$$I = \int_0^h \int_0^{r(z)} \rho r^2 (2\pi r) dr dz = \int_0^h \rho \frac{2\pi r(z)^4}{4} dz$$
$$= \frac{3M}{\pi a^2 h} \frac{2\pi a^4}{4} \cdot \frac{h}{5} = \frac{3}{10} Ma^2.$$

5. 球殻の密度を ρ とすると，半径 a の球の質量は $M = (4/3)\rho\pi a^3$, 慣性モーメントは $I_a = (2/5)(4/3)\rho\pi a^3 a^2 = (8/15)\rho\pi a^5$. 半径 $a+b$ の球の慣性モーメントは $I_{a+b} = (8/15)\rho\pi(a+b)^5$. 半径 a と $a+b$ の間にある球殻の質量は $M = (4/3)\rho\pi\{(a+b)^3 - a^3\}$ なので，密度は，

$$\rho = \frac{M}{(4/3)\pi\{(a+b)^3 - a^3\}}.$$

慣性モーメント I は，

$$I = I_{a+b} - I_a = \frac{8}{15}\rho\pi\{(a+b)^5 - a^5\} = \frac{2}{5} M \frac{(a+b)^5 - a^5}{(a+b)^3 - a^3}.$$

b が十分小さいときは，$(a+b)^5 \approx a^5 + 5a^4 b$, $(a+b)^3 \approx a^3 + 3a^2 b$ と近似できる．これらを用いると

$$I = \frac{2}{5} M \frac{5a^4 b}{3a^2 b} = \frac{2}{3} Ma^2.$$

6. 振り子の支点と球の重心の距離は $h + a$. 平行軸の定理を用いると，

$$I = I_G + M(h+a)^2 = \frac{2}{5}Ma^2 + M(h+a)^2.$$

剛体回転の運動方程式

$$I\frac{d^2\theta}{dt^2} = -Mg(h+a)\sin\theta \approx -Mg(h+a)\theta$$

より，振動数は

$$\omega = \left(\frac{g(h+a)}{(2/5)a^2 + (h+a)^2}\right)^{1/2}.$$

7. 円板に鉄の輪をはめた剛体の慣性モーメントは $I = (1/2)Ma^2 + ma^2$. 運動方程式は

$$I\frac{d\omega}{dt} = -Fa.$$

この解は
$$\omega(t) = \omega_0 - Fat/I.$$
したがって，$t = I\omega_0/(Fa) = (Ma/2 + ma)\omega_0/F$ で止まる．

8. エネルギー保存則 $(1/2)I\omega^2 - Mg(l/2)\cos\theta =$ 一定より
$$\frac{1}{2}\frac{Ml^2}{3}\omega^2 - Mg\frac{l}{2} = 0,$$
$$\omega = \sqrt{\frac{3g}{l}}.$$

9. 角運動量保存則より，$I\omega = mlv_0$．
慣性モーメント $I = Ml^2/3 + ml^2$ を用いると，弾が打ち込まれた直後の角速度 ω は
$$\omega = \frac{3mv_0}{l(M + 3m)}.$$
棒の重心位置は軸から $l/2$ の位置にあること，エネルギー保存則，および，棒が真上に来たとき角速度が 0 になることを用いると，
$$\frac{1}{2}I\omega^2 = (M + 2m)gl$$
が成り立つ．この式を解くと
$$v_0 = \sqrt{\frac{2(M + 2m)(M + 3m)gl}{3m^2}}.$$

10. 斜面を転がる球の運動方程式は
$$\left(M + \frac{I}{a^2}\right)\frac{dV}{dt} = Mg\sin\theta.$$
$I = (2/5)Ma^2$ を用いると，
$$\frac{dV}{dt} = \frac{5}{7}g\sin\theta.$$
したがって，
$$x(t) = \frac{1}{2}\left(\frac{5}{7}g\sin\theta\right)^2 t^2.$$
高さ h から 0 まで斜面に沿って進んだ距離は，$x\sin\theta = h$ より
$$t = \sqrt{\frac{14h}{5g\sin^2\theta}}.$$

速度は
$$v = \sqrt{\frac{10gh}{7}}.$$
エネルギー保存則からは
$$\frac{1}{2}I\omega^2 + \frac{1}{2}Mv^2 = Mgh.$$
$v = a\omega$ を用いると
$$v = \sqrt{\frac{10gh}{7}}.$$
二つの方法で求めた速度は同じ値となる.

11. 衝突直前, 二つの球の速度は v と $-v$, 回転角速度は $\omega = v/a$ と $-v/a$. 衝突直後の速度は弾性衝突を仮定すると, $-v$ と v. このとき, 角速度と並進速度はすべりなしの条件を満たさない. 運動方程式は
$$m\frac{dv_1}{dt} = \mu mg, \quad I\frac{d\omega_1}{dt} = -\mu mga.$$
この解は
$$v_1(t) = -v + \mu gt, \quad \omega_1(t) = \frac{v}{a} - \frac{5\mu g}{2a}t.$$
$t = (4v)/(7\mu g)$ ですべりなしの条件を満たす. その後は速度 $v_1 = -(3/7)v$, 角速度 $\omega_1 = -(3/7)(v/a)$ で運動する. 同様に, 質点 2 は $v_2 = (3/7)v$, $\omega_2 = (3/7)(v/a)$ で定常速度に達する.

12. 空気抵抗を考慮した自動車の並進運動の運動方程式は,
$$M\frac{dV}{dt} = 4F - \alpha V^2.$$
タイヤの回転の運動方程式は,
$$I_0 \frac{d\omega}{dt} = N_0 - Fa.$$
$V = a\omega$ を用いて F を消去すると, 並進運動の運動方程式は,
$$(4I_0 + Ma^2)\frac{dV}{dt} = 4N_0 a - \alpha a^2 V^2.$$
時間が十分経過したときの定常速度は,
$$V = \sqrt{\frac{4N_0}{\alpha a}}.$$

§B.7 第7章章末問題

13. コマの慣性モーメント I は，円板と鉄の輪の和

$$I = (1/2) \cdot 0.2 \cdot 0.05^2 + 0.2 \cdot 0.05^2 = 7.5 \cdot 10^{-4} \text{kg m}^2.$$

傾く角度は

$$\theta = \tan^{-1}\left(\frac{lF\tau}{I\omega}\right) \approx \frac{lF\tau}{I\omega} = \frac{8 \cdot 2 \cdot 10^{-3}}{7.5 \cdot 10^{-4} \cdot 10 \cdot 2\pi} \approx 0.34.$$

つまり，$\theta \approx 19.5$ 度である．歳差運動の角速度は，

$$\Omega = \frac{RMg}{I\omega} = \frac{5 \cdot 10^{-2} \cdot 0.2 \cdot 9.8}{7.5 \cdot 10^{-4} \cdot 10 \cdot 2\pi} \approx 2.08$$

となり，周期は 3.02 秒．

14. 眠りゴマ状態が不安定化する臨界角速度は，円板状の剛体の慣性モーメントの式 $I_x = (1/2)I_z = 3.75 \cdot 10^{-4}$ を仮定すると

$$\omega_{c2} = \frac{\sqrt{4MgRI_x}}{I_z} \approx \frac{\sqrt{4 \cdot 0.2 \cdot 9.8 \cdot 0.05 \cdot 3.75 \cdot 10^{-4}}}{7.5 \cdot 10^{-4}} = 16.2.$$

毎秒 2.6 回転より遅くなると不安定化する．

15. このテニスラケットの重心の位置は円環と棒の接点にある．I_x は棒の慣性モーメント $(1/3)M(2a)^2$ と，重心のずれた，立てた円環の慣性モーメント $(1/2)Ma^2 + Ma^2 = (3/2)Ma^2$ の和から，$I_x = (17/6)Ma^2$．I_y は立てた円環の慣性モーメントなので $I_y = (1/2)Ma^2$．I_z は棒の慣性モーメント $(1/3)M(2a)^2$ と重心のずれた円環の慣性モーメント $Ma^2 + Ma^2 = 2Ma^2$ の和から，$I_z = (10/3)Ma^2$．平板状の剛体の定理 $I_z = I_x + I_y$ が成り立つ．y 軸の近くの自由回転の歳差運動の振動数は，

$$\sqrt{\frac{(I_z - I_y)(I_x - I_y)}{I_x I_z}} \omega_y = \sqrt{\frac{7}{10}} \omega_y.$$

索引

数字

1階
——導関数, 2
——微分, 2, 3
——微分方程式, 8
2階
——導関数, 3
——微分, 3
——微分方程式, 116
2重振り子, 214
2進対数, 12
3次元調和振動子, 140
3体問題, 225

A

acceleration, 3
addition, 18
adiabatic invariant, 59, 88
amplitude, 117
angular
——frequency, 64
——momentum, 59
——momentum vector, 81
areal velocity, 32
associative property, 19
associativity, 19
astronomical object, 149
asymptotes, 149
autonomous oscillator, 137
average
——acceleration, 3
——velocity, 1

B

Belousov-Zhabotinsky reaction, 137
binary
——digit, 12
——logarithm, 12
binormal vector, 40
biological locomotion, 223
bit, 12
bound vector, 18
brachistochrone, 158
Byte, 12

C

cal, 67
calorie, 67
Cartesian coordinate, 13
central force, 84
circadian rhythm, 137
circle, 29
coefficient of
——kinetic friction, 108
——restitution, 203
——static friction, 107
comets, 149
common logarithm, 12
commutative, 70
——property, 18
commutativity, 18
complete elliptic integral, 169
complex parameter, 124
composite function, 33

concave, 4
conservative force, 67
contour integral, 71
convex, 4
Coriolis force, 177
Coulomb's law, 150
counterclockwise, 23
coupled vibration, 211
critical damping, 124
curvature, 40
cycloid motion, 42
cyclotron
——frequency, 86
——particle accelerator, 86
cylindrical coordinate, 16

D

damped oscillation, 122, 123
damping constant, 136
degree of freedom, 233
delta, 2
derivative, 2
deterministic, 49
differential equation, 8
differentiation, 2
displacement, 18, 115
double pendulum, 214
dynamics, 45

E

eccentricity, 31
elastic collision, 93, 203
ellipse, 29
elliptic
——function, 166
——integral, 168
energy, 59
equation of motion, 49
equilibrium length, 115

escape velocity, 80
Euler angles, 284
Euler's number, 10
exponential function, 10, 124

F

first cosmic velocity, 81
first order
——derivative, 2, 3
——differential equation, 8
fluid, 110
focus, 29
force, 1, 36, 45
——field, 67
forced oscillation, 127
free
——fall motion, 105
——vector, 18
frequency, 63, 64, 117
friction, 106
function, 14
fundamental vectors, 21

G

gal, 55
Galilean transformation, 51
Galileo's principle of relativity, 52
gradient, 2
gravitational
——acceleration, 79
——mass, 47

H

harmonic oscillation, 117
helical motion, 53
higher order derivative, 4
homogeneous equation, 128
Hooke's law, 115
hyperbola, 148

hyperbolic function, 114

I

impulse, 88
impulsive force, 88
inelastic collision, 203
inertia, 46
inertial
――force, 174
――frame, 51
――mass, 47
――resistance, 112
inhomogeneous equation, 127
inner product, 64
instantaneous
――acceleration, 3
――velocity, 2
integration, 6
inverse function, 11, 14
isochronism, 119
iteration method, 48

J

J（単位), 66
joule, 66

K

Kepler's laws of planetary motion, 29
kilogram, 54
kilogramme, 54
kinematics, 1, 36
kinetic
――energy, 59
――friction, 107
Kuramoto model, 138

L

Laplace's demon, 49

law of
――action–reaction, 50
――inertia, 46
――motion, 46
LC circuit, 120
limit cycle, 220
line integral, 66
linearly independent, 117
logarithm with base b, 12
Lorentz force, 85
Lotka–Volterra equation, 121

M

mass, 46
maximum
――angle of static friction, 107
――static friction, 107
mean
――acceleration, 3
――velocity, 1
mechanics, 36
meter, 54
metre, 54
minus vector, 19
MKS単位系, 54
moment of
――force, 83
――inertia, 241
momentum, 59, 81, 87
multivalued function, 15
mutual synchronization, 220

N

nabla, 72
Napier's constant, 10
natural logarithm, 9
negative resistance, 136
newton（単位), 55
Newton's laws of motion, 46

noncommutative property, 20
noncommutativity, 20
nonhomogeneous equation, 127
noninertial frame, 174
normal
——force, 107
——vector, 40

O
operation, 19
operator, 72
optimization, 158
oscillation, 116
outer product, 82
over-damping, 124

P
parabolic motion, 138
parameter, 41, 131
parametric
——equation, 41
——oscillation, 131
partial
——derivative, 69
——differentiation, 69
perihelion, 147
period, 64
periodic motion, 64
phase, 117
——space, 126
planet, 149
point particle, 1
polar coordinate, 16
potential energy, 60
precession motion, 267
predator, 121
pressure, 94
prey, 121
principal normal vector, 40

principle axis of inertia, 276

R
radian, 24
radius of curvature, 40
rectangular coordinate, 13, 16
reduced mass, 192
relaxation time, 10
resonance, 128
resonant circuit, 120
restoring force, 115
right-handed system, 16
rigid body, 233

S
scalar, 21
——triple product, 100
scattering experiment, 152
second（单位）, 54
second cosmic velocity, 80
second order
——derivative, 3
——differential equation, 116
semi-major axis, 30
semi-minor axis, 31
separation of variables, 8
simple
——harmonic oscillation, 117
——pendulum, 118
single-valued function, 15
sinusoidal wave, 117
speed, 3
spring constant, 115
static frictional force, 107
statics, 45
Stokes' law, 112
subtraction, 19
synchronization–desynchronization
    transition, 223

system of units, 54

T
tangent vector, 39
tensor of inertia, 275
terminal velocity, 111
tidal force, 186
torque, 83
total energy, 60
two-dimensional polar coordinate, 13

U
unit vector, 21
universal gravitation, 77

V
van der Pol oscillator, 136
variation, 158
variational method, 158
vector, 18
——field, 67
——product, 82
——triple product, 100
velocity, 3
Virial theorem, 199
viscous drag, 110

W
W（単位）, 66
watt, 66
work, 64

Z
zero vector, 19

あ行
アインシュタイン，アルベルト, 47, 147

圧力, 94
アモントン，ギヨーム, 106
アリストテレス, 45, 46
アルキメデス, 45
位相, 117
——空間, 126
位置, 5
——エネルギー, 60
一価関数, 15
インスリン, 127
インダクタンス, 120
ヴォルテラ，ヴィト, 121
運動
——エネルギー, 59, 76
——学, 1, 36
——の法則, 46
——方程式, 49
——量, 59, 81, 87
エトヴェシュ，ローランド, 47
エネルギー, 59
LC回路, 120
円, 29
遠心力, 177
円柱座標, 16
オイラー
——角, 284
——数, 10
——方程式, 278
オイラー，レオンハルト, 158
オイラー＝ラグランジュの方程式, 163
起き上がりゴマ, 272

か行
概日リズム, 137
解析解法, 49
回転の運動方程式, 241
カオス, 225
可換, 70

索 引

角運動量, 59, 81
——ベクトル, 81
角振動数, 64
過減衰, 124
加速, 3
——度, 3
——度の極座標成分, 27
加法, 18
ガリレイ，ガリレオ, 1, 4, 45, 46, 55
ガリレイ変換, 51, 173
ガリレオの相対性原理, 52
ガル, 55
カロリー, 67
換算質量, 192
関数, 14
慣性, 46
——系, 51
——質量, 47
——主軸, 276
——抵抗, 112
——テンソル, 274
——の法則, 46
——モーメント, 241
——力, 173, 174
完全楕円積分, 169
緩和時間, 10
基本ベクトル, 21
逆
——位相運動, 213
——関数, 11, 14
共振, 128
——回路, 120
強制振動, 127
行列の指数関数, 132
極座標, 16
曲率, 40
——半径, 40
キルヒホッフの法則, 120
キログラム, 54

近日点, 147
食う者, 121
蔵本モデル, 138
クーロン
——の法則, 150
——力, 55
クーロン，シャルル・ド, 106
食われる者, 121
撃力, 88
結合法則, 19
決定論的, 49
ケプラーの法則, 29, 143
ケプラー，ヨハネス, 1, 29, 45
減衰
——振動, 122, 123
——定数, 136
減法, 19
高階
——導関数, 4
——微分, 3
交換, 70
交換法則, 18, 19
合成関数, 33
——の微分, 34
拘束系の運動, 162
剛体, 233
——の回転エネルギー, 253
——の自由回転, 278, 279
——の重心, 234
——の衝突問題, 260
——のつり合い, 233
勾配, 2
コマの歳差運動, 267
コリオリ力, 177
コンピュータ, 49
——・シミュレーション, 49

さ 行

最急降下線, 158

索引

サイクロイド, 44
——運動, 41, 42
——曲線, 165, 258
サイクロトロン, 86
——加速器, 86
——振動数, 86
歳差運動, 267
最大
——傾斜角, 107
——静止摩擦力, 107
最適化, 158
逆立ちゴマ, 273
サーカディアンリズム, 137
作用・反作用の法則, 50, 87
散乱実験, 152
仕事, 64
指数関数, 10, 124
自然対数, 9, 11
自然長, 115
自然哲学の数学的諸原理, 45
質量, 46
ジャイロ効果, 270
ジャボチンスキー, アナトール, 137
自由
——度, 233
——ベクトル, 18
——落下運動, 60, 105
周回積分, 71
周期, 64
——運動, 64
重心, 191
——運動, 191, 195
終端速度, 111
従法線ベクトル, 40
重力, 55
——加速度, 79
——質量, 47
主慣性モーメント, 276
主法線ベクトル, 40

ジュール（単位）, 66
ジュール, ジェームズ・プレスコット, 67
瞬間
——加速度, 3
——速度, 2
焦点, 29
常用対数, 12
自励
——振動, 135
——振動子, 137
伸縮前進運動, 223
振動, 116
——数, 63, 64, 117
振幅, 117
彗星, 149
垂直抗力, 107
スカラー, 21
——3重積, 100
ステヴィン, シモン, 45
ストークスの法則, 112
制限3体問題, 226
正弦波, 117
静止摩擦
——係数, 107
——力, 107
生物ロコモーション, 223
静力学, 45
積分, 6
接線ベクトル, 39
ゼロベクトル, 19
全エネルギー, 60, 77
漸近線, 149
線形2階微分方程式, 116
線形独立, 117
線積分, 66
双曲軌道, 147
双曲線, 148
——関数, 114

相互同期, 220
操作, 19
相対運動, 192, 195
速度, 3
——の極座標成分, 26
束縛ベクトル, 18

た行

第一宇宙速度, 81
対数, 12
対数関数, 10
ダイナミクス, 45
第二宇宙速度, 80
太陽の質量, 78
ダ・ヴィンチ, レオナルド, 49, 106
楕円, 29
——関数, 166
——積分, 168
多価関数, 15
脱出速度, 80
単位
——系, 54
——ベクトル, 21
単原子分子, 95
——理想気体, 98
単振動, 62, 117
弾性衝突, 93, 203
断熱圧縮, 95
——過程, 98
断熱不変量, 59, 88
短半径, 31
単振り子, 118
力, 1, 36, 45
——の場, 67
——のモーメント, 83
地球
——の質量, 79
——の歳差運動, 294
逐次解法, 48

中心力, 84
潮汐力, 184
長半径, 30
潮流, 186
調和振動, 117
直交座標, 13, 16
強い相互作用, 56
定圧比熱, 95
定積
——比熱, 95
——モル比熱, 95
テイラー展開, 90
デカルト座標, 13
デカルト, ルネ, 13
デルタ, 2
電荷, 85
電磁気力, 55
天体, 149
点粒子, 1
同位相運動, 213
導関数, 2
同期非同期転移, 223
等時性, 119
同次方程式, 128
等速円運動, 28
動物生態学, 121
動摩擦
——係数, 108
——力, 107
動力学, 45
閉じない軌道, 146
凸, 4
トルク, 83

な行

内積, 64
ナブラ, 72
ニュートン (単位), 55
ニュートン, アイザック, 45, 158

ニュートンの法則, 46
ネイピア数, 9, 10
熱力学関係式, 94
眠りゴマ, 293
粘性抵抗, 110

は行

媒介変数, 41
バイト, 12
バタフライ効果, 229
波動方程式, 216
バネ定数, 115
速さ, 3
パラメータ, 131
パラメトリック
——振動, 131
——方程式, 41
ハレー彗星, 43
反時計回り方向, 23
反発係数, 203
万有引力, 55, 77
——定数, 77
——の法則, 143
非可換性, 20
非慣性系, 173, 174
引き潮, 186
被食者, 121
非斉次方程式, 127
非線形2階微分方程式, 156
非弾性衝突, 203
ビット, 12
非同次方程式, 127
微分, 2
——演算子, 72
——方程式, 8
ピュタゴラスの定理, 14
秒, 54
ビリアル定理, 199
ファン・デル・ポール振動子, 136

復元力, 115
複素パラメータ, 124
複素変数の指数関数, 125
フーコーの振り子, 180
負性抵抗, 136
フックの法則, 115
フック, ロバート, 115
ブラーエ, ティコ, 29
フーリエ級数, 218
平均
——加速度, 3
——速度, 1
平行軸の定理, 248
平衡長, 115
平板状の剛体に関する定理, 247
平面極座標, 13
ベクトル, 18
——3重積, 100
——外積, 82
——場, 67
——積, 82
——内積, 65
ベルーゾフ＝ジャボチンスキー反応, 137
ベルーゾフ, ボリス・パブロビッチ, 137
ベルヌーイ, ヨハン, 158
変位, 18, 115
変数分離法, 8
偏導関数, 69
偏微分, 69
変分, 158, 161
——法, 158
法線ベクトル, 40
放物
——運動, 138
——軌道, 147
捕食者, 121
保存力, 67

ポテンシャル・エネルギー, 60, 76

ま行

マイナスベクトル, 19
マイヤーの法則, 95
摩擦, 106
マルサス的, 121
右手系, 16
満ち潮, 186
メートル, 54
面積速度, 32

や行

弱い相互作用, 56
四足問題, 239

ら行

ライプニッツ, ゴットフリート, 49, 158
ラグランジアン, 162, 259
——形式, 162
ラグランジュ, ジョゼフ・ルイ, 158
ラグランジュのコマ, 287

ラザフォード, アーネスト, 152
らせん
——運動, 53
——軌道, 164
ラディアン, 24
ラプラスの悪魔, 49
ラプラス, ピエール・シモン, 49
力学, 36
力積, 88, 94
離心率, 31
理想気体の状態方程式, 94
リミットサイクル, 220
流体, 110
臨界減衰, 124
連成振動, 211
ロケットの加速, 208
ロトカ, アルフレッド, 121
ロトカ＝ヴォルテラ方程式, 121
ローレンツ力, 85

わ行

惑星, 149
ワット（単位）, 66

□監修者

益川 敏英
　名古屋大学素粒子宇宙起源研究所名誉所長・特別教授／京都大学名誉教授／京都産業大学名誉教授

□編集者

植松 恒夫
　京都大学大学院理学研究科物理学・宇宙物理学専攻教授（〜2012年3月）
　京都大学国際高等教育院特定教授（2013年4月〜2018年3月）
　京都大学名誉教授

青山 秀明
　京都大学大学院理学研究科物理学・宇宙物理学専攻教授（〜2019年3月）
　京都大学大学院総合生存学館（思修館）特任教授（〜2020年3月）
　京都大学名誉教授，経済産業研究所ファカルティフェロー，理研iTHEMS客員主管研究員

□著者

篠本　滋
　京都大学大学院理学研究科物理学・宇宙物理学専攻准教授（〜2021年3月）
　ATR脳情報通信総合研究所客員研究員

坂口 英継
　九州大学大学院総合理工学府准教授

基幹講座 物理学　力学　　　　　　　　　　　Printed in Japan

2013年10月25日　第1刷発行　　　　　　　Ⓒ Shigeru Shinomoto, Hidetsugu Sakaguchi 2013
2021年6月9日　第9刷発行

　　　　監　修　益川　敏英
　　　　編　集　植松　恒夫，青山　秀明
　　　　著　者　篠本　滋，坂口　英継
　　　　発行所　東京図書株式会社
　　　　〒102-0072 東京都千代田区飯田橋3-11-19
　　　　振替 00140-4-13803 電話 03(3288)9461
　　　　http://www.tokyo-tosho.co.jp

ISBN 978-4-489-02163-3